KB066283

웹 크롤링 & 데이터 분석 with 파이썬

웹 크롤링 & 데이터 분석 with 파이썬

초판 1쇄 발행 2022년 1월 24일 **2쇄 발행** 2023년 6월 7일 **지은이** 장철원 **펴낸이** 한기성 **펴낸곳** (주)도서출판인사이트 **편집** 신승준 **본문 디자인** 성은경 **영업마케팅** 김진불 **제작·관리** 이유현, 박미경 **용지** 유피에스 **인쇄·제본** 천광인쇄사 **등록번호** 제2002-000049호 **등록일자** 2002년 2월 19일 **주소** 서울특별시 마포구 연남로5길 19-5 **전화** 02-322-5143 **팩스** 02-3143-5579 **이메일** insight@insightbook.co.kr **ISBN** 978-89-6626-339-4 책값은 뒤표지에 있습니다. 잘못 만들어진 책은 바꾸어 드립니다. 이 책의 정오표는 https://blog.insightbook.co.kr에서 확인하실 수 있습니다.

프로그래밍 인사이트

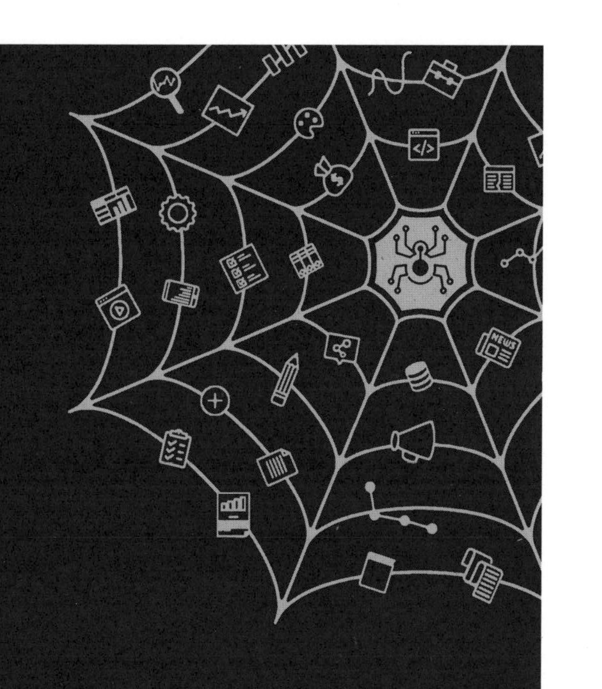

웹 크롤링 & 데이터 분석 with 파이썬

장철원 지음

인사이트

웹 크롤링은 한마디로 인터넷 웹 사이트의 정보를 내 컴퓨터로 가져오는 기술입니다. 인터넷에 존재하는 다양한 정보로부터 내가 원하는 정보만 골라 자동으로 불러올 수 있다니 제법 멋진 기술이지 않나요? 웹 크롤링은 이제 인기 있는 단어가 되었습니다. 프로그래밍 경험이 있는 분은 물론 없는 분에게도 크롤링은 '마법의 기술'로 불리며, 개인 업무 자동화에서 팀 단위 프로젝트에 이르기까지 다양한 분야에서 활용되고 있으니까요.

이 책의 집필 동기

이 책의 독자 중에는 크롤링해보겠다며 도전했다 중도에 포기한 분도 있으리라 생각됩니다. 여러 가지 이유가 있겠지만 크롤링을 하기 위해서는 파이썬 문법의 기초 정도는 알아야 하는데, 프로그래밍 경험이 없는 분에게 이 공부가 만만치 않기 때문입니다. 어려운 것은 둘째 치고 책에서 배우는 파이썬 문법들은 직접적으로 크롤링과 1:1로 매칭되지 않아, 크롤링을 해보기도 전에 많은 양의 파이썬 문법에 지쳐 중도 포기하는 경우들이 많았습니다.

이 책은 파이썬 입문자가 파이썬의 기초와 웹 크롤링을 쉽게 익히도록 특별히 고안되었습니다. 파이썬에 대한 기초 지식이 전혀 없는 분도 이 책으로 배우면 크롤링을 쉽게 배울 수 있다고 자신합니다. 이 책에서 파이썬 기초 문법은 크롤링을 위해 꼭 필요한 내용만 간단히 짚어보고 바로 넘어갑니다. 파이썬의 문법은 크롤링을 실제로 구현하는 과정에서 경험을 통해 배우는 게 더 효율적이라 믿기 때문입니다. 독자가 파이썬을 배우는 데 지치지 않으면서, 핵심 크롤링 방법을 실제로 구현할 수 있게 된다면, 필자는 이 책을 집필한 소기의 목적을 달성하게 됩니다. 여러분이 반드시 그렇게 되길 간절히 기원합니다.

이 책의 구성

이 책은 크게 3편, 8장으로 구성되어 있습니다. 1편에서는 프로그래밍 경험이 없는 독자를 대상으로 파이썬을 설치하고, 파이썬의 기초 문법을 알기 쉽게 설명합니다.

2편에서는 웹 크롤링이 무엇인지, 어떻게 크롤링하는지, 크롤링의 개념과 방법을 실습을 통해 배웁니다. HTML 문서의 파싱 방법(BeautifulSoup), 동적 웹 페이지를 다루는 법(Selenium), API 활용하기 등 크롤링의 3가지 핵심 방법을 차례대로 배웁니다. 그런데 이 학습 과정은 병렬적이지 않습니다. 입문자의 수준을 고려하여 쉬운 것, 단순한 것에서 점차 어려운 것, 복합적인 것으로 단계별로 확장해 나아갑니다. 이 책으로 공부하는 입문자들이 "아! 이런 것이 웹 크롤링이구나. 별것 아니네"라며 무릎을 칠 수 있게 하려고 노력했습니다.

3편에서는 웹 크롤링에서 한 단계 나아가 크롤링한 데이터를 다양하게 응용하는 방법을 소개하고 있습니다. 즉, 크롤링한 데이터를 엑셀, csv 파일로 저장하기, 파이썬 pandas 라이브러리를 이용해 데이터 프레임 형태로 저장하기, matplotlib 라이브러리를 이용해 시각화하기, MySQL을 이용해 데이터베이스에 저장하기 등과 같이 크롤링한 데이터를 다양하게 다루는 법을 실었습니다. 3편에서 등장하는 새로운 소프트웨어를 처음 접하는 독자는 이것들이 다소 낯설 수 있습니다. 그러나 일단 이런 소프트웨어가 있다는 점만이라도 기억해두면 지금 당장은 잘 사용하지 못하더라도 어느 정도 경험이 쌓인 후에 사용하면 됩니다. 입문자에게는 해당 방법이 존재한다는 것만 알아도 큰 힘이 됩니다.

필자는 독자에게 크롤링만 사용하면 뭐든 할 수 있다는 말은 하지 않겠습니다. 크롤링은 유용하지만 분명 한계가 있는 기술이며, 때에 따라서는 사람이 직접 작업하는 것보다 비효율적일 수 있습니다. 그러나 크롤링을 통해 할 수 있는 작업의 범위를 잘 파악하고 목적에 맞게 활용한다면 분명 크롤링은 유용한 기술입니다.

학습 자료 및 문의

이 책에서 사용한 소스코드는 *http://github.com/losskatsu/WebCrawling*에 등록되어 있습니다. 실습에 필요한 코드나 파일을 source_code라는 이름으로 다운로드할 수 있습니다. source_code 폴더에는 이 책에서 사용하는 코드를 장별로 분류해 놓았습니다. 작업한 내용이 잘 작동하지 않을 때, 다운로드하여 실제 코드와 비교해보면 공부에 도움이 될 것입니다.

프로그램은 철자 하나가 잘못되거나, 점 하나만 누락되어도 에러를 유발하고 작동하지 않습니다. 프로그래밍 경험이 없는 입문자에게는 이 과정이 무척이나 곤혹스럽습니다. 이리저리 고쳐봐도 도저히 답을 찾지 못할 경우, 다음 카페에 오셔서 문의하길 바랍니다. 바로 답을 드리지는 못해도 빠른 시간 내에 답변할 수 있도록 노력하겠습니다.

https://cafe.naver.com/aifromstat

감사의 말

이 책을 집필할 때 많은 분들의 도움을 받았습니다. 먼저 항상 응원해주는 가족에게 감사합니다. 그리고 이 책에 대해 의견을 들려준 친구들도 큰 도움이 되었습니다. 실제로 독자의 니즈를 파악하는 데 도움이 되었습니다. 끝으로 이 책이 출간될 수 있게 초기 단계부터 힘써 주신 도서출판 인사이트에게도 감사의 말씀을 드립니다.

1편

웹 크롤링의 핵심 도구 파이썬 쉽게 배우기

여러분은 가끔 이런 생각을 해본 적이 없나요?

"인터넷에 널려 있는 수많은 정보 가운데 필요한 정보만 손쉽게 가져올 방법은 없을까?
또 가져온 정보를 업무에서 요구하는 형태로 쉽게 가공할 방법은 없을까?"

이런 생각에 나름의 해법을 제공하는 것이 바로 웹 크롤링 기술입니다.

낚시를 잘하려면 낚시 도구의 사용법을 잘 알아야 하듯이, 크롤링을 잘하기 위해서는 필요한 도구들에 익숙해져야 합니다. 특히 파이썬은 웹 크롤링의 핵심 도구입니다.

1편에서는 웹 크롤링의 핵심 도구인 파이썬을 배워보는 시간입니다. 파이썬에 필요한 환경 설정과 기초 문법을 차근차근 살펴보겠습니다.

그럼 시작할까요?

CHAPTER 01

웹 크롤링에 필요한 환경을 만들자!

- 프로그래밍 언어 파이썬(Python)을 소개합니다.
- 파이썬 개발 환경으로 아나콘다를 설치하고 가상 환경도 설정합니다.

우리는 인터넷을 사용하면서 다양한 웹 페이지를 방문합니다. 웹 크롤링은 웹 페이지를 탐색하면서, 사용자가 필요로 하는 정보를 자동으로 수집할 수 있게 하는 프로그래밍 기술입니다. 본격적인 학습을 시작하기 전에 먼저 할 일은 파이썬을 설치하는 일입니다. 사실 파이썬 프로그래밍을 처음 접하는 입문자에겐 설치 과정조차 결코 쉬운 일이 아닙니다. 이 책에서는 입문자도 쉽게 설치할 수 있도록 아나콘다(Anaconda)라는 파이썬 통합 패키지를 이용해 파이썬을 설치합니다.

파이썬 소개

파이썬에 필요한 프로그램 설치에 앞서 프로그래밍 언어는 무엇인지, 파이썬은 어떤 특징을 갖고 있는지 잠시 살펴보겠습니다.

프로그래밍 언어란?

프로그래밍 언어(Programming Language)란 무엇일까요? 프로그래밍 언어를 설명할 때 좋은 방법은 평소에 우리가 사용하는 일상 언어와 비교해 보는 겁니다.

우리가 매일 사용하는 언어는 사람들이 서로의 생각이나 의견을 나누기 위해 사용하는 일종의 도구입니다. 일상 언어가 사람들이 서로 소통할 때 사용하는 도구이듯, 프로그래밍 언어는 인간과 컴퓨터가 서로 소통할 때 사용하는 도구입니다.

일상 언어는 한국어, 영어, 중국어, 일본어, 독일어, 프랑스어처럼 나라마다 다양하게 존재합니다. 프로그래밍 언어도 C/C++, Java, Go, Kotlin처럼 다양하게 존재합니다. 이 책에서 사용할 파이썬(Python) 역시 수많은 프로그래밍 언어 가운데 하나입니다.

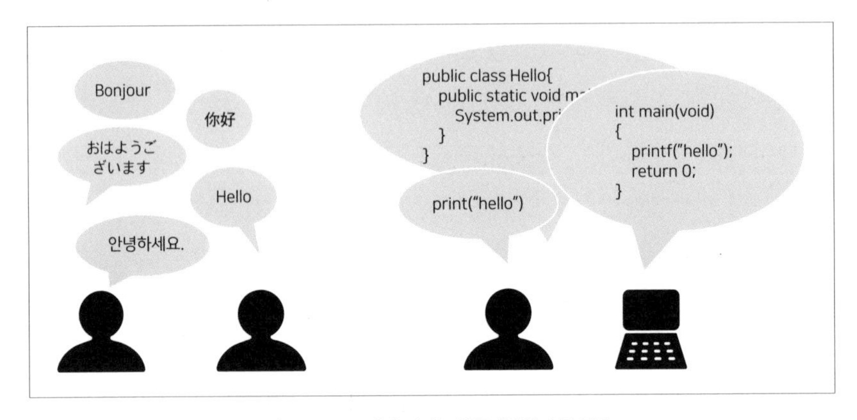

그림 1-1 프로그래밍 언어는 컴퓨터와의 소통 도구

일상 언어를 사용할 때는 규칙이 있습니다. 규칙에 맞게 언어를 사용해야 사람들 간에 원활한 의사소통이 가능한데, 이러한 규칙을 우리는 흔히 '문법'이라고 부릅니다. 마찬가지로 프로그래밍 언어에도 문법이 있습니다. 일상 언어처럼 문법에 맞게 프로그래밍 언어를 사용해야 컴퓨터와 적절한 의사소통을 할 수 있습니다.

프로그래밍 언어에 대한 학습은 이들 언어의 기초 문법을 배우는 것에서 시작합니다. 다음 2장에서는 파이썬의 기초 문법을 배웁니다. 이해를 돕는 그림으로 기초 문법을 쉽게 풀이했습니다. 만일 여러분이 파이썬 문법을 어느 정도 알고 있다면, 2장은 건너뛰어도 무방합니다.

파이썬에는 어떤 특징이 있을까요?

파이썬은 최근에 매우 인기 있는 프로그래밍 언어입니다. 왜냐하면 파이썬은 다른 프로그래밍 언어와 비교할 때 몇 가지 특별한 장점이 있기 때문입니다.

우선 오픈소스인 파이썬은 무료입니다. 사용료 걱정 없이 언제 어디서든 사용할 수 있습니다. 오픈소스란 오픈소스 소프트웨어(Open Source Software, OSS)를 가리키는 용어입니다. 오픈소스 소프트웨어는 공개적으로 접근할 수 있도록 설계되어, 누구나 자유롭게 확인, 수정, 배포할 수 있는 소프트웨어를 말합니다.

또한 파이썬은 배우기 쉽습니다. 다른 언어에 비해 문법이 간결하고, 테스트하기도 쉽습니다. 따라서 파이썬 언어는 프로그래밍 경험이 없는 입문자도 부담 없이 배우기 좋습니다.

파이썬에는 다양한 라이브러리가 존재합니다. 실습을 통해 자세히 살펴보겠지만, 라이브러리는 프로그래밍의 목적을 더 쉽게 달성할 수 있도록 도와주는 프로그램입니다. 이 책 역시 파이썬에서 제공하는 다양한 라이브러리를 활용해 웹 크롤링을 진행합니다.

크롬 브라우저 설치하기

우리는 인터넷에 접속할 때 웹 브라우저를 이용합니다. 웹 브라우저에는 인터넷 익스플로러, 마이크로소프트 엣지, 크롬, 사파리, 파이어폭스, 오페라 등 다양한 종류가 있습니다. 우리가 앞으로 배울 크롤링과 인터넷은 긴밀한 관계이므로, 웹 브라우저를 선택하는 것은 중요한 일입니다. 이 책에서는 웹 브라우저 가운데 인기 있고 기능도 뛰어난 크롬 브라우저(Chrome Browser)를 설치해 실습합니다.

크롬 브라우저가 설치되어 있지 않다면 다음 URL로 인터넷에 접속합니다.

https://www.google.com/intl/ko/chrome/

[그림 1-2]와 같이 Chrome 다운로드 페이지가 나옵니다. 이 페이지에서 크롬 브라우저를 다운로드합니다. 페이지 중앙에 있는 〈Chrome 다운로드〉를 클릭하면 크롬 설치 파일을 다운로드할 수 있습니다.

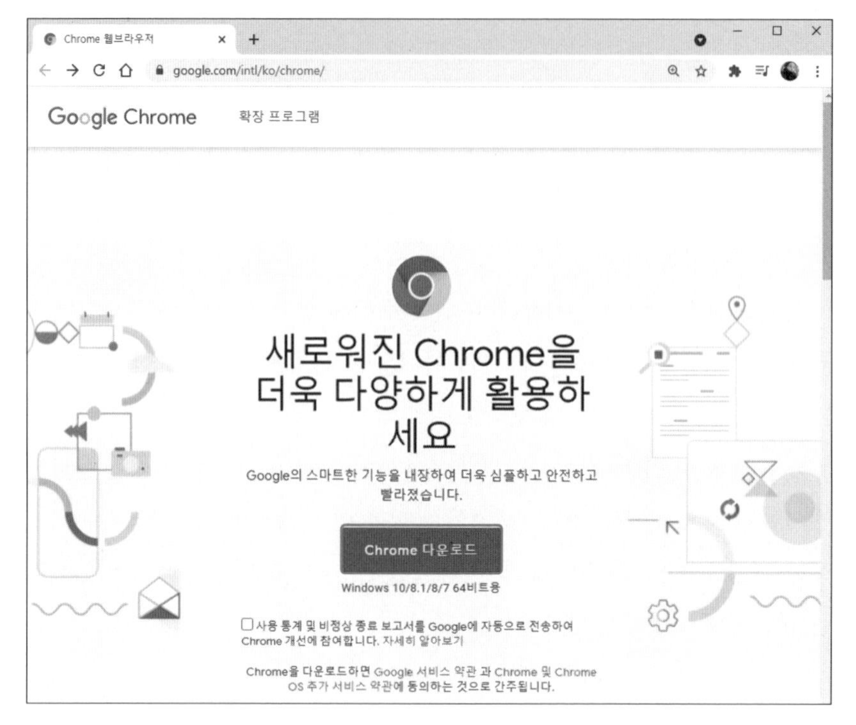

그림 1-2 크롬 다운로드

설치 파일을 다운로드한 후 다운받은 경로로 이동합니다(참고로 필자는 바탕화면에 받았습니다). 설치 파일을 더블클릭하면 어려운 설정 과정 없이 크롬 브라우저를 설치할 수 있습니다.

아나콘다 설치하고 가상 환경 설정까지

파이썬을 설치하고 환경을 구축하는 방법에도 여러 가지가 있습니다. 그중 아나콘다(Anaconda)를 이용하는 것이 파이썬 설치와 환경 설정이 쉬워 입문자에게 유용합니다.

아나콘다 설치하기

크롬 주소표시줄에서 다음 URL을 입력해 페이지에 접속합니다.

https://www.anaconda.com/products/individual

위 주소로 접속하면 [그림 1-3]과 같이 아나콘다를 다운로드할 수 있는 웹 페이지가 나옵니다.

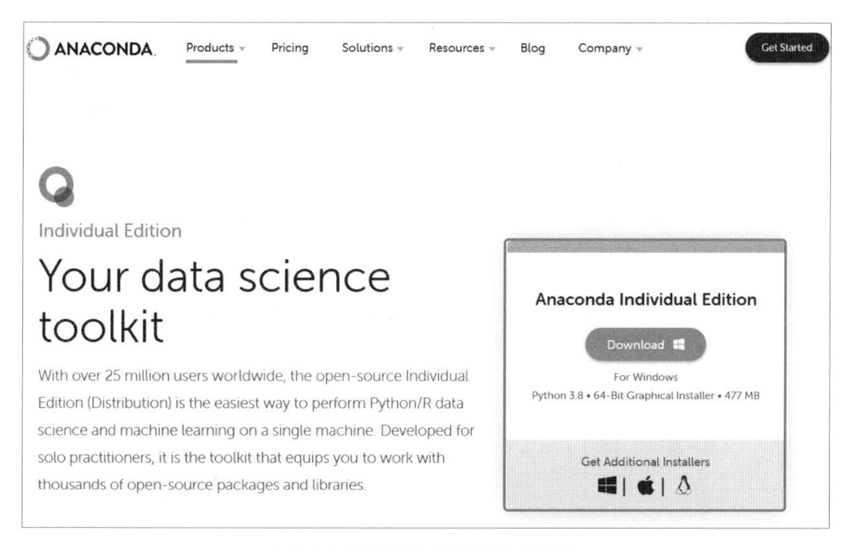

그림 1-3 아나콘다 홈페이지에서 다운로드

접속한 웹 페이지에서 아나콘다를 다운로드할 수 있는 영역이 보입니다. 〈Download〉 버튼을 클릭해 아나콘다 설치 파일을 다운로드합니다.

> **잠시 멈춤**
>
> 지금부터 다운로드한 파일을 이용해 본격적으로 아나콘다 프로그램을 설치할 텐데요. 이때 주의할 점은 윈도우 계정명이 한글인 사용자는 영문명으로 변경하기를 바랍니다. 계정명이 한글이면 이후 프로그램을 설치하는 과정에서 한글로 된 경로를 인식하지 못해 에러가 발생할 수 있습니다.
>
> 윈도우에서 영문으로 된 계정명을 하나 더 추가해 로그인할 것을 추천합니다. 계정명을 추가하려면 윈도우 시작 버튼의 [설정]-[계정] 메뉴에서 [가족 및 다른 사용자]를 클릭하면 나오는 '이 PC에서 다른 사용자 추가' 항목을 이용하면 됩니다. 이때 추가할 사용자 이름을 꼭 영문명으로 작성합니다.
>
> 계정 추가 작업을 완료한 다음 컴퓨터를 다시 시작해 해당 계정으로 로그인하면 윈도우에서 새로운 작업 환경을 제공합니다. 아나콘다나 뒤에 나올 MySQL 등을 이 계정 환경에서 설치하면 문제없이 잘 작동합니다.

파일 다운로드가 완료되면 다운로드한 곳으로 이동해, [그림 1-4]와 같이 다운로드 파일을 우클릭하면 나오는 단축 메뉴에서, [관리자 권한으로 실행(A)]을 클릭합니다.

그림 1-4 다운로드한 설치 파일 실행

[그림 1-5]와 같이 아나콘다 설치 대화상자가 나타납니다. 〈Next〉 버튼을 클릭합니다. 대화상자의 내용은 지금부터 아나콘다를 설치하겠다는 의미입니다.

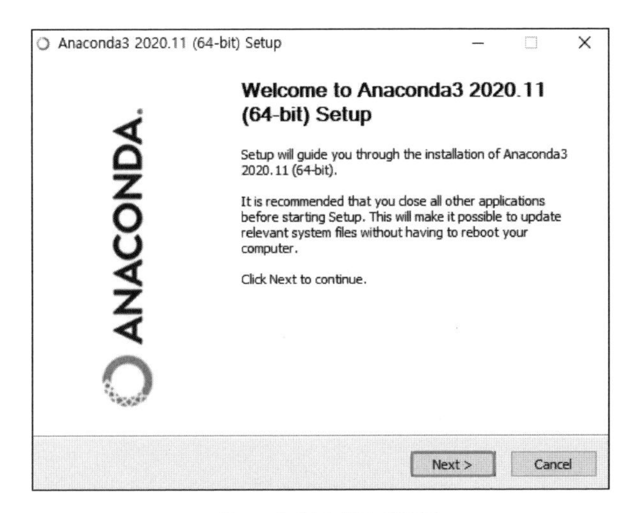

그림 1-5 아나콘다 설치 대화상자

[그림 1-6]은 라이선스 동의 여부를 묻는 대화상자입니다. 〈I Agree〉 버튼을 클릭합니다.

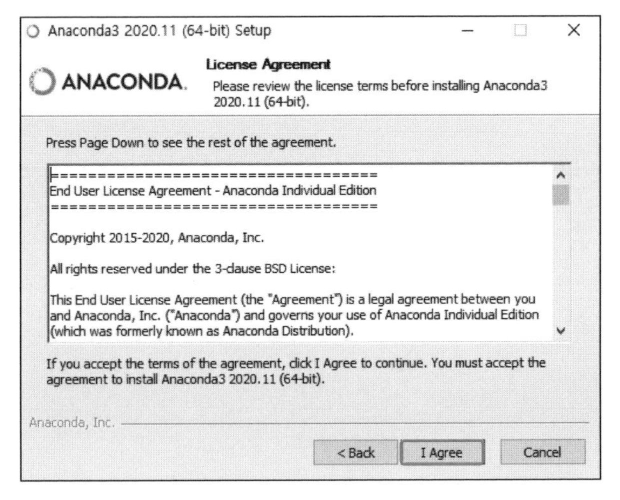

그림 1-6 라이선스 동의

[그림 1-7]에서는 설치 대상 유저를 설정합니다. 필자는 'All Users'를 선택했는데, 만약 본인 계정에만 적용하고 싶다면 'Just Me'를 클릭합니다. 'Just Me'는 윈도우 시스템상의 다른 계정과는 독립적으로 아나콘다를 설치하겠다는 옵션이고, 'All Users'는 다른 계정 사용자도 아나콘다의 파이썬을 사용할 수 있도록 허가하겠다는 옵션입니다. 적용 대상을 설정했다면 〈Next〉 버튼을 클릭합니다.

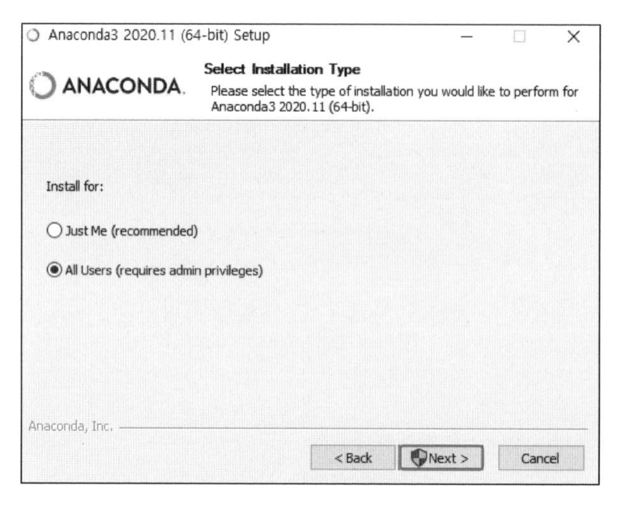

그림 1-7 설치 대상 유저 설정

[그림 1-8]은 아나콘다 설치 경로를 지정하는 대화상자입니다. 기본값으로 설정된 경로는 'C:\Programdata\Anaconda3'입니다. 특별한 경우가 아니라면 설치 경로를 바꾸는 것은 추천하지 않습니다. 〈Next〉 버튼을 클릭합니다.

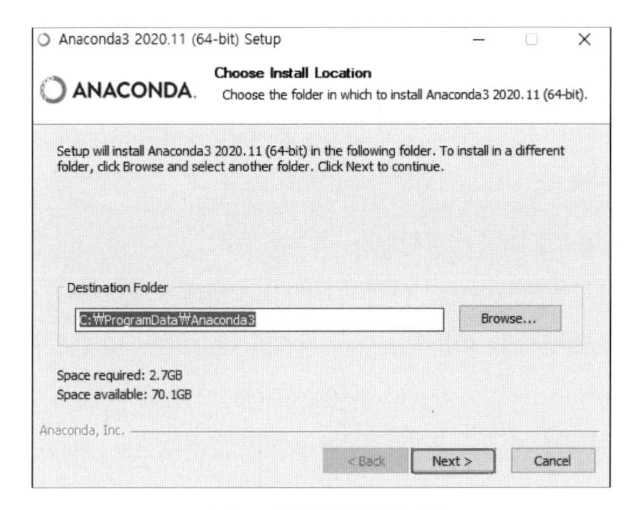

그림 1-8 아나콘다 설치 경로 설정

[그림 1-9]는 설치 옵션을 설정하는 대화상자인데, 파이썬 입문자라면 체크 박스 두 개 모두 체크하도록 합니다. 첫 번째 체크 박스는 아나콘다를 환경 변수에 추가한다는 뜻이고, 두 번째 체크 박스는 아나콘다를 기본 파이썬으로 설정한다는 뜻입니다. 〈Install〉 버튼을 클릭하면 설치가 진행됩니다.

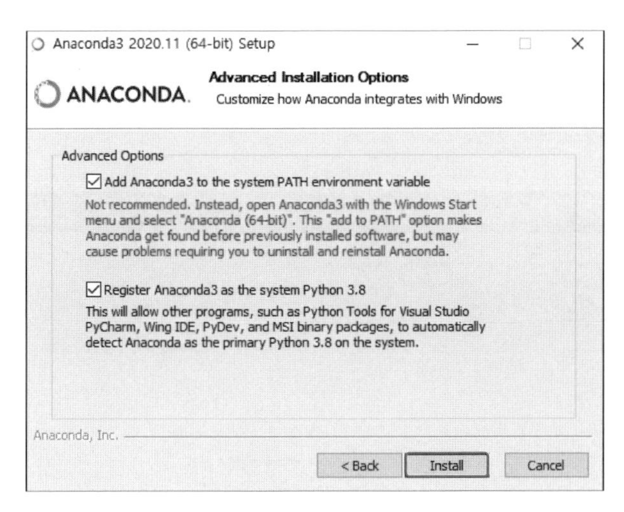

그림 1-9 아나콘다 설치 옵션 지정

설치가 진행되면 이후에 나오는 대화상자의 요구 사항에는 기본 설정대로 지정하면 됩니다. 마지막으로 〈Finish〉 버튼을 클릭해 설치를 모두 완료합니다.

주피터 노트북으로 파이썬 실행하기

아나콘다 설치를 완료했다면 이제 파이썬을 실행해 보겠습니다. 아나콘다에서 파이썬을 실행하는 방법에는 여러 가지가 존재하는데, 입문자의 경우 주피터 노트북(Jupyter Notebook) 사용을 추천합니다. 주피터 노트북은 파이썬 코드를 입력해 개발할 수 있는 실질적인 개발 환경으로, 아나콘다를 설치할 때 함께 설치되므로 별도의 설치 과정이 필요 없습니다.

주피터 노트북은 대화형으로 파이썬 코드를 작성하거나 실행하도록 지원하는 개발 도구입니다. 주피터 노트북은 일부 코드의 결과만을 확인하고 싶을 때, 매번 전체 코드를 실행할 필요 없이 그 부분만 실행해 확인할 수 있는 기능이 있습니다.

주피터 노트북 실행 방법은 [그림 1-10]과 같이 윈도우 입력란에서 'jupyter notebook'으로 검색한 후, 해당 아이콘을 클릭하면 실행할 수 있습니다(윈도우 시작 메뉴에서 [Anaconda 3]-[Jupyter Notebook] 메뉴를 클릭해도 실행할 수 있습니다).

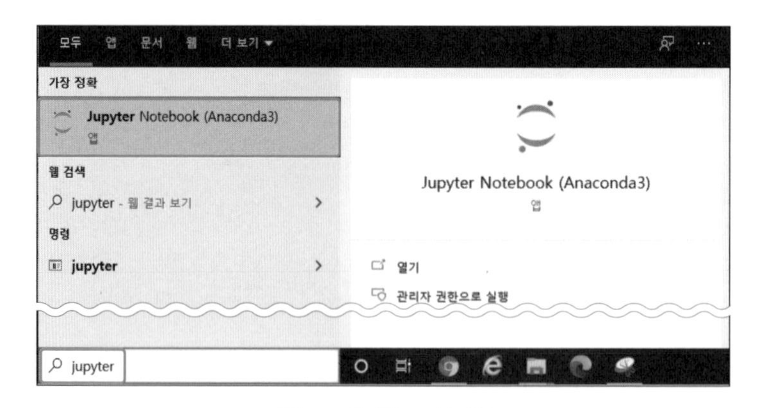

그림 1-10 주피터 노트북 실행

[그림 1-11]은 주피터 노트북이 실행된 페이지입니다.

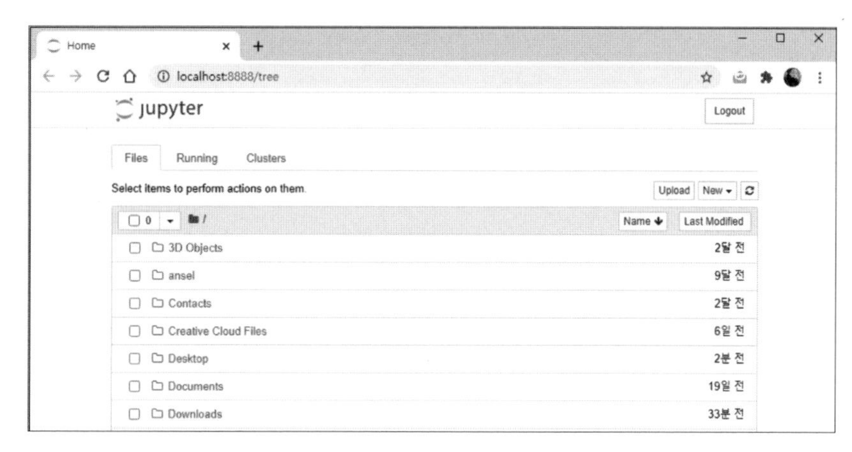

그림 1-11 주피터 노트북 실행 페이지

주피터 노트북 페이지가 정상적으로 나왔다면 이제 파이썬을 실행해 보겠습니다. [그림 1-12]와 같이 페이지 우측의 'New'를 클릭하고, 계속해서 [Python 3]를 클릭합니다. 참고로 Python에는 Python 2와 Python 3가 존재하는데, Python 2는 2020년에 지원이 중단되었습니다. 따라서 파이썬 입문자는 Python 3을 선택하면 됩니다.

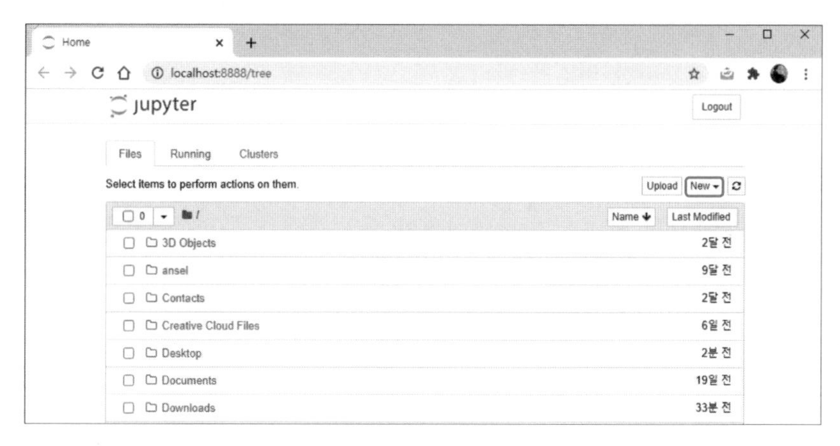

그림 1-12 파이썬 실행

파이썬이 제대로 동작하는지 확인해 보겠습니다. [그림 1-13]에서 나오는 직사각형 모양의 셀에 `print("hello world")`를 입력하고, 키보드에서 Shift + Enter 키를 입력하거나 상단 도구 상자의 Run 버튼을 클릭합니다.

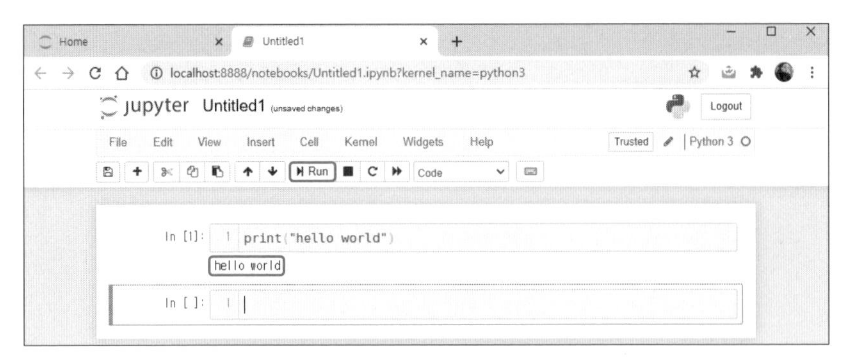

그림 1-13 파이썬 코드 실행 테스트

셀 아래쪽에 `hello world`라는 텍스트가 출력되면 제대로 동작하는 것입니다. `print` 함수는 소괄호에 있는 내용을 출력하는 함수입니다. 함수에 대한 내용은 앞으로 차근차근 배워나갈 예정입니다.

아나콘다로 가상 환경 다루기

파이썬을 활용해 프로그래밍하다 보면, 다양한 버전의 파이썬을 다루게 됩니다. 따라서 다양한 버전을 관리할 필요가 있는데, 이를 위해 가상 환경이라는 기능을 활용합니다. 파이썬에서 가상 환경을 관리하는 것은 매우 중요한데, 이를 쉽게 도와주는 것이 아나콘다 프로그램이라고 생각하면 됩니다.

아나콘다를 사용하면 각각의 파이썬 버전을 가상 환경으로 관리하기 때문에 버전 관리가 용이합니다. 이 장 초반에 아나콘다를 활용하는 이유로 입문자가 사용하기 쉽다고 했는데, 아나콘다를 이용하면 가상 환경을 다루기가 용이하기 때문입니다.

파이썬 가상 환경을 추가하고 설정해 보겠습니다. 우선 윈도우 입력란에서 'anaconda prompt'를 입력하면 [그림 1-15]와 같이 Anaconda Prompt 창이 나옵니다(윈도우 시작 메뉴에서 [Anaconda3]-[Anaconda Prompt]를 클릭해도 이 프롬프트 창을 실행할 수 있습니다).

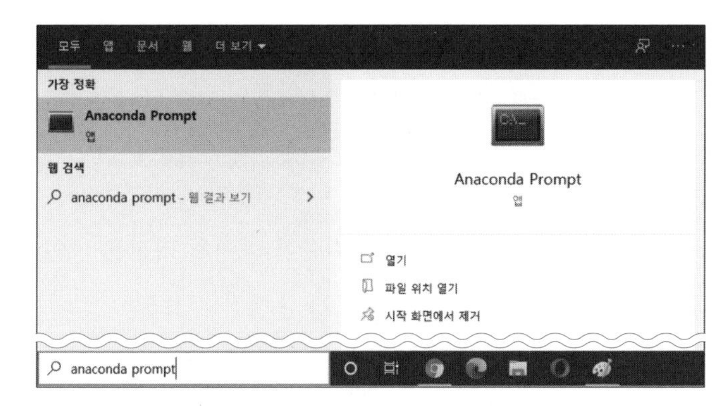

그림 1-14 아나콘다 프로그램 검색

그림 1-15 Anaconda Prompt 창

이제부터 사용할 코드는 [그림 1-15]의 Anaconda Prompt 창에서 실행하는 코드입니다.

아나콘다로 가상 환경 확인

Anaconda Prompt 창에서 `conda info --envs`를 입력하면 설치된 가상 환경을 확인할 수 있습니다.

```
(base) > conda info --envs
--------------------------------------------------
# conda environments:
```

```
#
base                  *  C:\ProgramData\Anaconda3
```

아직 가상 환경을 추가하기 전이므로 (base)라는 이름의 기본 환경만 존재합니다. 첫 번째 줄의 (base)는 현재 실행 중인 환경이라는 뜻입니다.

설치 가능한 파이썬 버전 확인

conda search python을 입력하면 설치 가능한 파이썬 버전을 확인할 수 있습니다. 이 책에서 사용할 버전은 파이썬 3.8.5 버전입니다.

```
(base) > conda search python
---------------------------------------------------------------
Loading channels: done
# Name                       Version           Build  Channel
python                        2.7.13     h1b6d89f_16  pkgs/main
python                        2.7.13     h9912b81_15  pkgs/main
python                        2.7.13     hb034564_12  pkgs/main
python                        2.7.14     h2765ee6_18  pkgs/main
...(중략)
```

파이썬 3.8.5 가상 환경 추가

다음 코드를 입력하여 사용자 컴퓨터에 파이썬 가상 환경을 설치합니다.

```
(base) > conda create --name py3_8_5 python=3.8.5
```

위 코드는 파이썬 3.8.5 버전을 이용해 py3_8_5라는 가상 환경을 추가하겠다는 뜻입니다. 코드를 입력하면 가상 환경 설치가 시작됩니다.

추가된 가상 환경 확인

가상 환경이 제대로 설치되었는지 확인해 보겠습니다. conda info --envs를 입력합니다.

```
(base) > conda info --envs
--------------------------------------------------------------
# conda environments:
#
base                     *  C:\ProgramData\Anaconda3
py3_8_5                     C:\Users\Cheolwon\.conda\envs\py3_8_5
```

위와 같이 나온다면 가상 환경 py3_8_5가 정상적으로 설치된 것입니다.

가상 환경을 py_3_8_5로 변경

그렇다면 설치된 가상 환경으로 변경해 보겠습니다. conda activate py3_8_5를 입력합니다. 앞에서 설정한 가상 환경을 활성화하라는 명령입니다.

```
(base) > conda activate py3_8_5
(py3_8_5) > conda info --envs
--------------------------------------------------------------
# conda environments:
#
base                        C:\ProgramData\Anaconda3
py3_8_5                  *  C:\Users\Cheolwon\.conda\envs\py3_8_5
```

현재의 사용자 환경이 가상 환경 (py3_8_5)로 변경되었습니다.

> **! 잠시 멈춤** **가상 환경을 해제하고 싶다면?**
>
> 만약 가상 환경을 해제하고 싶다면 `conda deactivate`를 입력합니다.
>
> ```
> (py3_8_5) > conda deactivate
> (base) >
> ```

필요한 라이브러리 설치

다음은 실습에 필요한 라이브러리를 설치합니다. 각각의 라이브러리에 대해서는 이후 해당 라이브러리를 사용할 때 설명하겠습니다.

각각의 라이브러리를 설치할 때의 명령어는 `pip install`입니다.

```
(base) > conda activate py3_8_5
(py3_8_5) > pip install numpy
(py3_8_5) > pip install pandas
(py3_8_5) > pip install matplotlib
(py3_8_5) > pip install beautifulsoup4
(py3_8_5) > pip install selenium
(py3_8_5) > pip install pymysql
(py3_8_5) > pip install cryptography
(py3_8_5) > pip install openpyxl
(py3_8_5) > pip install xlrd
(py3_8_5) > pip install jupyter
```

주피터 노트북에 가상 환경 추가

주피터 노트북에 가상 환경을 추가해 보겠습니다. 다음 코드를 차례로 실행하면 가상 환경을 추가할 수 있으며, 마지막 줄처럼 `jupyter notebook`을 입력하면 주피터 노트북을 Anaconda Prompt 창에서 바로 실행하게 됩니다.

```
(py3_8_5) > pip install ipykernel
(py3_8_5) > python -m ipykernel install --user --name py3_8_5
```

```
--display-name "python3_8_5"
(py3_8_5) > jupyter notebook
```

주피터 노트북이 실행됩니다. 'New'를 클릭하면 이전과는 다르게 [python3_8_5] 메뉴가 추가되어 있습니다. 이후 실습부터는 주피터 노트북을 실행하고, New에서 [python3_8_5]를 선택한 후 실습을 진행합니다.

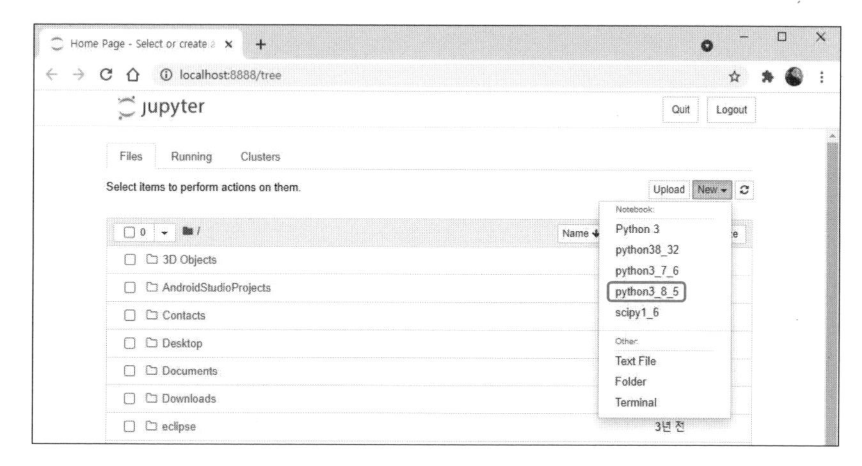

그림 1-16 가상 환경 실행

가상 환경 삭제

만약 설치가 잘못되어 가상 환경을 삭제할 필요가 있다면 다음 코드를 사용하기 바랍니다. 설치가 잘 되었다면 굳이 가상 환경을 삭제할 필요는 없습니다.

```
(base) > conda remove --name py3_8_5 --all
```

실습 폴더의 구성

이 책의 실습은 대부분 주피터 노트북에서의 실습이 주를 이루며, 부분적으로 별도의 폴더에서 파일을 생성해 실습합니다. 통일성을 기하기 위해 내 컴퓨터에서의 실습 작업은 다음 폴더를 이용합니다. 필자는 윈도우 문서 폴더에서 실습 폴더를 하나 만들고, 폴더 이름을 source_code라고 명명하였습니다.

앞으로 실습 폴더를 지칭할 때는 문서 폴더에서 만든 source_code 폴더를 떠올리면 됩니다. 예를 들어 3장에서는 practice01.html이라는 이름의 파일을 실습 폴더 안에 만듭니다. 이때 실습 폴더에 저장한다는 의미는 source_code 폴더에 'source_code/practice01.html'과 같이 저장한다는 뜻입니다.

CHAPTER 02

뚝딱뚝딱 쉽게 끝내는 파이썬 핵심 문법

- 파이썬의 기본 자료형에 대해 알아봅니다.
- 조건문과 반복문에 대해 알아봅니다.
- 함수, 모듈, 패키지, 라이브러리 그리고 객체에 대해 알아봅니다.

2장에서는 파이썬 기본 문법에 대해 알아보겠습니다. 파이썬(Python)이라는 프로그래밍 언어를 제대로 공부하려면 배워야 할 게 많습니다. 하지만 크롤링을 목적으로 파이썬을 공부하는 독자 입장에서는 본격적으로 크롤링을 시작하기도 전에 파이썬의 방대한 양에 질려 쉽게 지쳐버리는 경우도 생깁니다. 이 책은 크롤링을 실습하는 데 필요한 최소한의 파이썬 문법만을 엄선해, 쉽고 빠르게 파이썬을 익히도록 구성하였습니다.

파이썬의 기본 자료형

파이썬에는 다양한 형태의 자료형이 존재합니다. 자료형이란 쉽게 말해 데이터의 종류입니다. 파이썬에는 숫자, 문자, 리스트, 튜플 등 다양한 형태의 자료형이 있습니다.

변수와 숫자 자료형

[그림 2-1]은 변수의 개념을 직관적으로 보여주고 있습니다. 변수는 상자와 비슷한 개념이라고 이해하면 좋습니다. 즉 [그림 2-1]처럼 변수 상자를 a라

이름 짓고, 1이라는 값을 이 상자에 넣는다고 생각하는 것입니다. 따라서 a라는 변수 상자에 1이라는 값을 넣었으므로, 변수 a를 불러오면 1이라는 값을 얻게 됩니다.

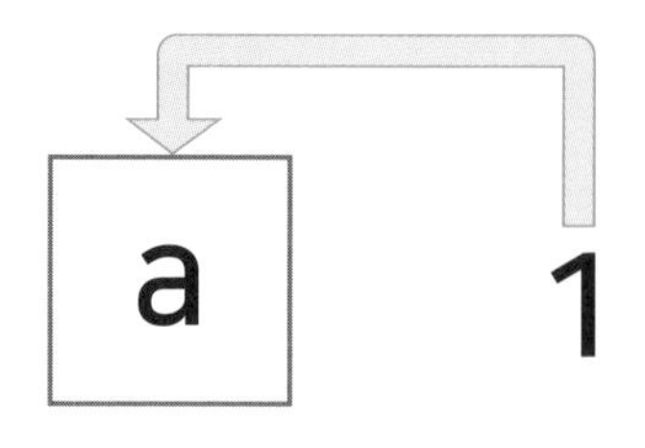

그림 2-1 변수 개념

[그림 2-2]는 주피터 노트북을 이용해 변수 a에 1을 저장하고, 모니터 화면에 출력하는 코드를 작성하고 있습니다.

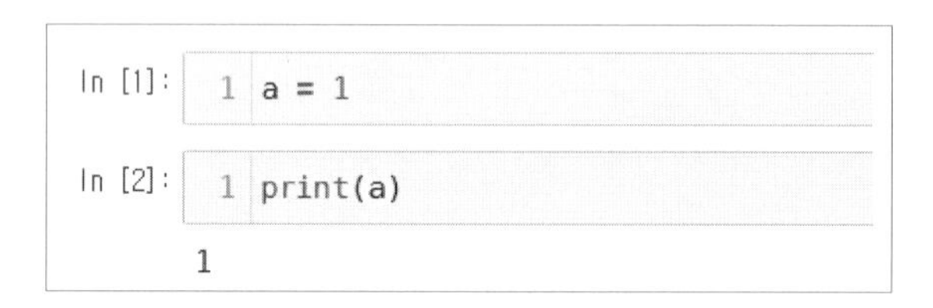

그림 2-2 주피터 노트북에서 코드 실행

첫 번째 셀에서 변수 a를 선언합니다. 두 번째 셀에서는 변수 a를 출력합니다. 결괏값으로 1이 두 번째 셀 하단에 출력됩니다. 주피터 노트북에서는 셀이 달라져도 앞에서 선언한 변수는 그대로 유지됩니다. 따라서 셀이 다르다 하여 변수를 다시 선언할 필요가 없습니다.

앞으로 코드의 입력과 실행에 대한 내용은 다음과 같이 간략히 표시합니다. 아래의 코드를 [그림 2-2]와 같이 주피터 노트북의 셀에 입력하고, 키보드에서 shift + Enter 키를 누르면 셀 하단에 결괏값이 표시됩니다.

```
a = 1
print(a)
```

```
--------
1
```

코드는 a라는 변수에 1이라는 숫자를 저장한 것입니다. 변수에 값을 저장할 때는 **변수 이름 = 변수에 담을 값** 형식으로 코드를 작성합니다. 이때 등호(=)는 같다는 의미가 아니라 대입, 할당, 저장의 의미로 사용됩니다.

print 함수를 이용해 변수 a를 출력할 수 있습니다. print 함수는 출력할 때 사용하는 함수입니다. print(**변수**)를 입력하면 해당 변수에 들어 있는 값을 출력합니다.

! 잠시 멈춤 **주피터 노트북 사용법**

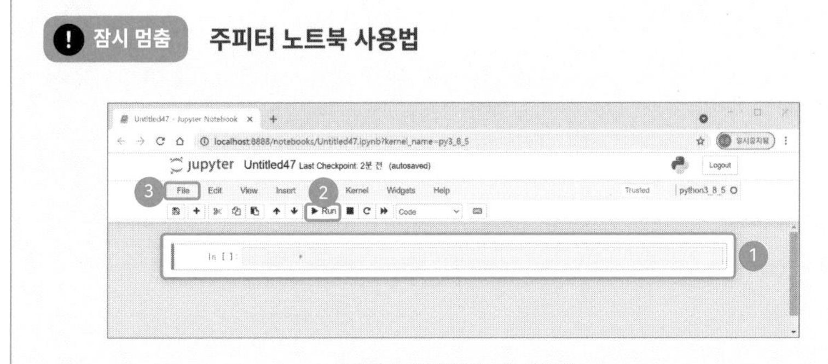

그림 2-3 주피터 노트북 사용법

주피터 노트북은 다른 에디터 프로그램(소스코드 편집기라고도 하며, 프로그래머가 컴퓨터 프로그램의 소스코드를 입력, 편집할 수 있도록 설계된 프로그램)과는 다르게 셀 단위로 코드를 작성하고 실행하는 게 특징입니다. 위의 ❶번 직사각형 모양의 박스를 셀이라고 합니다. 이곳에 작성하려는 코드를 입력하면 됩니다. 하나의 셀에 여러 줄의 코드를 입력해도 되고, 한 줄만 입력해도 됩니다.

셀을 실행하기 위해서는 키보드에서 Shift+Enter 키를 누르거나 ❷번 ▶ Run 버튼을 클릭해도 됩니다. Shift+Enter 키를 누르면 코드를 실행하고는 다음 셀로 이동합니다(Ctrl+Enter 키를 누르면 코드를 실행하지만, 다음 셀로 이동하지 않고 현재 셀에 머뭅니다).

주피터 노트북의 가장 큰 특징은 코드를 분할해 실행해 볼 수 있다는 점입니다. 따라서 여러 개의 셀로 나누어 코드를 실행해도 주피터 노트북을 종료하거나 초기화하기 전까지 이미 선언한 변수 등을 계속 기억하기 때문에 변수를 다시 선언하지 않아도 됩니다.

이 책을 따라 하면서 입력하는 코드는 이러한 주피터 노트북의 특성을 살려, 이미 선언한 변수는 다시 표시하지 않습니다. 따라서 앞부분의 코드가 생략되어 있더라도 이미 앞에서 선언했다는 것을 전제로 합니다. 책을 순서대로 따라 한 분이라면 그리 어렵지 않게 이해할 수 있습니다.

코드가 너무 길어 처음부터 다시 작성할 수 있는 주피터 노트북의 빈 화면을 표시하고 싶다면, ❸번에서 [File]-[New Notebook]을 클릭하면 됩니다. 이미 작성한 코드를 저장하고 싶다면 [File]-[Save as] 메뉴를 이용해 저장하면 확장자가 .ipynb인 파일을 생성할 수 있습니다.

이외에 주피터 노트북의 다른 기능은 윈도우 실행 프로그램의 메뉴와 비슷합니다. 앞으로 파이썬 코드를 입력하고 실행하면서 하나하나 익혀가기를 바랍니다.

변수의 이름

변수 이름은 문자, 숫자, 밑줄(_)의 조합으로 정할 수 있는데, 변수 이름은 숫자로 시작할 수 없습니다.

주피터 노트북에서 1a = 2를 입력해 보겠습니다.

```
1a = 2
---------------------------------------------
File "<ipython-input-8-971ad3f6197a>", line 1
    1a = 2
     ^
SyntaxError: invalid syntax
```

숫자 2를 변수 1a에 담는 코드입니다. 앞서 변수 이름은 숫자로 시작할 수 없다고 했습니다. 따라서 1a와 같이 숫자 1로 시작하는 이름을 짓게 되면 변수의 명명 규칙을 어긴 것이 되므로 에러 메시지가 출력됩니다.

> **! 잠시 멈춤** **변수의 이름 규칙 하나 더**
>
> 변수의 이름을 지을 때 숫자로 시작하지 않는 것뿐만 아니라 특수문자도 사용할 수 없습니다. 변수 이름으로는 영문(한글도 가능), 숫자(숫자로 시작하지 않으면 된다), _(언더그라운드 바)만 사용할 수 있습니다. 그 외에도 영문의 대소문자는 따로 인식하며, 변수 이름 안에서 띄어쓰기는 허용하지 않습니다.

변숫값 교체

지금까지 변수에 값을 넣는 방법을 배웠습니다. 그렇다면 한번 넣은 변숫값은 바꿀 수 없는 것일까요? 한번 정해진 변숫값은 영원한 것일까요? 그렇지 않습니다. 변숫값을 이미 지정했더라도 다른 값으로 얼마든지 바꿀 수 있습니다. 이를 그림으로 표현하면 [그림 2-4]와 같습니다.

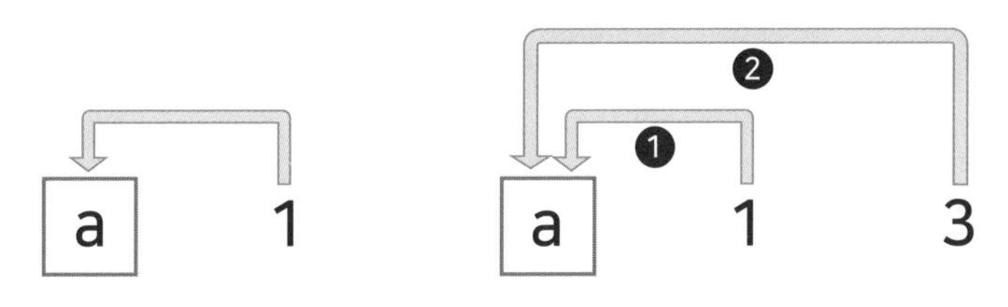

그림 2-4 변숫값 교체

[그림 2-4]는 변수에 넣은 변숫값을 교체하는 내용입니다. 왼쪽 그림처럼 처음에 a라는 변수에 1을 저장하면, 변수 a의 출력값은 1이 됩니다. 그리고 오른쪽 그림처럼 동일한 a 변수에 3을 담는다면, a의 출력값은 3이 됩니다.

주피터 노트북에서 다음 코드를 입력합니다.

```
a = 1
a = 3
print(a)
--------
3
```

앞서 a라는 변수에 1을 담았는데, 동일한 a 변수에 3이라는 숫자를 다시 담았습니다. 따라서 변수 a에는 기존값 1이 사라지고, 새로운 숫자 3이 저장됩니다. print 함수로 출력하면 3이 출력됩니다.

숫자의 연산

직접 숫자를 입력해 연산할 수도 있지만 숫자형 변수를 이용해도 연산이 가능합니다. 여기서는 숫자형 변수를 이용해 연산해 보겠습니다.

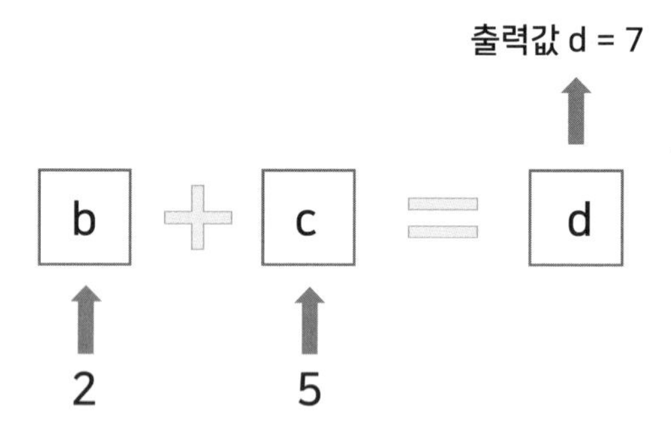

그림 2-5 더하기 연산 결과

주피터 노트북에서 다음 코드를 입력합니다.

```
b = 2
c = 5
d = b + c
print(d)
---------
7
```

b라는 변수에 2, c라는 변수에 5를 넣은 다음, 두 변수를 더해 변수 d에 담았습니다. 그리고 print 함수를 이용해 d를 출력하면 2와 5를 합한 값인 7이 출력됩니다.

위의 코드를 참고해 b, c 변수에 적절한 값을 입력하고, 더하기(+), 빼기(-), 곱하기(*), 나누기(/)와 같은 사칙연산을 실행해 보세요. 어떤 값이 나오는지 살펴보길 바랍니다.

문자 자료형

파이썬 자료형에는 숫자 말고도 문자도 존재합니다. 숫자뿐만 아니라 문자를 잘 다루어야 원활한 프로그래밍이 가능합니다. 이번에는 문자형을 알아보겠습니다.

문자형은 숫자형과는 달리 저장하고 싶은 문자나 문자열 앞뒤에 따옴표를 붙입니다. 따옴표에는 ' ', " ", """ """와 같이 세 종류가 있습니다. 맨 마지막에 있는 세 개짜리 따옴표는 문자열 안에서 또 다른 문자열을 사용할 때 유용합니다.

주피터 노트북에서 다음 코드를 입력합니다.

```
e = "hello"
print(e)
-----------
hello
```

e라는 변수에 hello라는 문자열을 담았습니다. print 함수를 이용해 변수 e를 출력하면 hello라는 문자열이 출력됩니다.

문자열 인덱스

문자열 변수에서는 문자열의 일부만 추출할 수 있습니다. 추출하려는 문자열 뒤에 대괄호([])를 붙이고 인덱스 번호를 입력하면, 인덱스 번호에 해당하는 문자를 추출할 수 있습니다.

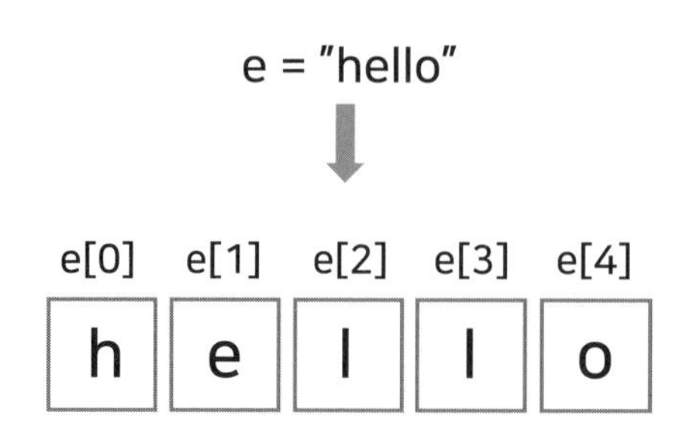

그림 2-6 문자열에서 인덱스 접근(1)

인덱스는 문자열의 순서라고 생각하면 됩니다. 우리가 물건의 개수를 하나, 둘, 셋 또는 1, 2, 3과 같이 세듯, 문자열에 포함된 문자의 위치를 나타내는 값을 인덱스라고 합니다. 즉, 첫 번째 문자는 h, 두 번째 문자는 e와 같은 식입니다.

다음 코드를 입력합니다.

```
print(e[1])
-----------
e
```

그런데 우리가 일상생활에서 1, 2, 3과 같이 세는 것과는 달리 파이썬에서는 문자열 첫 글자의 인덱스 번호를 `0`부터 시작합니다. 이 점을 주의해야 합니다. 예를 들어 코드 `print(e[1])`의 `e[1]`에서 대괄호 `[1]`은 인덱스 번호가 `1`이라는 뜻입니다. 이는 해당 문자열에서 두 번째에 위치하는 문자를 가리킬 때 사용합니다. 왜냐하면 첫 번째 인덱스 번호는 언제나 `0`이기 때문입니다. 그 결과, 두 번째 문자인 e가 추출됩니다.

계속해서 문자열에서 인접해 있는 문자 여러 개를 추출해 보겠습니다.

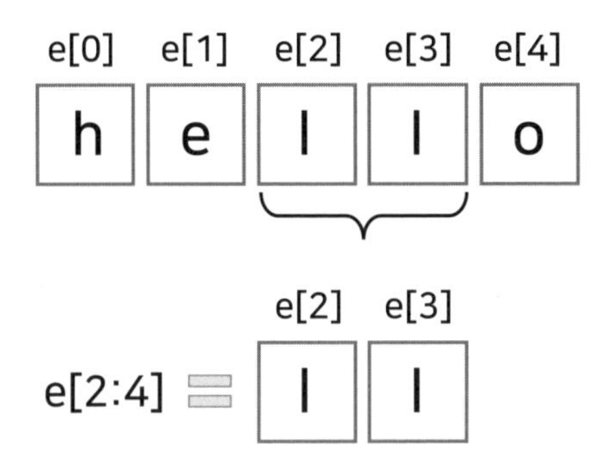

그림 2-7 문자열에서 인덱스 접근(2)

[그림 2-7]과 같은 결과를 추출하기 위해 다음 코드를 입력합니다.

```
print(e[2:4])
-------------
ll
```

e[2:4] 코드는 문자열 변수 e에서 e[2], e[3]을 모두 추출하는 코드입니다. 위 코드에서 2:4라고 입력했기 때문에 자칫 e[2]부터 e[4]까지 추출하는 것으로 생각할 수 있는데, e[4]가 포함되지 않는다는 점에 주의해야 합니다. 코드를 실행하면 인덱스 번호 2와 3, 즉 세 번째, 네 번째 문자에 해당하는 ll이 출력됩니다. 즉, 인접한 문자들의 출력에서 인덱스 4에 해당하는 내용은 추출하지 않는다는 게 중요한 포인트입니다.

계속해서 문자열을 인덱스로 접근하는 예제를 하나 더 해보겠습니다. 인접한 문자들을 추출할 때, 인덱스 표기 끝에 번호를 붙이지 않으면 문자열의 마지막 요소까지 출력합니다.

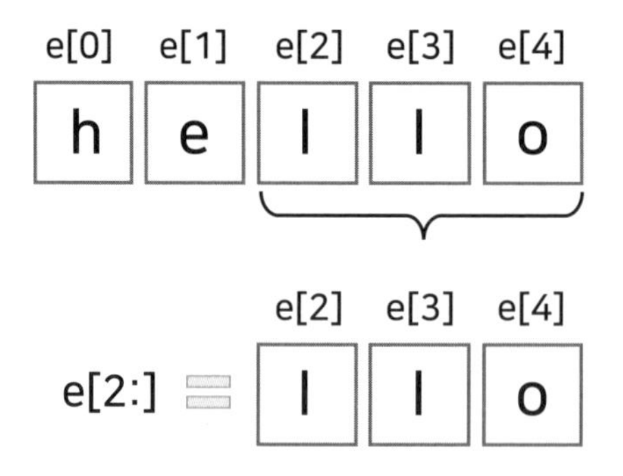

그림 2-8 문자열에서 인덱스 접근(3)

다음 코드를 입력합니다.

```
print(e[2:])
------------
llo
```

코드를 실행하면 e[2]부터 마지막 문자까지 출력합니다.

문자열 연산

문자열도 숫자처럼 더하기 연산을 할 수 있습니다. 다만 문자열의 덧셈은 숫자의 덧셈과는 다르게 문자열을 서로 이어 붙이는 것입니다.

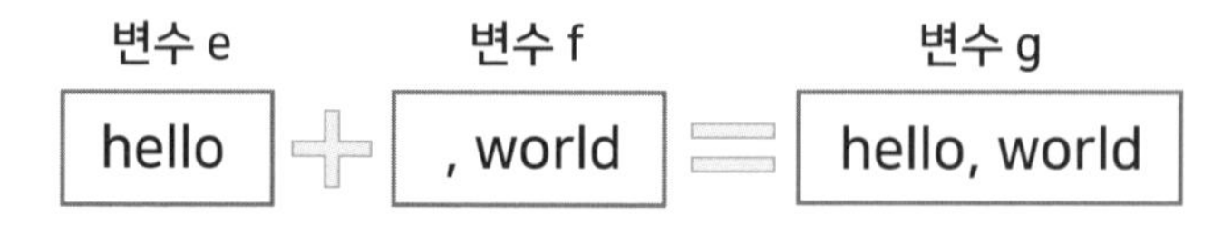

그림 2-9 문자열 더하기

[그림 2-9]와 같이 앞서 넣은 문자열 변수 e에 새로운 문자열 변수 f를 더하면 두 개의 문자열이 서로 이어집니다.

문자열 연산을 코드로 확인해 보겠습니다.

```
f = ", world"
g = e + f
print(g)
-------------
hello, world
```

hello, world로 문자열이 서로 이어져 있습니다.

리스트 자료형

리스트(list)에 대해서 알아봅니다. 리스트는 파이썬에서 자주 사용하는 자료형이므로 자세히 알아보겠습니다. 앞에서 변수 하나에 하나의 값만을 담았던 것과 달리 리스트를 이용하면 하나의 변수에 여러 값을 동시에 담을 수 있습니다. 이를 그림으로 나타내면 [그림 2-10]과 같습니다.

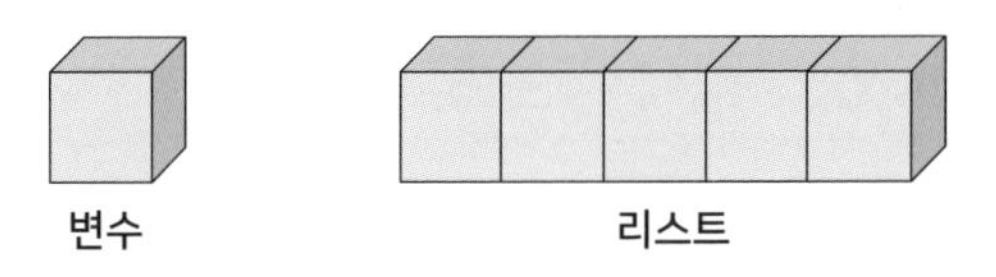

그림 2-10 변수와 리스트의 차이

앞에서 변수를 상자에 비유했다면, 리스트는 상자 여러 개가 붙어있는 것으로 비유할 수 있습니다. [그림 2-10]을 예로 들면, 변수에는 하나의 값을 담을 수 있지만, 리스트에는 다섯 개의 값을 담을 수 있습니다. 실제로 리스트에 담을 수 있는 값의 개수는 무한합니다. 리스트는 변수의 모음으로도 생각할 수 있는데, 리스트를 이용하면 데이터를 관리하기 용이합니다.

리스트 자료형의 모습을 코드를 보면서 살펴보겠습니다.

```
list01 = []
list02 = [1, 3, 5, 6]
list03 = ['python', 'code']
list04 = [1, 'python', 'code', 3]
```

리스트는 여러 개의 값을 대괄호([])로 묶어 사용합니다. 첫 번째 리스트는 비어 있는 리스트입니다. 따라서 리스트의 요소가 존재하지 않습니다. 두 번째 리스트는 구성 요소가 숫자로만 이루어졌습니다. 세 번째 리스트는 구성 요소가 문자열로 이루어졌습니다. 마지막 리스트는 요소가 문자열과 숫자의 조합으로 구성되어 있습니다. 이처럼 리스트 각각의 요소는 숫자일 수도, 문자일 수도, 문자와 숫자를 혼합해 구성할 수도 있습니다.

리스트의 인덱스

리스트도 문자열처럼 각각의 요솟값을 따로따로 출력할 수 있습니다. 방법은 리스트의 이름을 입력하고, 대괄호([]) 안에 접근하려는 요소의 인덱스 번호를 입력하면 됩니다. 문자열처럼 리스트의 인덱스 번호도 0부터 시작하므로, 첫 번째 값은 인덱스 번호 0에 해당합니다.

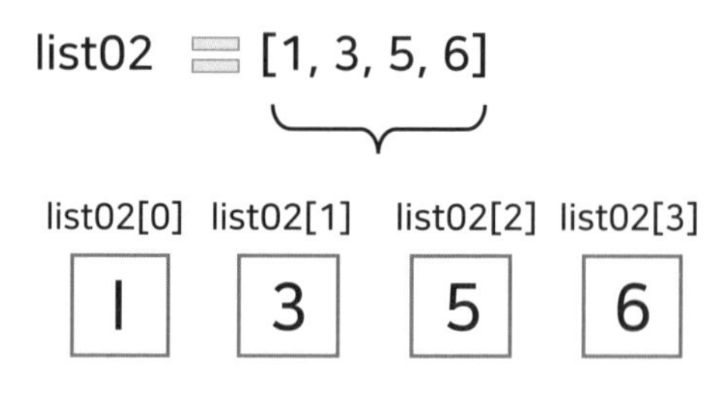

그림 2-11 리스트에서 인덱스 접근(1)

[그림 2-11]을 코드로 구현하면 다음과 같습니다.

```
list02 = [1, 3, 5, 6]
print(list02[0])
print(list02[1])
print(list02[2])
print(list02[3])
--------------------
1
3
```

```
5
6
```

리스트에서 인덱스 번호에 마이너스 부호(-)를 붙이면, 끝(오른쪽)에 위치하는 값부터 추출할 수 있습니다.

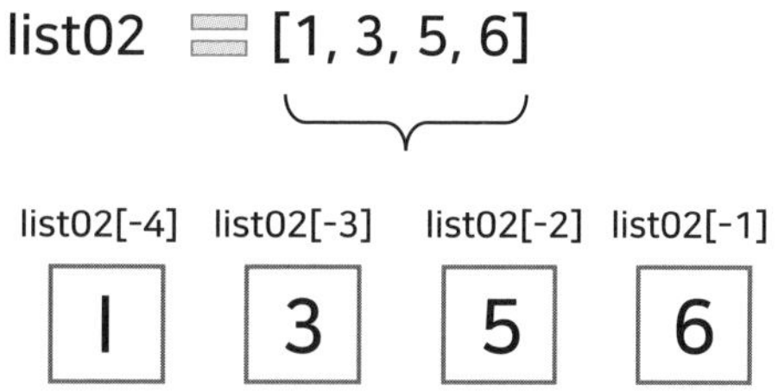

list02 = [1, 3, 5, 6]

list02[-4] list02[-3] list02[-2] list02[-1]

1 3 5 6

그림 2-12 리스트에서 인덱스 접근(2)

[그림 2-12]를 코드로 구현하면 다음과 같습니다.

```
print(list02[-1])
print(list02[-2])
print(list02[-3])
print(list02[-4])
-----------------
6
5
3
1
```

코드 첫 번째 줄의 인덱스 번호 -1은 끝에서 첫 번째의 의미로 사용됩니다. 인덱싱(인덱스 번호를 이용해 리스트 요소에 접근하는 것)을 처음부터 할 때는 인덱스 번호를 0부터 시작했지만, 끝에서부터 인덱싱할 때는 -1부터 시작한다는 것을 기억하길 바랍니다.

리스트 내의 리스트

리스트 요소로 또 다른 리스트를 지정할 수 있습니다.

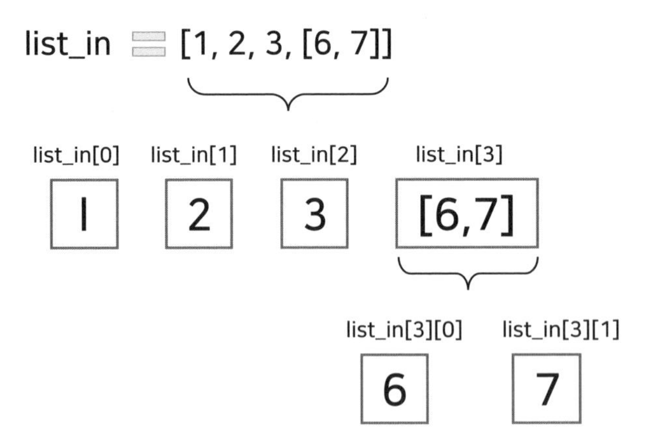

그림 2-13 리스트 요소로서의 리스트

[그림 2-13]을 코드로 구현하면 다음과 같습니다.

```
list_in = [1, 2, 3, [6, 7]]
print(list_in[0])
print(list_in[1])
print(list_in[2])
print(list_in[3])
--------------------------
1
2
3
[6, 7]
```

코드에서 [6, 7]은 리스트 list_in의 요소 중 하나입니다. 따라서 인덱스 번호로 요소를 불러올 때, 인덱스 번호 3에 해당하는 요소는 숫자 하나가 아닌 리스트입니다.

만약 리스트 안에 있는 또 다른 리스트의 개별 요소에 접근하고 싶다면, 대괄호([])를 한 번 더 사용합니다.

```
print(list_in[3][0])
print(list_in[3][1])
--------------------
6
7
```

print(list_in[3][0])은 리스트 list_in의 인덱스 번호 3에 해당하는 요소의 첫 번째 요소(인덱스 번호 0)를 출력하라는 의미입니다. print(list_in[3][1])은 두 번째 요소를 출력합니다.

리스트의 연산

더하기 연산자(+)를 사용하면 서로 다른 리스트를 이어 붙일 수 있습니다. 더하기 연산자를 사용한다고 해서 리스트의 각 구성 요소를 더하는 것(sum)이 아니라 단지 이어 붙인다는 점에 주의해야 합니다.

[1, 2, 3, 4, 5] + [6, 7, 8, 9, 10]

= [1, 2, 3, 4, 5, 6, 7, 8, 9, 10]

그림 2-14 리스트의 덧셈

[그림 2-14]를 코드로 구현하면 다음과 같습니다.

```
list05 = [1, 2, 3, 4, 5]
list06 = [6, 7, 8, 9, 10]
list07 = list05 + list06
print(list07)
------------------------------
[1, 2, 3, 4, 5, 6, 7, 8, 9, 10]
```

리스트에서 더하기 연산자를 사용하면 서로 다른 리스트들을 이어 붙일 수 있지만, 리스트에서 빼기 연산자(-)는 사용할 수 없습니다.

```
list08 = list05 - list06
---------------------------------------------------------------------------
TypeError                                 Traceback (most recent call last)
<ipython-input-17-ab169170ab95> in <module>
----> 1 list08 = list05 - list06
TypeError: unsupported operand type(s) for -: 'list' and 'list'
```

코드처럼 리스트 간에 빼기 연산을 수행하면 에러 메시지가 출력됩니다.

리스트와 정수형 숫자를 곱하면 곱한 숫자만큼 모든 리스트의 요소가 반복됩니다.

[1, 2, 3, 4, 5] × 2

= [1, 2, 3, 4, 5, 1, 2, 3, 4, 5]

그림 2-15 리스트의 스칼라 곱

[그림 2-15]를 코드로 구현하면 다음과 같습니다.

```
list09 = list05 * 2
print(list09)
------------------------------
[1, 2, 3, 4, 5, 1, 2, 3, 4, 5]
```

결과를 보면 리스트 list05의 요소가 두 번 반복되었습니다. 단, 소수점이 있는 실수형 숫자, 예를 들어 2.5와 같은 숫자는 리스트 요소로 곱할 수 없습니다.

리스트의 요소 개수 구하기

len 함수를 이용하면 리스트 요소의 개수를 구할 수 있습니다.

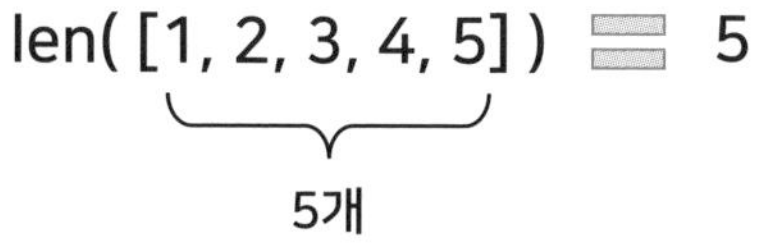

len([1, 2, 3, 4, 5]) = 5

5개

그림 2-16 리스트의 요소 개수 구하기

[그림 2-16]을 코드로 구현하면 다음과 같습니다.

```
n_list05 = len(list05)
print(n_list05)
-----------------------
5
```

리스트 list05에는 총 5개의 요소가 존재하므로, len 함수를 이용해 요소의 개수를 구하면 값은 5입니다.

리스트의 요소 삭제

리스트의 요솟값을 삭제할 때는 del 문을 사용합니다.

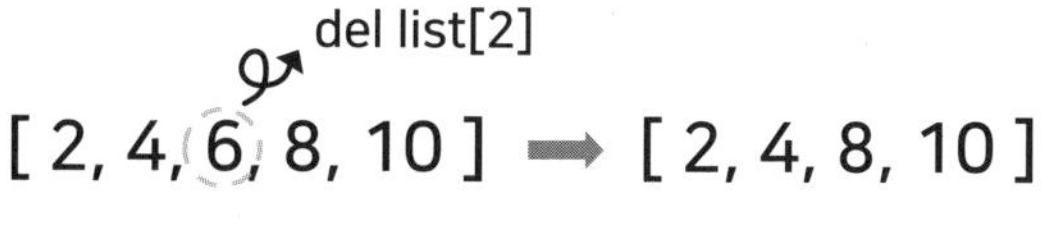

del list[2]

[2, 4, 6, 8, 10] ➡ [2, 4, 8, 10]

그림 2-17 리스트에서 요소 삭제

[그림 2-17]을 코드로 구현하면 다음과 같습니다.

```
list10 = [2, 4, 6, 8, 10]
del list10[2]
print(list10)
```

```
-------------------------
[2, 4, 8, 10]
```

코드는 리스트 list10에서 세 번째 요소를 삭제합니다. 결과를 보면 [2, 4, 8, 10] 4개의 요솟값만 출력됩니다.

리스트의 요소 추가

리스트 자료형은 자체적으로 append 메서드를 제공합니다. 메서드란 파이썬 함수처럼 특정 기능을 수행하는 코드를 말합니다. 메서드는 일반적으로 함수와 혼동할 수 있는데, 메서드에 대해서는 객체 단원에서 자세히 살펴보겠습니다. append 메서드를 이용하면 기존 리스트에 새로운 값을 추가할 수 있습니다.

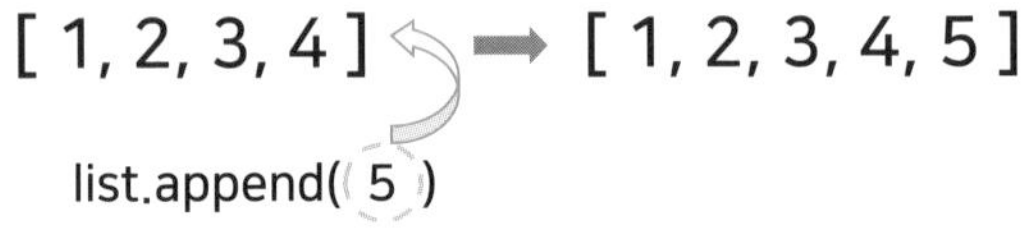

[1, 2, 3, 4] ➡ [1, 2, 3, 4, 5]

list.append(5)

그림 2-18 리스트에서 요소 추가

[그림 2-18]을 코드로 구현하면 다음과 같습니다.

```
list11 = [1, 2, 3, 4]
list11.append(5)
print(list11)
---------------------
[1, 2, 3, 4, 5]
```

리스트 list11에서 요소를 추가할 때 .append(5)라는 메서드를 이용했습니다. 메서드는 함수 호출과는 달리 메서드 앞에 마침표(.)를 찍어, 구분 표기한다는 점에 유의하길 바랍니다. 코드는 기존 리스트에 새로운 값 5를 추가합니다.

리스트의 요소 변경

리스트의 요솟값을 변경할 수도 있습니다.

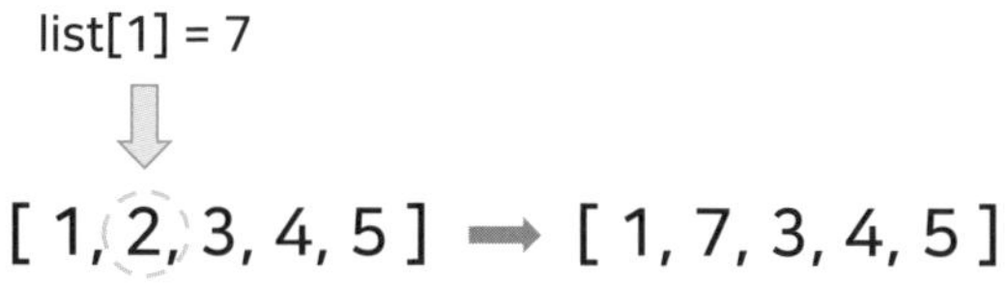

list[1] = 7

[1, 2, 3, 4, 5] → [1, 7, 3, 4, 5]

그림 2-19 리스트 원소 변경

[그림 2-19]를 코드로 구현하면 다음과 같습니다.

```
list11[1] = 7
print(list11)
---------------
[1, 7, 3, 4, 5]
```

리스트 list11의 두 번째 요솟값을 7로 변경합니다. 결과를 확인하면 두 번째 값이 7로 변경되어 있습니다.

리스트 정렬

리스트의 정렬 방법에는 오름차순 정렬과 내림차순 정렬이 있습니다. 오름차순 정렬은 숫자를 작은 수부터 정렬하는 방법이고, 내림차순 정렬은 큰 수부터 정렬하는 방법입니다. sort 메서드를 사용하면 리스트에 속하는 요소들을 오름차순으로 정렬할 수 있습니다.

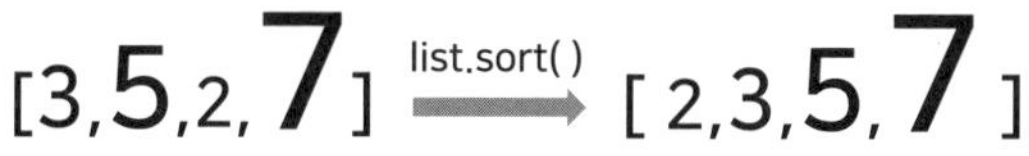

[3,5,2,7] list.sort() → [2,3,5,7]

그림 2-20 오름차순 정렬

[그림 2-20]을 코드로 구현하면 다음과 같습니다.

```
list12 = [3, 5, 2, 7]
list12.sort()
print(list12)
---------------------
[2, 3, 5, 7]
```

sort 메서드의 기본값은 오름차순 정렬입니다. 따라서 리스트에서 요소가 작은 값부터 왼쪽에서 오른쪽으로 정렬됩니다. 리스트의 마지막 요소에는 가장 큰 값이 옵니다.

reverse 메서드를 활용하면 리스트 요소의 순서를 뒤집을 수 있습니다.

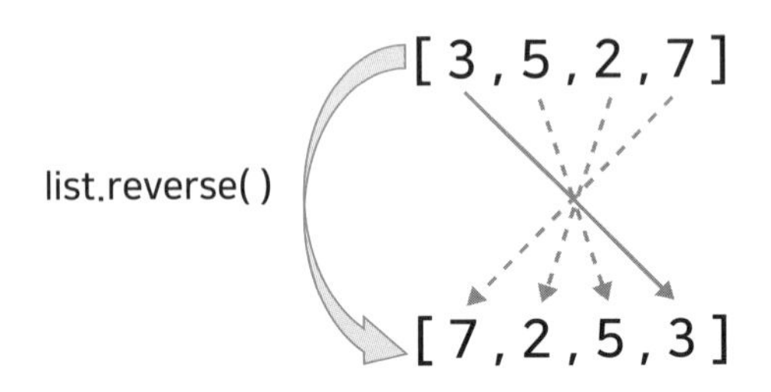

그림 2-21 순서 거꾸로 뒤집기

[그림 2-21]을 코드로 구현하면 다음과 같습니다.

```
list12 = [3, 5, 2, 7]
list12.reverse()
print(list12)
---------------------
[7, 2, 5, 3]
```

가장 앞서 위치했던 요소가 가장 뒤로 이동하고, 가장 뒤에 위치했던 요소가 가장 앞으로 이동합니다. reverse라는 이름을 보고 내림차순 정렬이라고 혼동할 수 있으니 주의하길 바랍니다.

sort, reverse 메서드는 리스트 내에서 요소의 순서를 변경하는 메서드였습니다. 이번에는 정렬한 리스트를 새로운 리스트로 정의하는 법을 알아보겠습니다.

```
list12 = [3, 5, 2, 7]
list13 = sorted(list12, reverse=False)
print(list13)
list14 = sorted(list12, reverse=True)
print(list14)
--------------------------------------
[2, 3, 5, 7]
[7, 5, 3, 2]
```

파이썬에서 제공하는 sorted 함수를 사용하면 리스트를 정렬할 수 있습니다. reverse 옵션은 정렬을 지정하는 옵션입니다. reverse=False 옵션을 주면 리스트는 오름차순으로 정렬되고, reverse=True 옵션을 주면 리스트를 내림차순으로 정렬합니다. 앞서 사용했던 reverse 메서드는 단지 순서를 뒤집는 메서드이지만, sorted 함수에서 사용하는 reverse는 sorted 함수의 옵션입니다. 즉 sorted 함수의 reverse로 오름차순과 내림차순 정렬을 자유자재로 지정할 수 있습니다.

리스트에서 원하는 요소의 개수 구하기

리스트에서 동일한 값이 여러 개 존재할 때, 동일한 수가 몇 개인지 어떻게 알 수 있을까요? count 메서드를 활용하면 리스트에 속하는 특정 값의 개수를 확인할 수 있습니다.

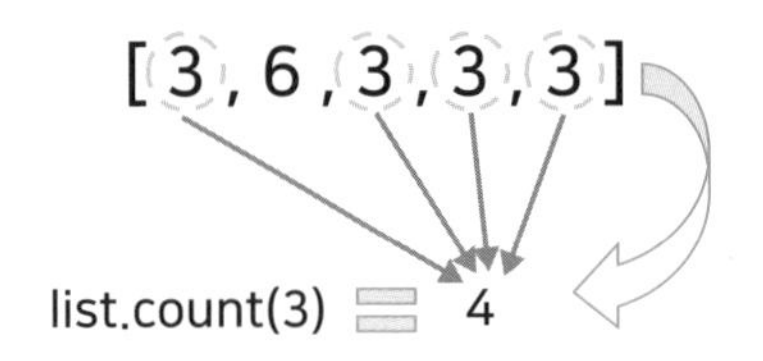

그림 2-22 리스트 원소 3의 개수

[그림 2-22]를 코드로 구현하면 다음과 같습니다.

```
list16 = [3, 6, 3, 3, 3]
cnt = list16.count(3)
print(cnt)
------------------------
4
```

코드는 리스트 list16에 3이라는 요소가 몇 개 있는지 확인합니다. 결과를 확인하면 총 4개의 3이 있습니다.

튜플 자료형

튜플(Tuple)은 리스트와 비슷한 자료형입니다. 튜플과 리스트의 형식상의 차이는, 리스트는 구성 요솟값을 대괄호([])로 묶지만, 튜플은 소괄호(())로 묶는다는 것입니다.

```
tuple01 = (1, 2, 3, 4, 5)
print(tuple01)
-------------------------
(1, 2, 3, 4, 5)
```

코드는 구성 요소로 1, 2, 3, 4, 5를 갖는 튜플 tuple01을 만들었습니다.

리스트와 튜플의 또 다른 중요한 차이점이 있습니다. 리스트는 여러 요소로 리스트를 만든 다음 수정, 삭제, 추가 등이 가능하지만, 튜플은 한번 선언하면 구성 요소를 변경할 수 없다는 점입니다. 따라서 프로그램에서는 요솟값을 특별히 변경하지 않을 데이터를 튜플 자료형으로 구현하는 게 좋습니다.

```
tuple01[0] = 7
---------------------------------------------------------------------------
TypeError                                 Traceback (most recent call last)
<ipython-input-4-77e6f1f6b033> in <module>

----> 1 tuple01[0] = 7
TypeError: 'tuple' object does not support item assignment
```

코드는 튜플 tuple01의 첫 번째 요솟값을 7로 변경하려고 했습니다. 결과적으로 에러 메시지가 출력됩니다. 튜플 자료형을 사용했을 때는 구성 요솟값을 임의로 변경할 수 없습니다.

딕셔너리 자료형

딕셔너리 자료형에 대해 알아보겠습니다. 파이썬에서 제공하는 딕셔너리 자료형은 프로그래밍할 때 유용한 자료형입니다.

딕셔너리(Dictionary)는 우리말로 사전이라는 뜻입니다. 파이썬 딕셔너리에 대해 알아보기 전에 잠시 우리가 일상에서 사용하는 사전의 구성 형태를 생각해 보겠습니다. 사전에는 단어와 그 단어에 해당하는 뜻이 풀이되어 있습니다. 즉, {단어: 뜻}의 형태입니다. 그리고 사전 전체는 {단어 1: 뜻, 단어 2: 뜻, … }의 구조로 표현할 수 있습니다. 이를 프로그래밍 코드로 구현하면 다음과 같이 바꿔 쓸 수 있습니다. 간단히 3개의 단어로 구성된 사전을 가정하겠습니다.

```
{단어 1: 뜻,
 단어 2: 뜻,
 단어 3: 뜻}
```

파이썬 자료구조인 딕셔너리(Dictionary)는 우리가 잘 알고 있는 사전의 형태를 띠는 자료형입니다. 앞서 사전을 설명할 때는 단어, 뜻이라는 용어를 사용했지만, 파이썬 딕셔너리에서는 대신 key, value라는 용어를 사용합니다. 딕셔너리는 다음과 같은 형식으로 표현합니다.

```
{ key1: value1,
  key2: value2,
  key3: value3 }
```

딕셔너리 자료형은 key, value 쌍으로 구성됩니다. 그러면 실제로 딕셔너리를 만들어 보겠습니다. 딕셔너리 자료형은 중괄호({})를 이용해 key, value를 하나의 쌍으로 묶습니다.

```
dic01 = {
    'name': 'John',
    'age': 28,
    'hobby': ['reading', 'soccer']
}
print(dic01)
------------------------------------------------------------
{'name': 'John', 'age': 28, 'hobby': ['reading', 'soccer']}
```

코드는 딕셔너리 자료형을 어떻게 선언하는지 보여주고 있습니다. 딕셔너리 자료형에서 key는 'name', 'age', 'hobby'로 구성되어 있고, value는 'John', 28, ['reading', 'soccer']입니다. 딕셔너리 자료형은 문자열, 숫자, 리스트 등 여러 형태의 자료형으로 구성할 수 있습니다.

딕셔너리에 요소 추가하기

이번에는 딕셔너리에 새로운 key, value 쌍을 추가하겠습니다.

```
dic01['blood'] = 'O'
print(dic01)
------------------------------------------------------------------------
{'name': 'John', 'age': 28, 'hobby': ['reading', 'soccer'], 'blood': 'O'}
```

혈액형 정보를 추가하기 위해 'blood'는 key에, 혈액형이 'O'형인 정보는 value에 각각 입력합니다. key, value 쌍을 추가하려면 **딕셔너리명['원하는 key'] = '원하는 value'** 형식으로 입력합니다. 결과를 출력하면 'blood':'O'가 추가된 것을 알 수 있습니다.

딕셔너리 요소 삭제

딕셔너리에서 key, value 쌍을 삭제하고 싶다면, del 문을 **딕셔너리명['원하는 key']**와 함께 입력하면 해당 key, value를 삭제할 수 있습니다.

```
del dic01['blood']
print(dic01)
----------------------------------------------------------
{'name': 'John', 'age': 28, 'hobby': ['reading', 'soccer']}
```

코드는 딕셔너리 dic01에 존재하는 혈액형 정보의 key, value 쌍을 del 문을 사용하여 삭제하였습니다. 결과를 보면 key에 해당하는 blood와 value에 해당하는 O가 모두 사라졌습니다.

딕셔너리 요소 검색

리스트에서 인덱스를 이용해 요솟값을 확인한 것과는 달리, 딕셔너리에서는 키값(key)을 입력하면 결괏값(value)을 확인할 수 있습니다.

```
print(dic01['name'])
--------------------
John
```

코드는 key가 name에 해당하는 value 값을 보여줍니다. 해당 key의 value는 John입니다.

리스트에서는 인덱스를 이용해 요솟값에 접근했으니 혹시 딕셔너리에서도 인덱스를 이용하면 value에 접근할 수 있지 않을까 생각할 수 있습니다. 한번 해볼까요?

```
dic01[0]
---------------------------------------------------------------------------
KeyError                                  Traceback (most recent call last)
<ipython-input-15-1e8564c1f32f> in <module>
----> 1 dic01[0]
KeyError: 0
```

첫 번째 key에 대한 value를 확인하고 싶어 코드처럼 입력하면 에러 메시지가 나옵니다. 딕셔너리는 인덱스로 확인하는 것이 아니라, key를 직접 입력해야 value를 확인할 수 있습니다.

key, value, item 메서드

딕셔너리 자료형에서는 딕셔너리의 key만 모아 한꺼번에 볼 수 있습니다.

```
print(dic01.keys())
-----------------------------------
dict_keys(['name', 'age', 'hobby'])
```

keys 메서드를 이용하면 해당 딕셔너리를 구성하는 key를 모두 확인할 수 있습니다. 이때 결괏값으로 나오는 자료형은 앞서 배운 리스트 자료형이 아니라, dict_keys라는 특수한 형태의 자료형입니다. 앞서 배운 것처럼 리스트 자료형은 인덱스 번호를 이용해 요솟값에 접근할 수 있었지만, dict_keys 자료형은 인덱스 번호를 이용해도 요솟값에 접근할 수 없습니다.

계속해서 다음 코드를 입력합니다.

```
keys01 = list(dic01.keys())
print(keys01)
print(keys01[0])
---------------------------
['name', 'age', 'hobby']
name
```

만약 딕셔너리의 key를 모아 놓은 dict_keys 자료형을 리스트처럼 사용하고 싶다면, 먼저 리스트로 형변환해야 합니다. 코드처럼 dict_keys 자료형을 list 함수를 이용해 리스트 자료형으로 변환하면, 인덱스 번호를 이용해 요솟값에 접근할 수 있습니다.

이번에는 딕셔너리의 value만 확인해 보겠습니다.

```
print(dic01.values())
------------------------------------------------
dict_values(['John', 28, ['reading', 'soccer']])
```

values 메서드를 이용하면 해당 딕셔너리의 value를 확인할 수 있습니다. 이때 사용하는 자료형은 dict_values입니다.

items 메서드를 이용하면 딕셔너리의 key, value 쌍 전체를 확인할 수 있습니다.

```
print(dic01.items())
----------------------------------------------------------------------------
dict_items([('name', 'John'), ('age', 28), ('hobby', ['reading', 'soccer'])])
```

집합 자료형

파이썬에서 집합 자료형은 리스트나 문자열에 포함된 요소들의 중복을 제거하고, 유일무이한 요소를 찾는 데 주로 활용됩니다.

집합 자료형은 set 함수를 이용합니다.

```
set([1,2,1,1,1])
----------------
{1, 2}
```

위 코드는 집합 자료형 내에 리스트가 존재하는 경우입니다. 리스트의 요소는 5개지만 중복을 제거하면 유일무이한 요소는 1, 2 두 개뿐입니다. 따라서 리스트 [1, 2, 1, 1, 1]의 집합 형태는 {1, 2}가 됩니다.

리스트 대신 문자열을 넣을 수도 있습니다.

```
set("hello")
--------------------
{'e', 'h', 'l', 'o'}
```

"hello"라는 문자열에는 5개의 문자가 존재하지만, 'l'이 두 번 들어가므로 중복을 제거하면 4개의 요소만 남습니다.

불 자료형

컴퓨터는 0과 1로 구성된 정보만을 인식합니다. 이와 비슷하게 불(Bool) 자료형은 참(True), 거짓(False) 두 가지 값만으로 구성된 자료형입니다.

```
boo01 = True
boo02 = False
print(boo01)
print(boo02)
------------
```

```
True
False
```

불 자료형에는 오직, `True`, `False` 두 가지 값만 존재합니다. 코드에서 `boo01` 이라는 변수에 `True` 값을 담았는데, 이때 주의해야 할 점은 `True`를 문자열 `'True'`처럼 따옴표로 감싸지 않았습니다. 불 자료형을 나타낼 때는 `True`, `False`를 따옴표로 감싸지 않습니다.

조건문 알아보기

지금까지 파이썬의 여러 가지 자료형에 대해 살펴보았습니다. 이번에는 프로그래밍 언어에서 코드의 흐름을 제어할 때 이용하는 조건문을 알아보겠습니다.

if 문

프로그래밍 코드를 입력하고 실행하면, 일반적으로 입력한 코드 순서대로 차례차례 실행됩니다. 하지만 이런 경우는 어떨까요? 어떤 조건을 만족했을 때는 실행하고, 조건을 만족하지 않을 때는 실행하지 않도록 코드를 작성하는 것입니다. 이번에 배울 조건문은 프로그램이 특정 조건을 만족했을 때만 실행하도록 만드는 방법입니다.

[그림 2-23]은 `if` 문의 사용 방법을 보여주는 그림입니다.

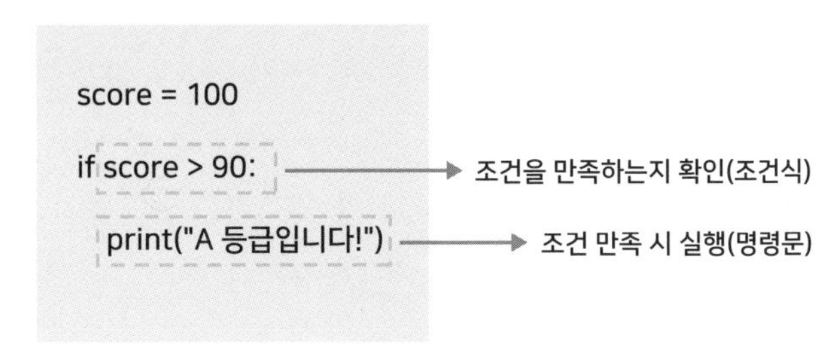

그림 2-23 `if` 문

if 문에서는 조건식과 명령문을 입력하는 영역이 있습니다. 중요한 문법 형식으로, 조건식을 입력하고 나서 반드시 콜론(:)을 입력해야 합니다. 그리고 if 문에서 명령문을 쓸 때는 반드시 들여쓰기해야 합니다. 들여쓰기는 키보드의 tab 키(또는 띄어쓰기 4칸)로 할 수 있습니다. 들여쓰기는 파이썬 프로그래밍에서 아주 중요한 개념입니다. 들여쓰기해야 할 상황에서 들여쓰기하지 않으면 코드가 제대로 실행되지 않습니다.

다음 코드는 변수 score의 값이 90을 넘으면 **A 등급입니다!**라는 메시지를 출력하는 프로그램입니다.

```
score = 100
if score > 90:
    print("A 등급입니다!")
-----------------------
A 등급입니다!
```

코드에서 score는 100이며, 비교하는 점수인 90보다 크므로 메시지가 정상적으로 출력되었습니다.

이번 코드는 변수 score에 80이라는 값이 저장되어 있습니다. score가 90보다 클 때 메시지를 출력하라는 조건식에는 변함이 없습니다.

```
score = 80
if score > 90:
    print("A 등급입니다!")
-----------------------
```

80은 90보다 작으므로 명령문을 실행하기 위한 조건을 만족하지 않습니다. 따라서 코드를 실행하면 아무것도 출력되지 않습니다.

if ~ else 문

그렇다면 조건문을 만족하지 않을 때도 무언가 실행하게 만들 수는 없을까요? 이번에는 조건문을 만족하지 않을 때에도 실행 결과가 나오도록 해보겠습니다.

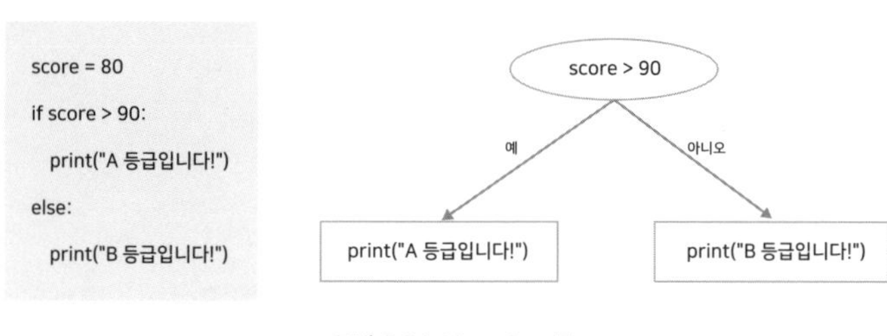

그림 2-24 if...else 문

if 문에서 else를 입력하면, 조건을 만족하지 않을 때 실행되는 명령문을 추가할 수 있습니다.

```
score = 80
if score > 90:
    print("A 등급입니다!")
else:
    print("B 등급입니다!")
-----------------------
B 등급입니다!
```

코드는 변수 score가 90보다 크면 A **등급입니다**!라는 메시지를 출력하고, 그렇지 않으면 B **등급입니다**!라는 메시지를 출력합니다. 코드에서 score는 80으로, 조건을 만족하지 않으므로 B **등급입니다**!라는 메시지가 출력됩니다.

elif 문

조건이 여러 개인 if 문도 가능합니다. 조건이 여러 개일 때는 elif 문을 사용하는데, elif는 else if의 줄임말입니다. elif 문은 if 문의 조건이 여러 개일 때 사용합니다.

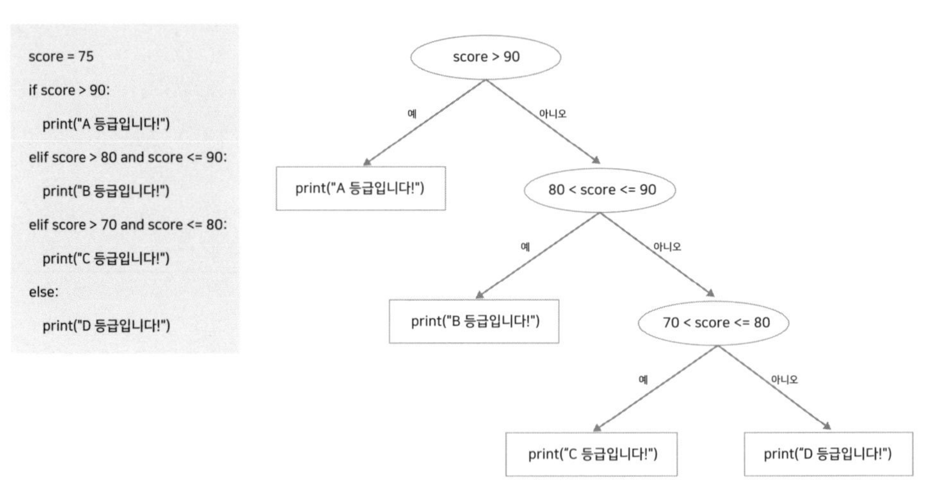
score = 75
if score > 90:
print("A 등급입니다!")
elif score > 80 and score <= 90:
print("B 등급입니다!")
elif score > 70 and score <= 80:
print("C 등급입니다!")
else:
print("D 등급입니다!")
score > 90
예
아니오
print("A 등급입니다!")
80 < score <= 90
예
아니오
print("B 등급입니다!")
70 < score <= 80
예
아니오
print("C 등급입니다!")
print("D 등급입니다!")

그림 2-25 if...elif...else 문

[그림 2-25]를 코드로 구현하면 다음과 같습니다.

```
score = 75
if score > 90:
    print("A 등급입니다!")
elif score > 80 and score <= 90:
    print("B 등급입니다!")
elif score > 70 and score <= 80:
    print("C 등급입니다!")
else:
    print("D 등급입니다!")
--------------------------------
C 등급입니다!
```

해당 조건을 만족하는 경우에만 메시지를 출력합니다. 모든 조건을 만족하지 않을 때에는 마지막에 있는 else 문을 수행합니다. score가 75점이므로, C 등급입니다!라는 메시지가 출력됩니다.

비교 연산자

프로그래밍하다 보면 문자, 숫자 등을 비교해야 할 때가 있습니다. 비교 연산자는 바로 이럴 때 사용하는 연산자입니다.

비교 연산자	의미
a > b	a는 b보다 크다
a < b	a는 b보다 작다
a >= b	a는 b보다 크거나 같다
a <= b	a는 b보다 작거나 같다
a == b	a와 b는 같다
a != b	a와 b는 같지 않다

표 2-1 비교 연산자

비교 연산자를 사용해 보겠습니다.

```
a = 7
b = 2
a > b
-----
True
```

a를 7이라고 하고, b를 2라고 했을 때, 비교 연산자를 이용해 a와 b를 비교합니다. 먼저 a > b를 입력하면 a는 7이고 b는 2이므로 True 값을 출력합니다. 비교 연산자의 출력값은 앞서 배운 불 연산자입니다. 해당 명제가 참이면 True, 거짓이면 False를 반환합니다.

이번에는 >= 연산자를 사용해 보겠습니다.

```
a >= b
------
True
```

a의 값 7이 b의 값 2보다 크거나 같은 경우에 참이므로 True가 출력됩니다.

계속해서 다른 비교 연산자들도 사용해 보겠습니다.

```
a < b
a <= b
a == b
a != b
------
False
False
False
True
```

현재 a에는 7이, b에는 2가 입력되어 있습니다. 첫 번째 코드 a < b는 "a는 b보다 작다"라는 뜻입니다. 해당 명제는 거짓이므로 False가 출력됩니다. 두 번째 코드 a <= b는 "a는 b보다 작거나 같다"라는 뜻입니다. 해당 명제는 거짓이므로 False가 출력됩니다. 세 번째 코드 a == b는 "a는 b와 같다"라는 뜻입니다. 해당 명제는 거짓이므로 False가 출력됩니다. 마지막 코드 a != b는 "a는 b와 같지 않다"라는 뜻입니다. 해당 명제는 참이므로 True가 출력됩니다.

논리 연산자

논리 연산자는 비교 연산자와 비슷한 개념입니다. 비교 연산자는 하나의 명제에 대해 '참', '거짓'을 판별했지만, 논리 연산자는 두 가지 명제를 비교해 '참', '거짓'을 판별합니다.

논리 연산자	의미
a and b	a와 b 모두 참이면 참, 둘 중 하나라도 거짓이면 거짓
a or b	a와 b 둘 중 하나라도 참이면 참, 둘 다 거짓이면 거짓
not a	a가 거짓이면 참, a가 참이면 거짓

표 2-2 논리 연산자

논리 연산자 실습을 위해 변수 a, b에 값을 다시 넣겠습니다. a에는 5를, b에는 3을 입력했습니다.

```
a = 5
b = 3
```

다음 논리 연산자의 결과가 왜 True가 나왔는지 생각해 보세요.

```
a > 3 and b > 1
---------------
True
```

코드에서 a > 3이라는 명제와 b > 1이라는 명제를 비교합니다. 먼저 a는 5이고 3보다 크므로 a > 3은 참입니다. 그리고 b는 3이고 1보다 크므로 b > 1의 명제도 참입니다. 따라서 두 명제 모두 참이므로 and 연산자의 결괏값은 True(참)입니다.

다음 논리 연산자의 결과도 알아봅시다.

```
a > 3 and b > 5
---------------
False
```

이번에는 두 번째 조건이 변경되었습니다. b는 3인데, b > 5라는 명제가 주어졌습니다. 해당 명제는 거짓입니다. 따라서 a > 3이라는 명제는 참인데 반해, b > 5는 거짓이므로 두 명제에 대한 and 연산자 결과는 거짓, 즉 False입니다. and 연산자의 결괏값이 True가 나오기 위해선 두 조건이 모두 참이어야 합니다.

이번에는 or 연산자에 대해서도 알아보겠습니다.

```
a > 3 or b > 5
--------------
True
```

앞선 코드와 동일한 코드로, a > 3은 참, b > 5는 거짓입니다. or 연산자는 두 명제 중 하나만 참이어도 True를 반환하므로 결괏값은 True입니다.

끝으로 not 연산자는 참, 거짓 여부가 결정된 명제의 반대 결과를 반환합니다.

```
not b > 5
---------
True
```

주어진 명제 b > 5는 거짓이므로 반대인 True를 반환합니다.

in, not in 연산자

파이썬은 in, not in 연산자를 제공합니다. 직관적으로 in은 어디에 포함된다는 뜻이고, not in은 포함되지 않는다는 뜻입니다. 실제로 in은 포함되는지 여부를, not in은 포함되지 않는지의 여부를 출력하는 연산자입니다. 간단한 예제를 풀어보면 쉽게 이해할 수 있습니다.

```
c = 3
list01 = [1, 2, 3, 4, 5]
c in list01
-----------------------
True
```

코드는 c의 값이 리스트 list01의 요소로 포함되어 있는지 묻고 있습니다. c는 3으로 list01의 요소이므로 True를 출력합니다.

not in은 in 연산자와는 반대입니다.

```
c not in list01
--------------
False
```

코드는 c가 list01에 포함되지 않는지를 묻고 있습니다. c는 3으로 list01에 포함되므로 False를 출력합니다.

반복문 알아보기

조건문과 더불어 프로그래밍에서 코드의 흐름을 제어하는 데 중요한 것이 반복문입니다. 이번 절에서는 반복문을 살펴보겠습니다.

for 문

for 문은 정해진 횟수만큼 반복해서 문장을 수행할 때 사용합니다.

```
for i in range(0, 5):
    print("안녕하세요.")
--------------------
안녕하세요.
안녕하세요.
```

```
안녕하세요.
안녕하세요.
안녕하세요.
```

range 함수는 파이썬 언어에서 범위를 지정할 때 사용하는 함수입니다. 코드에서 range(0, 5)라고 입력하면, 0부터 4까지 총 다섯 번의 명령문을 반복 수행합니다.

[그림 2-26]에서 for 문의 개념을 잘 보여주고 있습니다.

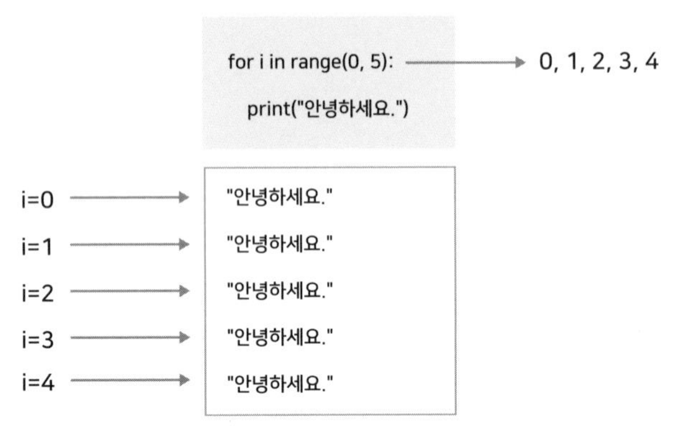

그림 2-26 for 문의 개념

range 함수를 이용해 반복 횟수를 정할 수 있는데, 변수 i에 0부터 4 사이에 존재하는 값이 저장되면서 명령문이 실행됩니다. 이때 주의할 점은 range(0, 5)라고 해서 지정 범위가 0부터 5까지가 아니라 0부터 4까지 지정된다는 점입니다. 리스트에서 범위가 있는 인덱스 번호를 지정할 때처럼 마지막 숫자는 포함되지 않습니다.

다음 코드를 입력해 보겠습니다.

```
for i in range(0, 5):
    print(i)
---------------------
0
1
2
3
4
```

코드는 앞선 예제와 마찬가지로 명령문을 5회 반복하는데, 출력 내용이 i입니다. 즉, i가 0번째에 해당하면 0을 출력합니다. range 함수의 범위가 0부터 4까지이므로 출력 결과 역시 0부터 4까지 출력됩니다.

for 문의 반복 요소로 다양한 형태가 사용될 수 있습니다. 다음 코드를 입력합니다.

```
seq = [1, 2, 5, 10]
for i in seq:
    print(i)
-------------------
1
2
5
10
```

예제를 보면 출력 결과가 리스트의 요소라는 것을 알 수 있습니다.

[그림 2-27]은 리스트를 이용한 for 문이 어떻게 동작하는지 보여주고 있습니다. 변수 i에 리스트에 속하는 요소를 순서대로 대입하고 있습니다.

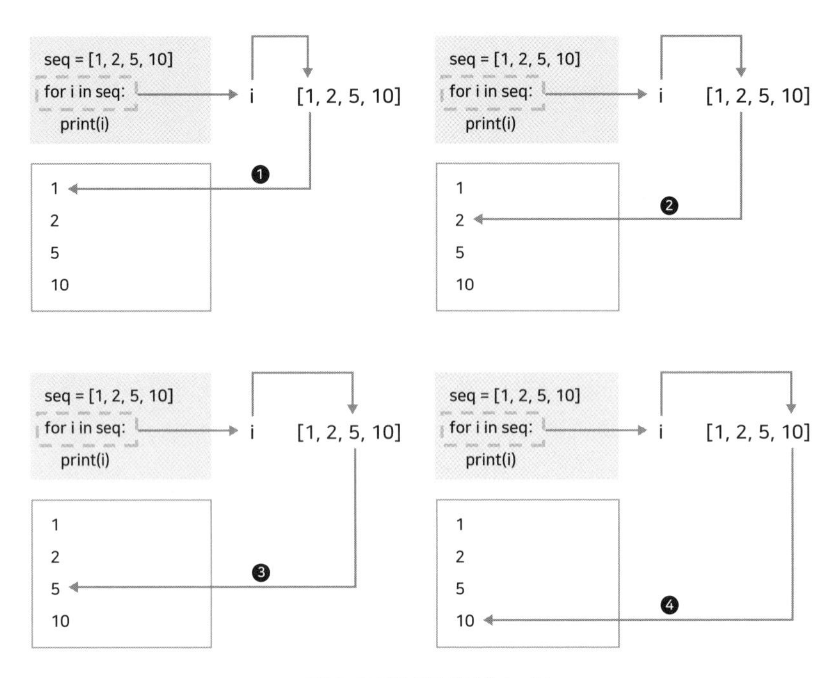

그림 2-27 리스트를 이용한 for 문

for 문을 사용할 때 enumerate 함수를 사용하면 리스트 요소를 인덱스값과 함께 출력합니다.

```
seq = ["Seoul", "Busan", "Daegu"]
for idx, city in enumerate(seq):
    print(idx, city)
---------------------------------
0 Seoul
1 Busan
2 Daegu
```

코드 실행 결과, 왼쪽에 표시되는 0, 1, 2가 바로 리스트의 인덱스 번호입니다. enumerate 함수는 리스트의 요소와 더불어 인덱스 번호를 반환하므로 프로그래밍을 할 때 유용하게 사용됩니다.

while 문

수행 횟수를 지정했던 for 문과는 달리 while 문은 조건을 만족하는 동안 계속 실행되는 반복문입니다.

다음 코드를 입력합니다.

```
i = 0
while(i < 5):
    print("안녕하세요.")
    i = i + 1
---------------------
안녕하세요.
안녕하세요.
안녕하세요.
안녕하세요.
안녕하세요.
```

예제는 i가 5보다 작다는 조건을 만족할 때, 명령문을 계속 실행합니다. 반복할 때마다 **안녕하세요.**라는 메시지를 출력하고, 출력한 이후에는 i 값을 하나 증가시킵니다. while 문에서 변수로 i를 사용할 때는, 사용하기 전에 초기화하는 과정(while 문 전에 i=0이라고 초기화)이 필요합니다.

예외 처리

프로그래밍을 하다 보면 다음과 같이 에러가 발생하는 경우가 있습니다.

```
1/0
---------------------------------------------------------------------------
ZeroDivisionError                         Traceback (most recent call last)
<ipython-input-2-9e1622b385b6> in <module>
----> 1 1/0

ZeroDivisionError: division by zero
```

코드는 0으로 나눌 수 없다는 에러입니다. 프로그램에서 에러가 발생하면 작업이 완료되지 않고 종료됩니다. 우리는 에러가 발생하는 상황에 미리 대처할 필요가 있습니다. 파이썬에서는 try, except, finally 문을 이용해 예외 처리를 다룹니다.

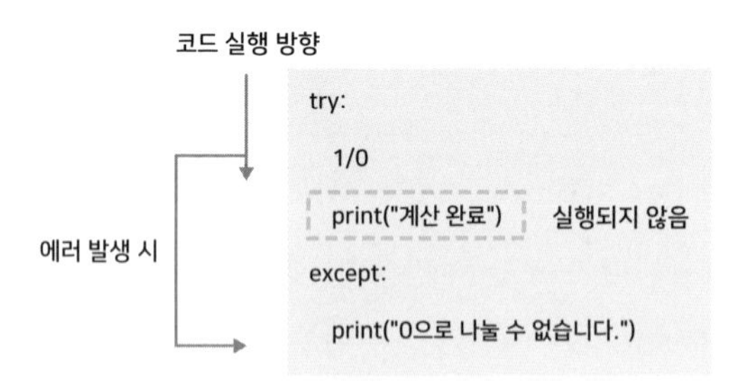

그림 2-28 except 문 실행

파이썬에서 try ~ except 문을 사용하면 에러 발생에 미리 대비할 수 있습니다. 다음 코드를 입력합니다.

```
try:
    1/0
    print("계산 완료")
```

```
except:
    print("0으로 나눌 수 없습니다.")
--------------------------------
0으로 나눌 수 없습니다.
```

코드는 에러가 발생하면, **0으로 나눌 수 없습니다**라는 메시지를 출력합니다.

에러가 발생하지 않으면 다음에 수행할 명령문을 정상적으로 처리하며, except 문 이하의 명령문은 실행하지 않습니다.

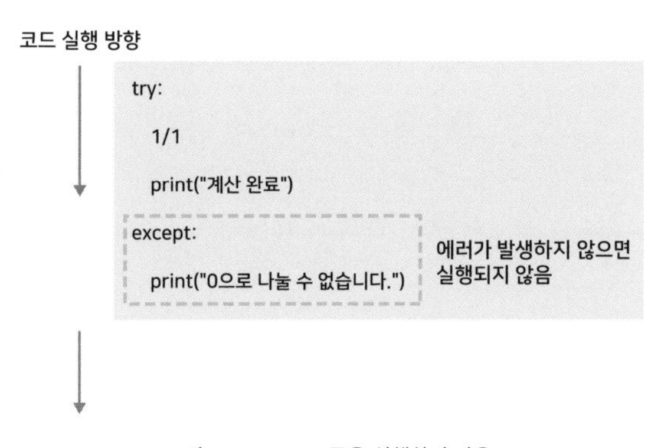

그림 2-29 except 문을 실행하지 않음

[그림 2-29]를 코드로 구현하면 다음과 같습니다.

```
try:
    1/1
    print("계산 완료")
except:
    print("0으로 나눌 수 없습니다.")
--------------------------------
계산 완료
```

코드는 try 문에 포함된 실행 문장에서 에러가 발생하지 않았습니다. 따라서 except 문에 포함된 print 함수를 실행하지 않습니다.

finally 문은 코드의 에러 발생 여부와 상관없이 무조건 실행되는 영역입니다.

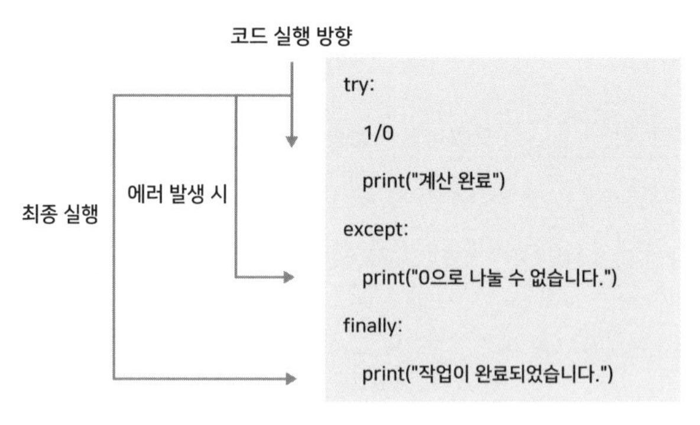

그림 2-30 except, finally 문 실행

[그림 2-30]을 코드로 구현하면 다음과 같습니다.

```
try:
    1/0
    print("계산 완료")
except:
    print("0으로 나눌 수 없습니다.")
finally:
    print("작업이 완료되었습니다.")
-------------------------------
0으로 나눌 수 없습니다.
작업이 완료되었습니다.
```

코드는 try 문에서 에러가 발생해 except 문에 있는 코드를 실행합니다. 그리고 마지막에 있는 finally 문 역시 실행합니다.

그럼 [그림 2-31]처럼 try 문에서 에러가 발생하지 않는다면 결과는 어떻게 될까요?

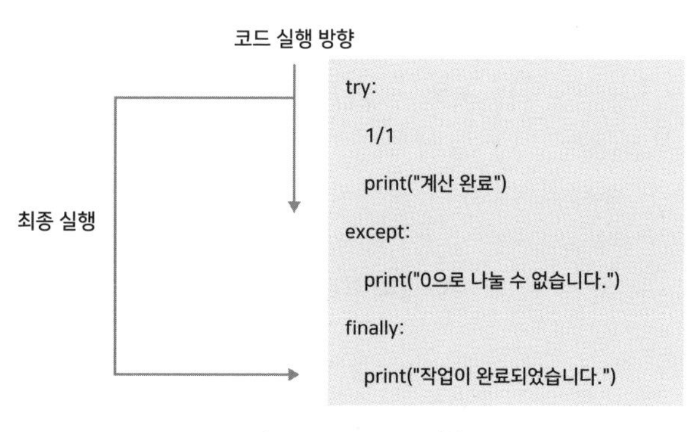

그림 2-31 `finally` 문 실행

[그림 2-31]을 코드로 구현하면 다음과 같습니다.

```
try:
    1/1
    print("계산 완료")
except:
    print("0으로 나눌 수 없습니다.")
finally:
    print("작업이 완료되었습니다.")
-------------------------------
계산 완료
작업이 완료되었습니다.
```

코드는 `try` 문에서 에러가 발생하지 않았습니다. 따라서 `except` 문이 실행되지 않았고, `finally` 문은 정상적으로 실행되었습니다.

함수

함수는 미리 정해진 동작을 수행하는 코드를 한데 묶어 놓은 것입니다. 특정 작업을 수행하는 코드를 모아 함수로 만들어두면, 해당 작업을 처리할 때마다 반복해 사용할 수 있습니다. 함수를 사용하면 같은 동작을 수행하는 코드를 여러 번 작성할 필요가 없습니다.

[그림 2-32]는 함수가 무엇인지 보여주고 있습니다. 여기서는 입력 변수를 서로 더해 그 결괏값을 되돌려주는 sum이라는 함수를 정의하고 있습니다.

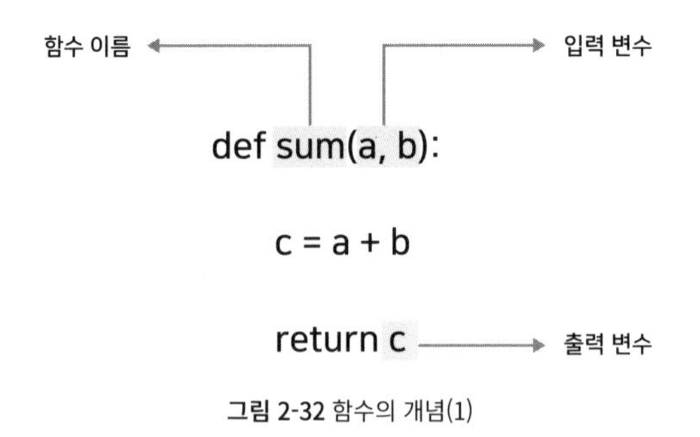

그림 2-32 함수의 개념(1)

함수를 쓰지 않는다면, 덧셈이 필요할 때마다 `c = a + b` 형식의 코드를 여러 번 작성해야 합니다. 그러나 덧셈을 수행하는 함수를 미리 만들어두면, 덧셈 연산이 필요할 때마다 sum 함수를 호출해 간단히 작업할 수 있습니다.

함수는 코드로 다음과 같이 정의합니다. 함수를 정의할 때는 조건문, 반복문처럼 콜론(:)과 들여쓰기를 적절히 입력해야 합니다.

```
def sum(a, b):
    c = a + b
    return c
```

코드는 덧셈 결과를 출력하는 sum이라는 이름의 함수를 정의하고 있습니다. 이렇듯 사용자는 입력값을 넣으면 원하는 출력값을 구하는 함수를 직접 만들 수 있습니다.

[그림 2-33]은 함수의 일반 원리를 잘 보여주고 있습니다.

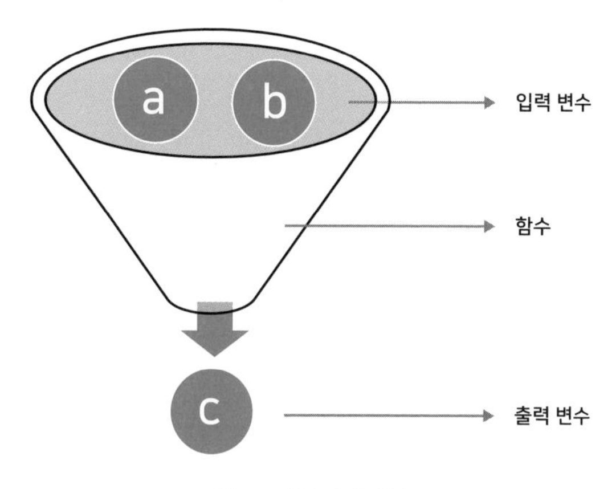

그림 2-33 함수의 개념(2)

그렇다면 앞에서 정의한 `sum` 함수를 호출하는 방법도 살펴보겠습니다. `sum` 함수에 2, 5를 입력해 호출하면, 두 수를 더한 결과인 7을 반환합니다.

```
sum(2, 5)
---------
7
```

> **! 잠시 멈춤** **함수와 메서드는 뭐가 다르죠?**
>
> 함수와 메서드는 쓰임이 비슷해서 실제로 혼용해서 사용하기도 합니다. 넓게 봤을 때 메서드는 함수의 부분 집합이므로, 메서드를 함수라 부르기도 합니다. 하지만 엄밀하게 살펴본다면 함수는 이름만으로 호출할 수 있지만, 메서드는 이름만으로 호출할 수 없습니다. 메서드는 객체에 종속적이기 때문입니다. 예를 들어, `print`라는 함수는 단독으로 사용할 수 있지만, 리스트 자료형에서 배운 append 메서드는 append 단독으로 사용할 수는 없고, 반드시 **'리스트명.append'**와 같은 형식으로 사용합니다.

모듈

모듈(Module)은 전역 변수(Global Variable)나 함수 또는 클래스를 모아놓은 .py 확장자를 가진 일종의 파일입니다. 전역 변수는 영역 구분 없이 모든 영역에서 사용할 수 있는 변수를 의미하며, 반대로 지역 변수(Local Variable)는 함수 내의 영역처럼 특정 범위나 지역에 한정해 사용하는 변수를 말합니다. 클래스는 다음 절에서 설명하겠습니다.

[그림 2-34]는 모듈의 개념을 잘 보여주고 있습니다.

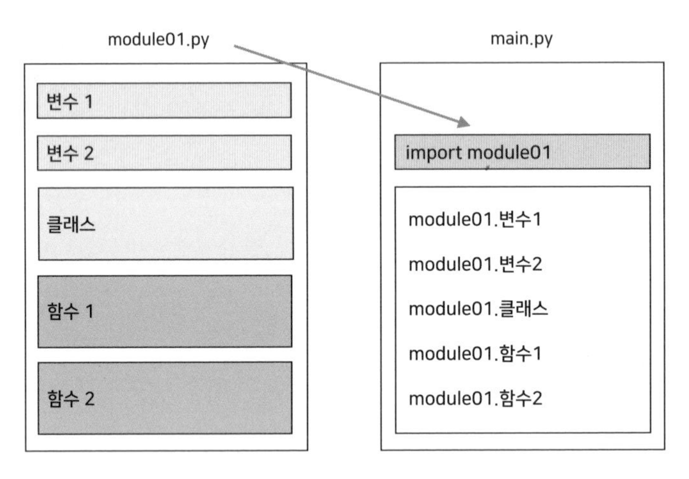

그림 2-34 모듈의 개념

변수 2개, 클래스 1개, 함수 2개를 모아 module01이라는 이름의 모듈을 생성했습니다. 이들 변수, 함수 등을 모아 .py 파일로 모듈을 생성하면, 이 모듈은 다른 파이썬 프로그램에서 불러와 사용할 수 있습니다. [그림 2-34]에서는 main.py 파일에서 module01.py 파일을 `import module01`이라는 형식으로 불러왔습니다.

모듈의 개념을 실습을 통해 좀 더 자세히 익혀보겠습니다. 윈도우의 문서 폴더에서 source_code 폴더를 하나 만듭니다. source_code 폴더 안에 [그림 2-35]와 같이 module01.py, main.py를 만들겠습니다.

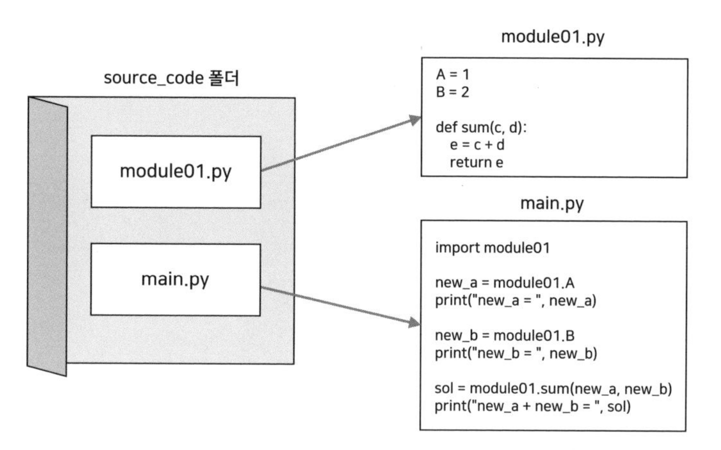

그림 2-35 모듈 실습 폴더 생성

source_code 폴더로 이동한 다음, 윈도우 보조프로그램인 메모장에서 module01.txt, main.txt 파일을 만듭니다. 그리고 다음 코드를 입력합니다. 모두 입력한 다음 확장자를 .py로 바꾸어 저장하면 쉽게 모듈 파일을 만들 수 있습니다.

```
# module01.py
A = 1
B = 2

def sum(c, d):
    e = c + d
    return e
```

module01.py는 변수를 초기화한 `A`, `B` 변수와 두 개의 값을 입력받아 덧셈을 수행하는 함수 `sum`으로 구성되어 있습니다.

```
# main.py
import module01
```

```
new_a = module01.A
print("new_a = ", new_a)

new_b = module01.B
print("new_b = ", new_b)

sol = module01.sum(new_a, new_b)
print("new_a + new_b = ", sol)
```

코드는 main.py 파일의 내용입니다. 먼저 import module01로 모듈 module01을 main.py 파일에서 사용하겠다고 선언합니다. 그리고 module01에서 변수 A를 불러와 new_a에, 변수 B를 불러와 new_b에 각각 저장합니다. 그리고 module01의 sum 함수를 호출합니다. 함수에 전달할 값은 앞에서 저장한 변수 new_a와 new_b의 값입니다.

파일을 모두 만들었다면 윈도우 키를 눌러 Anaconda Prompt를 실행합니다.

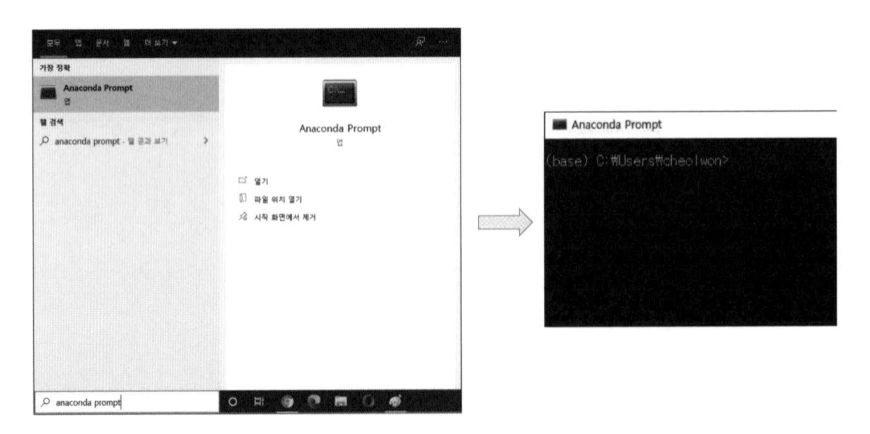

그림 2-36 Anaconda Prompt 실행

Anaconda Prompt 창에서 다음과 같이 입력합니다.

```
(base) > cd 'source_code'
```

코드는 실습 폴더인 source_code 폴더로 이동하라는 뜻입니다. 자신의 실습 폴더 위치를 확인하고 올바른 주소를 입력합니다. 예를 들어, 실습 폴더가 '*C:\Users\Cheolwon\Documents\source_code*'에 위치한다면 다음과 같이 입력합니다.

```
(base) > cd 'C:\Users\Cheolwon\Documents\source_code'
```

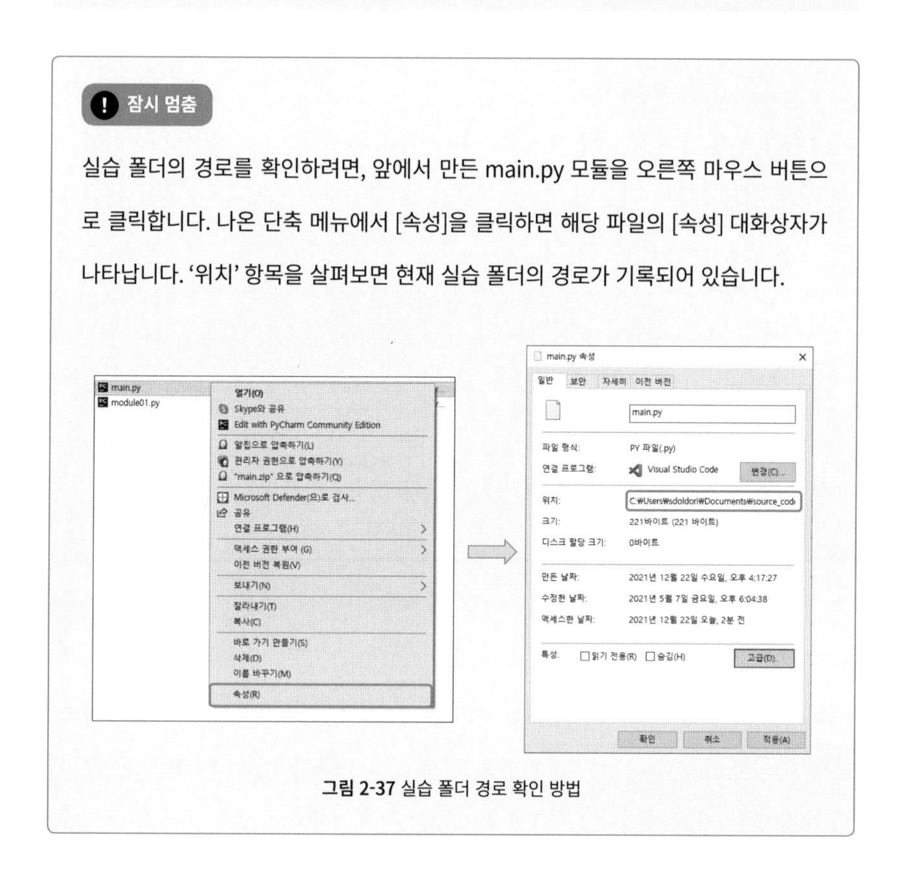

잠시 멈춤

실습 폴더의 경로를 확인하려면, 앞에서 만든 main.py 모듈을 오른쪽 마우스 버튼으로 클릭합니다. 나온 단축 메뉴에서 [속성]을 클릭하면 해당 파일의 [속성] 대화상자가 나타납니다. '위치' 항목을 살펴보면 현재 실습 폴더의 경로가 기록되어 있습니다.

그림 2-37 실습 폴더 경로 확인 방법

해당 폴더로 이동했다면 main.py를 실행합니다.

```
(base) > python main.py
-----------------------
```

```
new_a = 1
new_b = 2
new_a + new_b = 3
```

main.py를 실행하면, module01 모듈을 불러와 정상적으로 실행됩니다.

패키지/라이브러리

패키지(Package)는 여러 개의 모듈을 모아 놓은 폴더입니다. [그림 2-38]은 패키지가 무엇인지 보여주고 있습니다. package01이라는 패키지는 모듈 3개를 포함하고 있습니다.

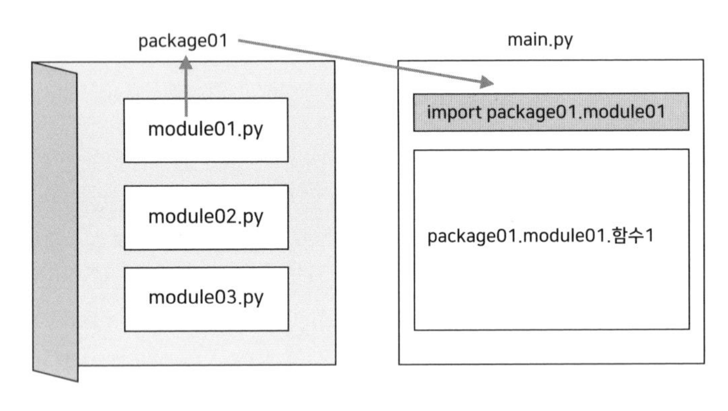

그림 2-38 패키지 개념

패키지는 종종 라이브러리(Library)라는 이름으로도 부릅니다. 엄밀하게 말하면 라이브러리는 패키지의 집합으로 패키지보다 좀 더 포괄적인 개념이지만 혼용해서 사용하기도 합니다. 예를 들어, 넘파이(numpy)를 넘파이 라이브러리 또는 넘파이 패키지라고도 부릅니다.

이번에는 패키지/라이브러리의 개념을 실습을 통해 알아보겠습니다. [그림 2-39]는 패키지 실습 폴더 구성입니다.

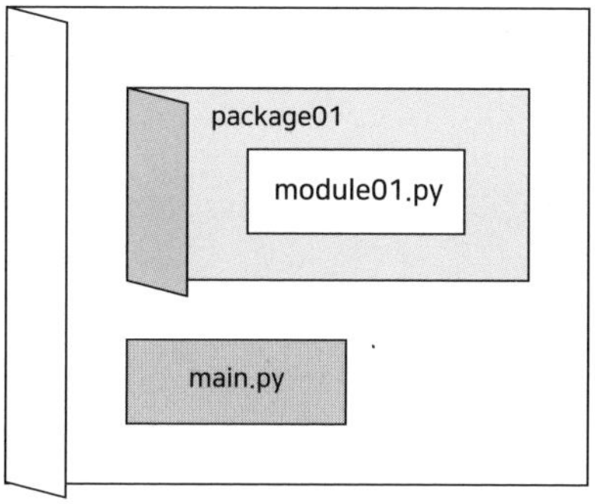

source_code 폴더

package01

module01.py

main.py

그림 2-39 패키지 실습 폴더 구성

module01.py 파일의 코드 내용은 앞선 모듈 실습 때와 동일합니다. 그러나 모듈 실습과는 다르게 module01.py 파일이 package01 폴더 안에 있습니다. 따라서 package01이라는 폴더를 하나 더 만들고, module01.py를 그 폴더 안으로 옮겨 놓습니다.

```
# main.py
import package01.module01

new_a = package01.module01.A
print("new_a = ", new_a)

new_b = package01.module01.B
print("new_b = ", new_b)

sol = package01.module01.sum(new_a, new_b)
print("new_a + new_b = ", sol)
```

코드는 main.py 파일의 코드입니다. 앞선 모듈 실습에서는 `import` **모듈** 형식으로 모듈을 불러왔지만, 패키지 안에 있는 모듈을 불러올 때는 `import` **패키지.모듈** 형식으로 불러옵니다.

Anaconda Prompt 창에서 source_code 폴더로 이동한 후, 다음과 같이 main.py를 실행하면 결과를 확인할 수 있습니다.

```
(base) > cd 'C:\Users\Cheolwon\Documents\source_code'
(base) > python main.py
------------------------------------------------------
new_a = 1
new_b = 2
new_a + new_b = 3
```

클래스와 객체

파이썬은 객체 지향 언어입니다. 그리고 클래스는 객체 지향의 핵심 개념입니다. 그러나 프로그래밍을 처음 접하는 사람이 클래스의 개념을 이해하기는 쉽지 않습니다. 왜냐하면 클래스는 추상적인 개념이기 때문입니다.

예를 들어, '인간'이라는 추상 개념을 살펴보겠습니다. 인간의 몸에는 수많은 세포, 뼈, 혈액 등이 존재합니다. 인간이란 이들의 집합체라고 생각할 수 있습니다. 하지만 우리가 막상 인간의 몸을 떠올릴 때는 세포, 뼈, 혈액 등으로 나누어 생각하지 않고, 이것의 집합체인 인간 그 자체를 생각합니다. 즉 추상적인 인간 개념을 구체화한 철수, 영희와 같은 실제 인간을 떠올리는 것입니다. 이것이 클래스와 객체의 개념이라고 이해하면 좋습니다. 즉, '인간 : 철수 = 클래스 : 객체'와 같이 말입니다.

클래스는 추상화할 대상의 틀입니다. 클래스는 추상화할 대상과 연관된 변수 및 메서드들을 포함합니다. 예를 들어, 앞서 언급했던 인간을 클래스 형태로 표현해 보겠습니다.

```
class Human:
    blood,
    hobby,
```

```
def running:
    print("달린다.");
```

코드는 인간을 표현하는 Human이라는 클래스를 만든 것입니다. 개념을 설명하기 위한 코드이므로 아직 파이썬으로 실행할 수 없습니다. Human 클래스는 blood, hobby라는 변수와 running이라는 메서드로 구성되어 있습니다. 즉, Human이라는 추상적인 개념을 변수 blood, hobby와 메서드 running의 조합으로 정의한 것입니다. 그렇다면 Human의 실체는 존재할까요? 그렇지 않습니다. 클래스 Human은 추상적인 개념일 뿐, 실체화되지 않았습니다. 추상적인 클래스를 실체화하려면 객체(Object)를 통해 구현해야 합니다. 마치 우리 눈으로 '인간'이라는 추상 개념은 볼 수 없지만, '철수'라는 실제 인물은 볼 수 있는 것과 같습니다. 객체는 인스턴스(Instance)라는 단어와 혼용됩니다.

[그림 2-40]은 클래스와 객체의 관계를 잘 보여주고 있습니다.

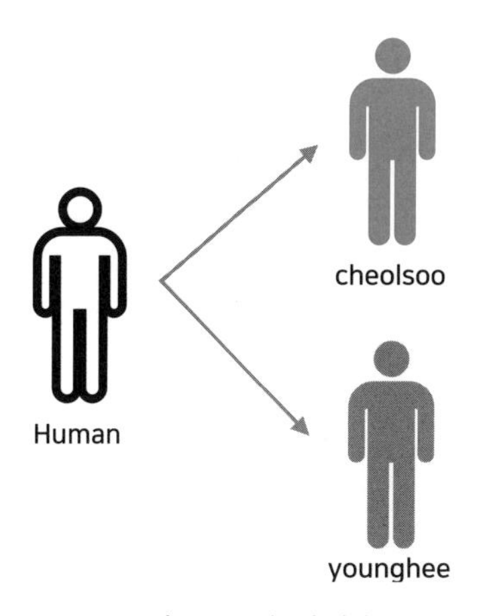

그림 2-40 클래스와 객체

클래스와 객체는 '1 : 다수'의 관계가 성립됩니다. 예를 들어, Human 클래스 하나로부터 철수, 영희, 경환, 준범 등 수많은 객체를 생성할 수 있습니다.

주피터 노트북을 열고 다음 코드를 입력해 Human 클래스를 생성하겠습니다.

```
class Human:                                        ❶
    def __init__(self, blood, hobby):               ❷
        self.blood = blood                          ❸
        self.hobby = hobby                          ❹

    def run(self, time):                            ❺
        print(time, "초 동안 달린다.")
```

❶ 코드는 Human 클래스를 정의하는 코드입니다. class 문으로 클래스를 생성합니다. 클래스 이름은 Human으로 정했습니다.

❷ __init__ 함수가 사용되는데, 이 함수는 클래스 내에 있는 변수의 초깃값을 지정할 때 사용합니다. 초깃값이란 객체를 처음 만들 때 지정하는 값이라고 생각하면 됩니다.

❸❹ Human 클래스의 초깃값으로 blood와 hobby를 설정했습니다. 초깃값은 객체를 생성할 때 입력하는 호출 인수를 통해 지정됩니다. __init__ 함수의 첫 번째 입력 변수가 self인데, 이는 객체 자신을 나타내는 것입니다. 즉 초깃값으로 설정할 변수의 이름은 아닙니다.

❺ Human 클래스를 구성하는 메서드로 run이라는 메서드가 존재합니다. run 메서드는 time을 입력 변수로 받아 '(time)초 동안 달린다'는 메시지를 출력합니다.

만든 클래스를 기반으로 객체를 생성해 보겠습니다.

```
cheolsoo = Human('A', 'soccer')
younghee = Human('B', 'music')
```

먼저 cheolsoo라는 객체를 만듭니다. 객체 cheolsoo는 blood='A', hobby='soccer'라는 초깃값으로 생성합니다. 그리고 younghee라는 객체도 만듭니다. younghee는 blood='B', hobby='music'이라는 초깃값으로 생성합니다.

생성된 객체의 데이터를 확인해 보겠습니다.

```
print(cheolsoo.blood)
print(cheolsoo.hobby)
---------------------
A
soccer
```

객체 cheolsoo의 blood는 A, hobby는 soccer라는 것을 각각 알 수 있습니다.

이번에는 객체 안의 run 메서드를 실행해 보겠습니다.

```
cheolsoo.run(10)
----------------
10초 동안 달린다.
```

입력 변수로 10을 입력하면, **10초 동안 달린다**라는 메시지가 출력됩니다.

앞서 생성했던 또 다른 객체인 younghee의 데이터도 확인해 보겠습니다.

```
print(younghee.blood)
print(younghee.hobby)
younghee.run(20)
---------------------
B
music
20초 동안 달린다.
```

younghee의 blood는 B, younghee의 hobby는 music이라는 것을 알 수 있습니다. 그리고 younghee 객체의 run 메서드에 입력 변수 20을 넣어 실행하면, **20초 동안 달린다**라는 메시지가 출력됩니다.

del 문을 이용하면 객체를 삭제할 수 있습니다.

```
del cheolsoo
print(cheolsoo)
---------------------------------------------------------------------------
NameError                                 Traceback (most recent call last)
<ipython-input-21-12d6217004b4> in <module>
----> 1 cheolsoo

NameError: name 'cheolsoo' is not defined
```

코드는 cheolsoo라는 객체를 삭제합니다. 삭제하고 나서 cheolsoo를 출력하면 에러 메시지가 뜨는 것으로 보아 객체가 제대로 삭제되었습니다.

2편

세 가지만 알면 웹 크롤링이 내 손 안에

웹 크롤링을 위한 파이썬 공부는 어떠셨나요? 다소 어렵게 느껴지는 부분이 있더라도 포기하지 마시길 바랍니다. 앞으로 나올 웹 크롤링 실습 과정에서 앞서 배운 파이썬 문법들을 반복적으로 사용하기 때문에 이해하지 못했던 내용도 차츰 그 의미를 깨칠 수 있습니다.

2편에서는 웹 크롤링을 이해하는 데, 핵심이 되는 세 가지 개념 또는 방법을 배우게 됩니다. 세 가지란 파싱, 동적 웹 페이지 그리고 API입니다.

뭔가 대단히 어려운 내용 같지만, 적절한 실습을 통해 익히면 누구나 쉽게 이해하고 구현할 수 있는 웹 크롤링 기술입니다. 이 책에 나오는 크롤링 예제를 차근차근 따라 하면서 이 기술의 의미와 동작 방법을 깨치길 바랍니다.

그럼 두 번째 여정을 시작하겠습니다.

CHAPTER 03

웹 크롤링이란 무엇인가?

- 웹 크롤링의 의미와 전반적인 프로세스를 살펴봅니다.
- HTML을 살펴봄으로써 웹 페이지의 뼈대를 이해합니다.
- 웹 페이지를 꾸미는 CSS와 페이지를 역동적으로 만들어주는 자바스크립트를 살펴봅니다.

지금까지 웹 크롤링에 필요한 환경 설정과 기초 도구인 파이썬 문법을 배웠습니다. 3장에서는 크롤링의 대상이 되는 웹 페이지에 대해 자세히 알아보겠습니다. 웹 페이지에 대해 공부하는 이유는 크롤링이란 결국 그 대상인 웹 페이지를 제어하는 기술이기 때문입니다. 웹 페이지가 어떻게 만들어지는지, 어떤 요소로 구성되어 있는지 잘 알면 똑똑하게 크롤링할 수 있습니다.

웹 크롤링의 기초 개념

우리는 인터넷 웹 사이트에서 다양한 정보를 얻습니다. 인터넷에는 수많은 웹 사이트가 존재하며, 종류도 다양합니다. [그림 3-1]과 같이 우리는 자신의 목적에 따라 다양한 웹 사이트를 방문하고 있습니다. 요즘과 같은 빅데이터 시대에는 한 가지 정보를 얻기 위해서도 여러 웹 사이트를 방문해야 할 때도 종종 있습니다.

그림 3-1 다양한 웹 사이트

우리는 웹 사이트에 접속해 웹 페이지를 찾고, 페이지에 존재하는 텍스트나 이미지를 살펴보며 원하는 정보를 얻습니다. 데이터가 많아질수록 얻을 수 있는 정보의 양도 비례해 많아집니다. 그러나 그만큼 자신이 원하는 정보를 찾는 데 시간이 오래 걸리기도 합니다.

웹 크롤러(Crawler)는 웹 사이트에 있는 수많은 정보 가운데 우리가 원하는 정보를 수집하는 프로그램이라고 할 수 있습니다. 웹 크롤러를 이용하면 단시간에 많은 정보를 수집할 수 있으며, 단순한 반복 작업도 자동화할 수 있습니다. 이렇듯 웹 크롤러를 이용해 데이터를 수집하는 행위를 웹 크롤링(Web Crawling)이라고 합니다. 다시 말해, 우리가 웹 사이트의 정보를 수집하기 위해 작성한 코드를 웹 크롤러라고 하며, 이를 이용해 데이터를 수집하는 행위를 웹 크롤링이라고 부릅니다.

웹 크롤링과 비슷한 뜻으로 웹 스크래핑(Scraping)이라는 용어가 있습니다. 스크래핑 역시 웹 사이트에서 원하는 정보를 추출한다는 뜻입니다. 다만 크롤링이 웹 사이트에서 데이터 전체를 가져온다는 뜻으로 쓰이는 반면, 스크래핑은 원하는 정보만을 일부 추출한다는 의미가 강합니다. 따라서 흔히 말하는 크롤링은 사실상 스크래핑을 의미하는 경우가 많습니다. 그런데 일상에서는 크롤링이라는 단어를 더 자주 사용하므로 이 책에서는 웹 크롤링과 웹 스크래핑을 특별히 구분하지 않고, 웹 크롤링이라는 용어로 통일하겠습니다.

한눈에 보는 웹 크롤링 프로세스

웹 크롤링은 웹 사이트에 있는 정보를 수집하는 행위라고 했습니다. 그렇다면 크롤링은 어떤 과정을 거쳐 정보를 수집할까요? 우리가 매일 보는 웹 사이트이지만, 특정 웹 페이지의 정보를 불러온다는 것은 상상하기 어렵습니다.

웹 사이트는 웹 페이지의 집합입니다. 웹 사이트를 책으로 비유하면 웹 페이지가 페이지 한 쪽에 해당하고, 웹 페이지를 모은 웹 사이트가 페이지를 모은 책 전체가 된다고 생각하면 이해하기 쉽습니다.

[그림 3-2]는 웹 크롤링의 전체 프로세스를 한눈에 보여주고 있습니다.

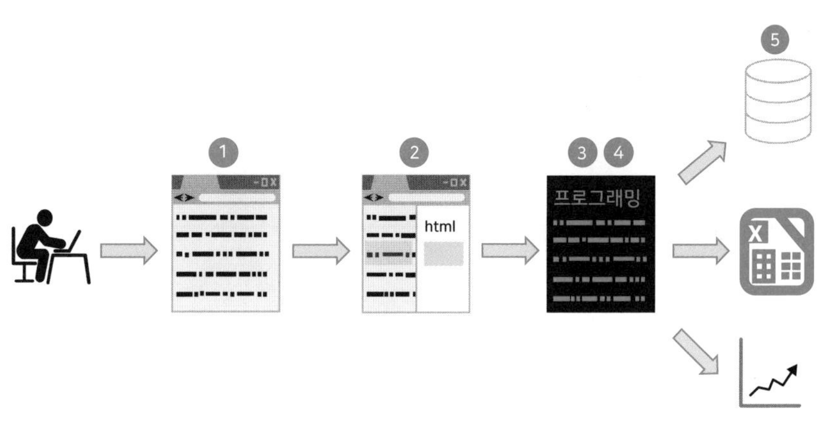

그림 3-2 크롤링 과정

웹 크롤링 과정을 간략하게 설명하면 다음 다섯 가지 과정으로 요약할 수 있습니다. 이 과정만 이해하면 누구나 크롤링할 수 있습니다.

❶ 정보를 얻고자 하는 웹 사이트에 접속해 웹 페이지를 확인합니다.

❷ 키보드의 F12 키를 눌러 내가 원하는 정보의 위치를 확인하고 분석합니다.

❸ 파이썬 코드를 작성해 접속한 웹 페이지의 html 코드를 불러옵니다.

❹ 불러온 데이터에서 원하는 정보를 가공한 후 추출합니다.

❺ 추출한 정보를 CSV나 데이터베이스 등 다양한 형태로 저장하거나 가공하고 시각화합니다.

클라이언트와 서버의 개념

여러분은 웹 서비스를 사용하면서 클라이언트(Client), 서버(Server)라는 말을 종종 들어보았을 겁니다. 특히 서버라는 단어는 우리가 일상에서 자주 사용하는 용어가 되었습니다. 예를 들어, 대학교 수강 신청 기간에 접속자가 폭주하면 "서버가 터졌다"라고 하고, 컴퓨터 게임을 하다가 접속이 불량할 때도 "서버가 터졌다"라고 합니다. 이때, "서버가 터졌다"라는 말은 어떤 의미일까요? [그림 3-3]은 서버와 클라이언트의 개념을 잘 보여주고 있습니다.

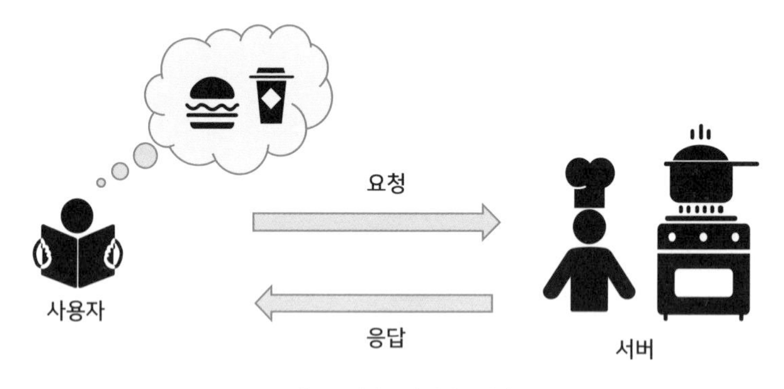

그림 3-3 서버-클라이언트 개념

사용자가 요청하는 이미지나 데이터 등을 리소스(Resource)라고 하는데, 클라이언트는 리소스나 서비스를 요청하는 쪽이고, 서버는 클라이언트에게 리소스나 서비스를 제공하는 쪽입니다. 서버와 클라이언트의 개념이 그래도 잘 와닿지 않는다면 [그림 3-3]처럼 손님을 클라이언트, 요리사를 서버라고 생각해도 좋습니다. 클라이언트는 원하는 요리를 주문하고, 서버는 요리를 가공해 클라이언트에 제공하는 관계라고 말이죠.

이와 같은 클라이언트, 서버의 관계를 서버-클라이언트 모델이라고 부릅니다. 서버는 클라이언트에게 무엇을 제공하느냐에 따라 웹 서버(Web Server), 메일 서버(Mail Server), 파일 서버(File Server) 등으로 나눌 수 있는데, 이 책에서는 웹 서버만 생각하도록 하겠습니다.

우리가 크롬과 같은 웹 브라우저에서 접속하고 싶은 인터넷 주소를 입력하는 행위는 웹 서버에게 해당 웹 사이트의 페이지를 보여달라고 요청하는 것과 같습니다. 웹 서버는 이 요청을 받아들여 사용자에게 해당 웹 사이트 페이지를 보여주는 것으로 응답합니다. 이러한 과정을 통해 우리는 원하는 웹 사이트를 볼 수 있는 것입니다. [그림 3-4]는 다양한 클라이언트에게 서비스를 제공하는 서버를 보여주고 있습니다.

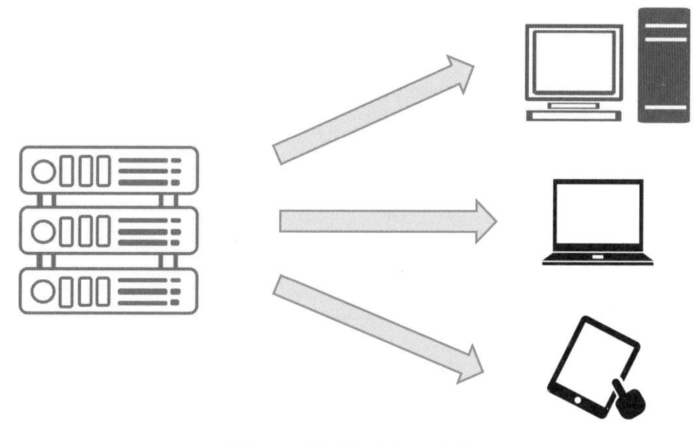

그림 3-4 서비스를 제공하는 서버

클라이언트는 서버에서 제공하는 서비스를 받는 쪽입니다. 넓은 의미로는 데스크톱 컴퓨터, 노트북, 태블릿, 스마트폰과 같은 장비가 될 수도 있고, 좁은 의미로는 크롬, 파이어폭스, 익스플로러와 같은 웹 브라우저를 뜻하기도 합니다. 여러분이 웹 서비스를 이용할 때 쓰는 장비 대부분이 클라이언트라고 할 수 있습니다.

서버는 여러 클라이언트를 대상으로 서비스를 제공합니다. 즉, 클라이언트가 서버에 서비스를 요청하면, 서버는 요청을 확인하고 서비스를 제공합니다. 하나의 서버는 다수의 클라이언트에게 서비스를 제공하는 1 : 다의 관계를 맺습니다.

그렇다면 앞서 예를 든 "서버가 터졌다"라는 말은 무엇을 의미할까요? 이는 [그림 3-5]를 통해 확인할 수 있는데, "서버가 터졌다"라는 말은 서비스를 동시에 요청하는 클라이언트가 동시에 너무 많아서 생기는 현상입니다.

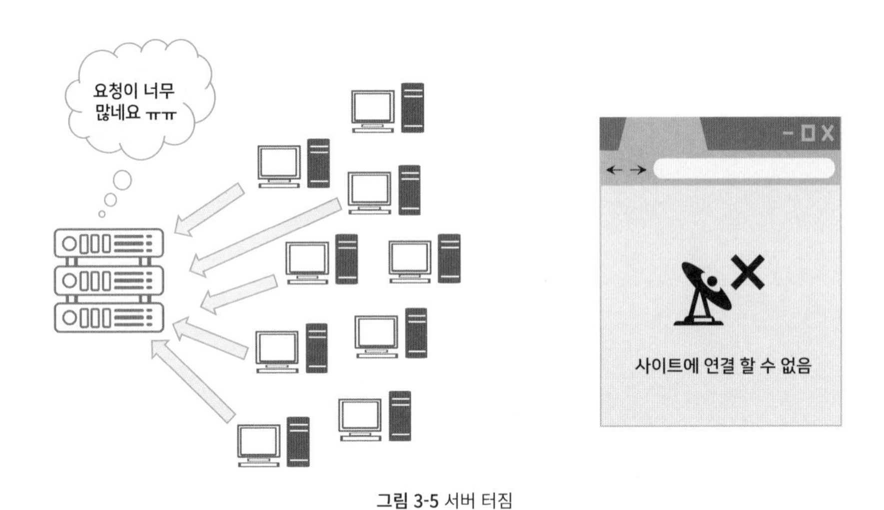

그림 3-5 서버 터짐

예를 들어, 리그 오브 레전드라는 게임을 할 때 수많은 사용자가 서버에 서비스를 요청하게 됩니다. 그런데 그 수가 서버가 감당할 한계치를 넘으면 서버가 제 기능을 수행하지 못합니다. 이럴 때 "서버가 터졌다"라고 표현합니다.

HTTP 통신의 이해

HTTP란 HyperText Transfer Protocol의 약자입니다. 즉, HTTP는 웹에서 데이터를 전달할 때 사용하는 프로토콜(Protocol)입니다. 그렇다면 프로토콜이란 무엇일까요? 프로토콜이란 웹에서 데이터를 주고받을 때 지켜야 할 규칙입니다.

[그림 3-6]은 프로토콜의 개념을 비유적으로 보여주고 있습니다.

그림 3-6 프로토콜 개념

우리가 인간의 언어로 의사소통할 때도 규칙이 필요합니다. 일단 두 사람이 의사소통을 정상적으로 수행하려면 서로 동일한 언어를 사용해야 합니다. 마찬가지로 웹에서 서로 정상적인 통신을 하기 위해서는 동일한 프로토콜을 사용해야 합니다. 프로토콜만 동일하다면 서로 다른 클라이언트끼리도 통신이 얼마든지 가능합니다. 예를 들어, 아이폰에서 안드로이드폰으로 이메일을 보내는 게 프로토콜의 좋은 예라고 할 수 있습니다. 프로토콜만 같다면 리눅스 운영체제 기반 PC에서 윈도우 운영체제 기반 PC로 메일을 보낼 수도 있습니다.

HTTP는 서버-클라이언트 모델을 사용합니다. 클라이언트를 여러분 노트북의 웹 브라우저라고 했을 때, 웹 브라우저에서 웹 서버에게 홈페이지 주소를 요청하면 서버는 요청을 처리해 응답(Response)합니다. 서버가 정상적으로 요청한 내용을 처리하면 우리는 웹 브라우저를 통해 특정 홈페이지를 볼 수 있습니다. 이때 특정 홈페이지 주소를 URL(Uniform Resource Locator)이라고 합니다. URL은 인터넷 주소를 말합니다. 사람들의 일상에서 집 주소를 나타낼 때 사용하는 주소 표기 방식이 있듯이, URL은 인터넷의 주소 체계라고 생각하면 이해하기 쉽습니다.

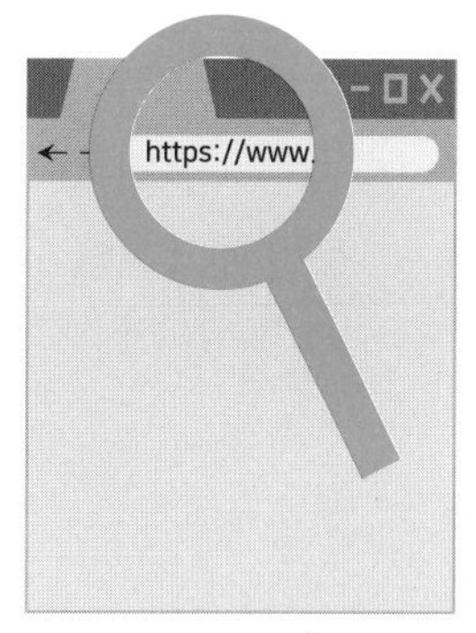

그림 3-7 URL 개념

웹 페이지의 뼈대, HTML 기초

우리가 매일 보는 웹 페이지는 무엇으로 구성되어 있을까요? 웹 페이지는 기본적으로 HTML, CSS, 자바스크립트로 구성되어 있습니다. HTML, CSS는 정적인 페이지를 구성할 때 사용하고, 자바스크립트는 동적인 페이지를 구성할 때 사용합니다. 정적 웹 페이지와 동적 웹 페이지에 대한 내용은 이후에 자세히 알아보도록 하겠습니다. 여기서는 HTML, CSS, 자바스크립트의 기본 개념에 대해 살펴보겠습니다.

HTML이란 무엇인가?

우리가 컴퓨터를 사용하면서 만나는 다양한 파일들은 제각기 다양한 확장자를 가지고 있습니다. 예를 들어 워드 파일은 .docx, 파워포인트 파일은 .pptx, 음악 파일은 .mp3 등과 같은 확장자를 가집니다. 파일에 확장자가 있는 이유는 해당 파일의 종류와 역할을 구별하기 위해서입니다. 확장자의 특징을 알고 있다면 해당 파일을 직접 열어보지 않아도 됩니다. 확장자만 보면 해당 파일이 어떤 역할을 하는지 바로 알 수 있기 때문입니다.

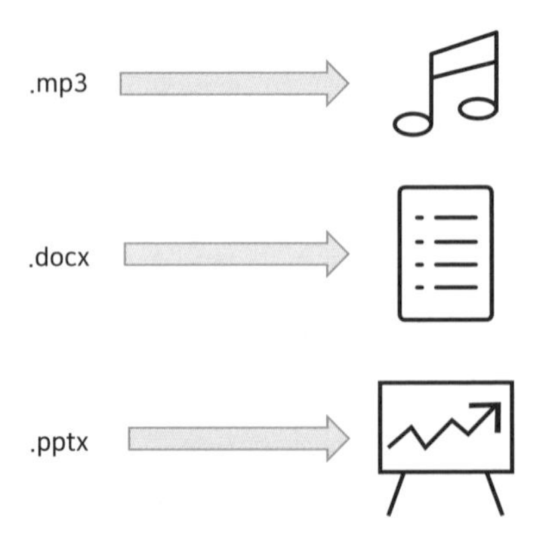

그림 3-8 파일 확장자의 역할

다른 확장자처럼 이번에 우리가 배우게 될 HTML도 하나의 확장자(.html)입니다. 그렇다면 HTML이란 무엇일까요? HTML은 HyperText Markup

Language의 줄임말로 하이퍼텍스트와 마크업 언어를 합친 언어라는 뜻입니다. HTML은 웹 사이트에서 사용하는 언어이며, .html 파일은 웹 사이트에서 사용하는 파일입니다. 여러분이 인터넷에서 보는 다양한 웹 사이트는 .html 파일로 구성되어 있습니다.

하이퍼텍스트(Hypertext)란 한 문서에서 다른 문서로 즉시 접근할 수 있는 텍스트입니다. 우리가 일상에서 흔히 사용하는 링크(Link)라는 단어를 떠올리면 이해하기 쉽습니다. 텍스트에 링크를 걸어두면 한 번의 클릭만으로 다른 문서로 바로 이동합니다. 이를 하이퍼텍스트라고 합니다. [그림 3-9]는 하이퍼텍스트의 개념을 보여주고 있습니다.

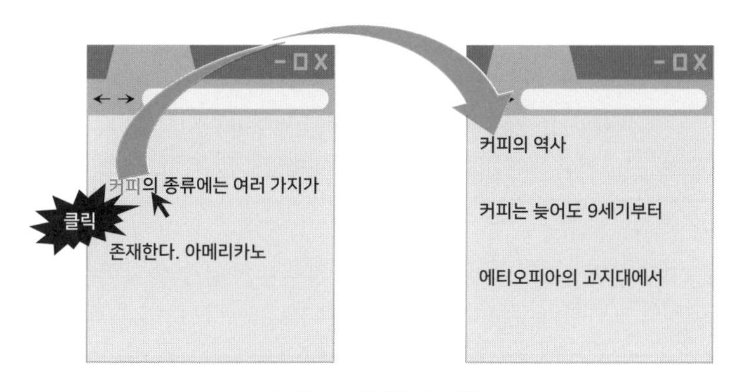

그림 3-9 하이퍼텍스트 개념

마크업 언어(Markup Language)는 태그(Tag)를 이용해 문서나 데이터의 구조를 표현하는 언어입니다. 마크업 언어를 사용하면 어디가 제목이고, 어느 부분이 내용이고 이미지인지 쉽게 알 수 있습니다.

HTML 파일 생성하기

HTML 언어를 실습을 통해 알아보겠습니다. 간단한 형태의 HTML 문서를 만들고, 웹 브라우저에서 그 내용을 확인하겠습니다. 앞에서 만든 실습 폴더인 source_code 폴더에 HTML 문서를 만듭니다.

먼저 source_code 폴더로 이동합니다. source_code 폴더의 빈 곳에서 마우스 오른쪽 버튼을 클릭한 다음, 나온 메뉴에서 [새로 만들기]-[텍스트 문서]를 각각 클릭하면 텍스트 문서가 만들어집니다.

텍스트 문서를 만들었으면 파일을 열고, [그림 3-10]의 내용을 입력합니다. 모두 입력한 다음, 저장할 때 파일명과 확장자를 practice01.html이라고 명명합니다.

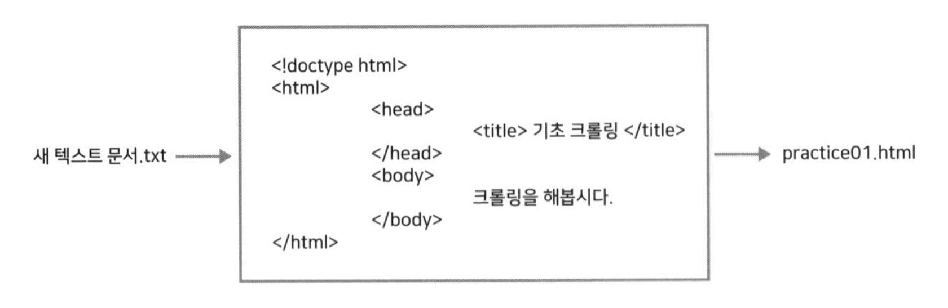

그림 3-10 html 파일 생성

확장자를 바꾸는 이유는 일반적인 텍스트 문서가 아닌 .html 파일을 만들기 위해서입니다.

파일을 저장했으면 practice01.html을 더블클릭하여 실행합니다.

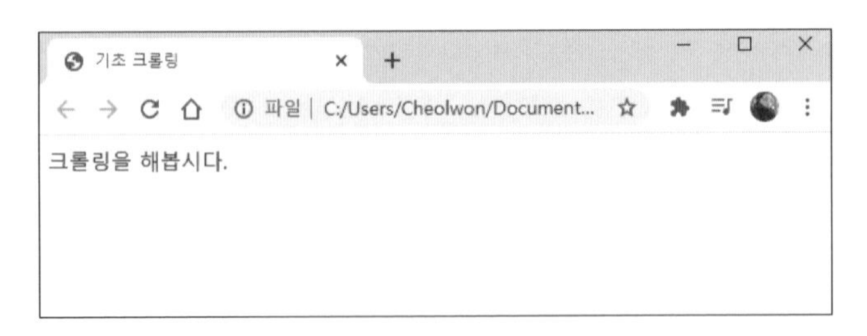

그림 3-11 practice01.html 파일 실행

파일을 실행하면 이전에는 메모장 프로그램에서 실행됐던 것과는 달리 웹 브라우저에서 바로 실행됩니다.

HTML의 기본 문법

HTML 문서를 작성하기 위해서는 문법 규칙을 잘 알아야 합니다. 이번에는 앞서 작성한 html 파일을 기반으로 HTML 문서의 기본 규칙에 대해 알아보겠습니다.

앞에서 HTML은 '하이퍼텍스트+마크업 언어'라고 했습니다. 그리고 마크업 언어를 사용하면 제목, 내용, 이미지 등을 쉽게 구분할 수 있다고 했습니다. 이때 사용하는 방법이 태그(Tag)입니다. 태그는 <> 사이에 원하는 문구를 넣어 사용합니다. 예를 들어 웹 페이지에 이미지를 삽입하고 싶다면 `<img>`라는 태그를 사용하면 됩니다. `<img>` 태그 외에도 정보를 표현하는 태그가 다양하므로, 해당 태그의 문법을 확인하여 적절히 사용해야 합니다.

HTML 문서는 기본적으로 [그림 3-12]와 같이 `<!doctype>`, `<html>`, `<head>`, `<body>` 네 가지 태그가 필요합니다.

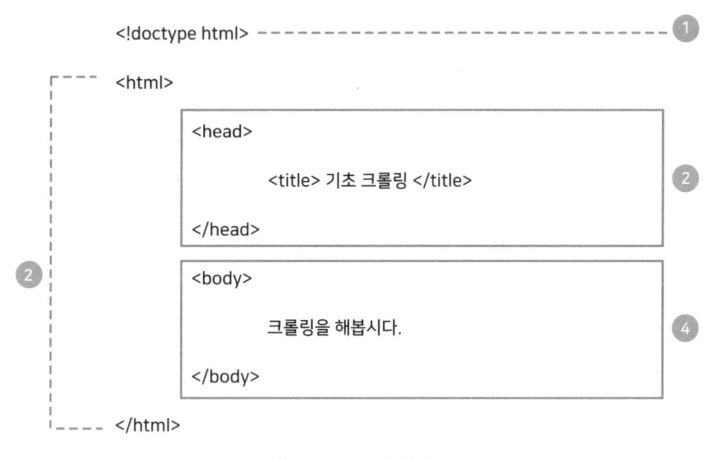

그림 3-12 HTML 문서의 구조

❶ `<!doctype html>` 태그는 문서 타입이 HTML 문서라는 뜻입니다.

❷ `<html>` 태그는 HTML 문서의 시작과 끝을 의미합니다. 따라서 작성하고자 하는 모든 웹 문서는 `<html>` 태그 사이에 있어야 합니다.

❸ `<head>` 태그는 웹 브라우저가 문서를 해석하는 데 필요한 정보들을 입력하는 곳입니다. [그림 3-12]에서는 `<title>` 태그를 이용해 '기초 크롤링'이라는 제목을 웹 브라우저의 제목표시줄에 표시하도록 하였습니다.

④ <body> 태그 안에 여러분이 웹 페이지에서 보게 될 주요 정보들을 작성합니다.

태그는 속성(Attribute)을 추가할 수 있습니다. 예를 들어 이미지 태그인 <img>의 경우 가로 길이, 세로 길이 등의 속성값을 지정해 이미지의 크기를 조절할 수 있습니다. 즉, 가로 길이를 200, 세로 길이를 100으로 지정하고 싶다면 다음과 같이 입력합니다.

```
<img src="image/image01.jpg" width="200", height="100">
```

태그가 사용된 후에는 닫아주어야 하는 태그들이 있습니다. 닫을 때는 태그 사용이 끝나는 곳에 </>를 사용합니다. 예를 들어 <p> 태그는 문단(Paragraph)을 의미하는데, 태그가 끝나는 곳에 /와 함께 <p> 태그를 사용합니다.

```
<p> 영희와 바둑이가 산책을 간다. </p>
```

코드는 <p> 태그를 사용해 원하는 문단을 페이지에 삽입한 후, 종료 부분에 </p>로 <p> 태그가 끝났음을 알려줍니다.

잠시 멈춤 **종료 태그가 없는 태그들**

일반적으로 태그는 **<태그>**로 시작하면 **</태그>**로 종료해야 합니다. 하지만
 등의 일부 태그는 </br>처럼 닫지 않는 경우가 있는데, 이를 종료 태그가 없는 태그라고 합니다. 대표적으로 <br>, <img>, <link>, <input> 태그 등이 있습니다.

자주 사용하는 HTML 태그들

여기서 소개할 태그는 이 책에서 주로 사용할 태그입니다. 여기서는 그 의미 정도만 알아두길 바랍니다. 앞으로 실습을 통해 어떻게 사용하는지 더 자세히 알게 됩니다. 새롭게 등장하는 태그들은 나올 때마다 추가로 설명하겠습니다.

<h1> 제목 </h1>

일반적으로 웹 페이지의 제목은 웹 페이지 본문 텍스트보다 크기가 큰 폰트를 사용합니다. <h1>, <h2>, <h3>,… 와 같이 숫자가 커질수록 폰트 크기는 거꾸로 작아집니다.

<p> 문단 </p>

<p> 태그는 웹 페이지에서 텍스트 문단을 지정할 때 사용합니다. 해당 태그가 종료될 때까지, 즉 </p>가 나오기 전까지의 내용을 줄바꿈 없이 하나의 문단으로 인식합니다.

<li> 목록 </li>

`<li>` 태그는 목록을 만들 때 사용하는 태그입니다.

<table> 표 </table>, <tr>, <td>, <th>

`<table>`, `<tr>`, `<td>`, `<th>` 태그는 표를 만들 때 사용하는 태그입니다. 이후 실습 과정을 통해 자세히 알아보겠습니다.

<div> </div>

`<div>` 태그는 Division의 약자로, 웹 페이지의 레이아웃을 구분할 때 사용하는 태그입니다. `<div>` 태그는 한 번 사용할 때마다 웹 페이지에서 부분 공간을 정의한다고 생각하면 됩니다.

<span> </span>

<span> 태그 역시 <div> 태그와 마찬가지로 웹 사이트의 부분 공간을 정의할 때 사용합니다. 그러나 블록 단위로 부분 공간을 정의하는 <div> 태그와는 달리 <span> 태그는 줄 단위에서 부분 공간을 정의합니다.

HTML의 구조

HTML은 트리(Tree) 구조로 구성되어 있습니다. 트리 구조란 계층 구조를 의미합니다. 실제로 나무를 보면 뿌리를 시작으로 위로 점점 자라납니다. 그리고 나무 기둥을 중심으로 사방으로 가지가 뻗어져 나가는데, HTML 구조도 이와 같습니다.

source_code 폴더에서 메모장을 이용해 practice02.html을 생성하고 다음과 같은 코드를 입력합니다.

#practice02.html

```
<html>
    <head>
        <title>기초 크롤링</title>
    </head>
    <body>
        <div>첫 번째 영역</div>
        <div>두 번째 영역</div>
    </body>
</html>
```

[그림 3-13]은 지금 생성한 practice02.html 문서의 구조를 시각화한 것입니다. 왼쪽은 HTML 문서인 practice02.html의 내용입니다. 보기 쉽도록 태그를 사용할 때 들여쓰기를 했습니다. 그리고 이를 트리 형식으로 시각화한 그림이 오른쪽입니다.

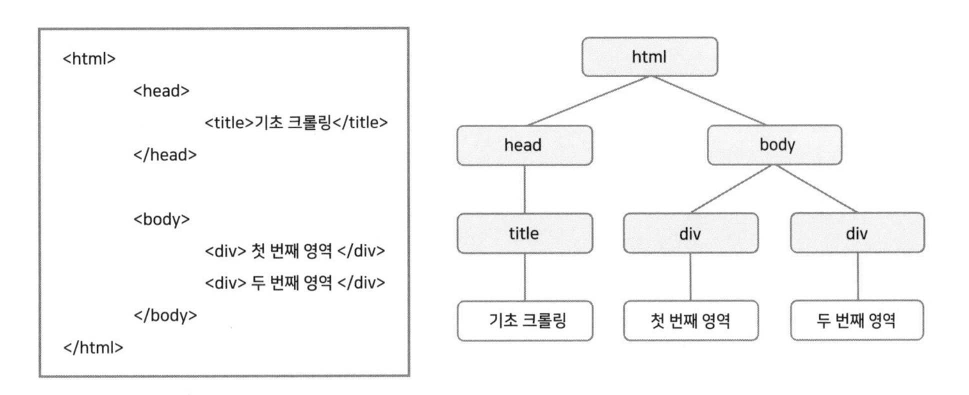

그림 3-13 HTML 트리 구조(1)

HTML 문서의 위쪽을 보면 `<html>` 태그를 볼 수 있는데, 이 문서가 HTML 문서라는 것을 뜻합니다. 그리고 문서 마지막 부분을 보면 `</html>`로 끝납니다. 즉, 문서 전체는 `<html>` 태그 안에 속하는 것으로, 이를 시각화하면 `<html>` 태그는 오른쪽 그림의 최상단에 해당합니다. 따라서 `<html>` 태그 이후에 사용하는 <head> 태그나 <body> 태그는 `<html>` 태그의 하위 태그가 됩니다. 들여쓰기를 보면 태그 간의 상하 관계를 바로 알 수 있습니다.

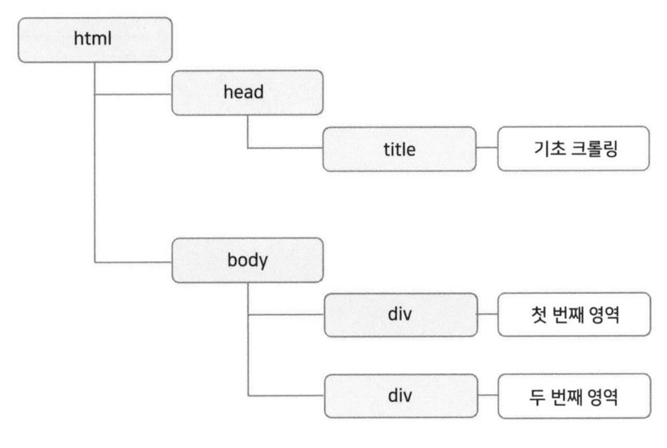

그림 3-14 HTML 트리 구조(2)

[그림 3-14]는 [그림 3-13]의 HTML 트리 구조를 다른 방식으로 나타낸 그림입니다. [그림 3-13]의 오른쪽 그림에서는 트리가 위에서 아래로 뻗어가는 모양이었다면 [그림 3-14]에서는 왼쪽에서 오른쪽으로 뻗어가는 방식입니다. 이는 표현 방식만 조금 달라졌을 뿐, 의미는 동일합니다.

CSS 맛보기

HTML이 웹 페이지의 필수 요소인 텍스트, 이미지 등을 입력하는 게 목적이라면, CSS는 이들 요소에 디자인 스타일을 적용할 때 사용하는 언어입니다. CSS(Cascading Style Sheets)는 Style Sheet 언어라는 뜻입니다. 스타일을 적용한다는 것은 웹 페이지에 있는 구성 요소의 크기나 색상을 변경하는 등의 페이지를 꾸미는 작업을 말합니다.

간단한 형태의 CSS 코드를 작성해 보면 어떤 의미인지 쉽게 이해할 수 있습니다. 먼저 source_code 폴더에 'styles'라는 폴더를 하나 만듭니다. styles 폴더로 이동해 메모장을 실행합니다. 다음 코드를 입력하고, style.css로 파일명을 변경해 저장합니다.

#styles/style.css

```
p {
  color: red;
}
```

CSS는 페이지를 꾸밀 때 사용한다고 했습니다. 예를 들어, 위와 같은 CSS 코드의 의미는 웹 페이지의 특정 요소가 <p> 태그를 사용할 때, <p> 태그의 텍스트 색상을 모두 빨간색으로 지정하라는 의미입니다.

그럼 앞서 만든 css 파일을 HTML 문서에 적용해 보겠습니다. 다음 코드는 source_code 폴더에 practice_css01.html 파일로 저장합니다.

practice_css01.html

```
<!doctype html>
<html>
    <head>
        <link href="styles/style.css" rel="stylesheet" type="text/
css">
        <title> css 기초 </title>
    </head>
    <body>
        <p> 빨간색으로 보이나요? </p>
    </body>
</html>
```

코드에서 <head> 태그의 내용을 보면, 앞서 만들었던 style.css 파일을 HTML 문서에서 불러오고 있습니다. <link> 태그를 이용하면 외부 파일을 읽을 수 있습니다. <link> 태그의 href 속성에는 외부 리소스의 경로를 입력하는데, source_code 폴더에 만들었던 style 폴더의 style.css 파일을 연결하고 있습니다. rel 속성은 외부 리소스의 종류를 나타냅니다. css 파일과 같이 스타일 시트(Stylesheet)를 적용할 때는 속성값으로 "stylesheet"라고 입력합니다. 마지막으로 type 속성으로 외부 리소스의 유형을 지정합니다.

<body> 태그에서 <p> 태그를 사용했는데, <p> 태그 영역의 텍스트는 외부 css 파일에서 설정한 디자인 스타일이 적용되어 글자가 모두 빨간색으로 변경됩니다.

앞서 생성한 style.css 파일과 practice_css01.html의 관계는 [그림 3-15]와 같습니다.

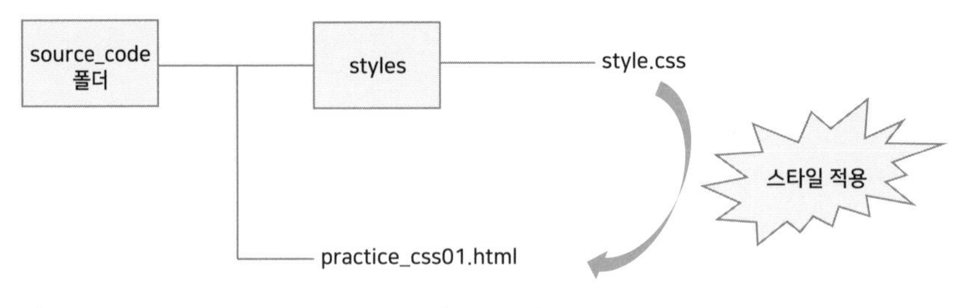

그림 3-15 폴더 구조

source_code 폴더 안에는 styles 폴더와 practice_css01.html 파일이 존재하며, styles 폴더 안에는 style.css 파일이 존재합니다. `href` 속성으로 이 파일을 불러왔기 때문에, style.css 파일은 practice_css01.html 문서의 내부 스타일에 적용됩니다.

그러면 생성한 practice_css01.html 파일을 실행해 보겠습니다. practice_css01.html 파일을 실행하면 문단 내의 글자가 빨간색으로 변경되어 출력되는 것을 여러분의 컴퓨터에서 확인할 수 있습니다.

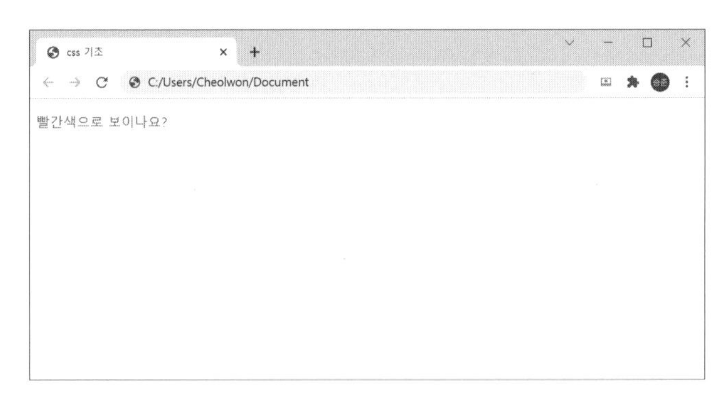

그림 3-16 css 적용 결과

자바스크립트 맛보기

자바스크립트는 HTML 문서에서 작동하는 또 다른 스크립트라고 생각하면 이해하기 쉽습니다. CSS가 HTML 문서의 스타일을 꾸며주는 기능을 했다면, 자바스크립트는 콘텐츠를 동적으로 바꾸는 기능을 수행합니다. 자바스크립트가 어떤 역할을 수행하는지 알 수 있도록 웹 브라우저에서 경고 대화상자를 띄워보겠습니다.

source_code 폴더에서 메모장을 실행합니다. 다음 코드를 작성한 후 practice_js01.html로 저장합니다.

#practice_js01.html

```
<!doctype html>
<html>
<body>

    <p>자바스크립트 실행 전</p>

    <script>
       alert('Hello world');
    </script>

</body>
</html>
```

코드처럼 HTML 문서 내부에서 `<script></script>` 태그를 사용하면 자바스크립트를 사용할 수 있습니다. 경고 대화상자를 띄우기 위해서는 `alert` 함수를 사용하며, `alert` 함수 소괄호 안에 대화상자에 출력할 문자열을 지정하면 됩니다. practice_js01.html을 더블클릭하여 실행해 보겠습니다.

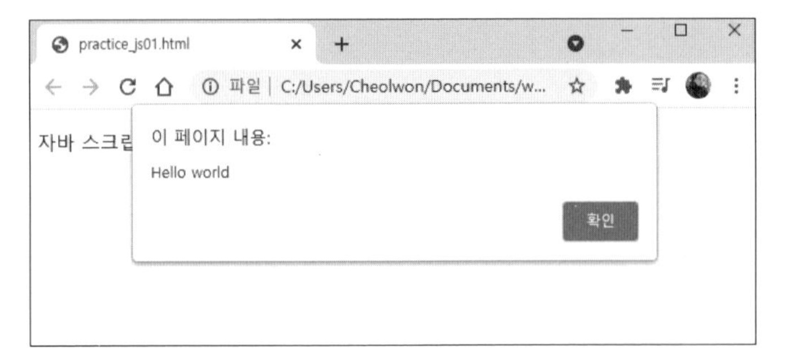

그림 3-17 practice_js01.html 실행

자바스크립트 코드를 통해 경고 대화상자가 나타나고, 대화상자에 `Hello world` 문자열이 정상적으로 출력되는 것을 확인할 수 있습니다.

css 파일과 마찬가지로 자바스크립트 파일도 외부에서 불러올 수 있습니다.

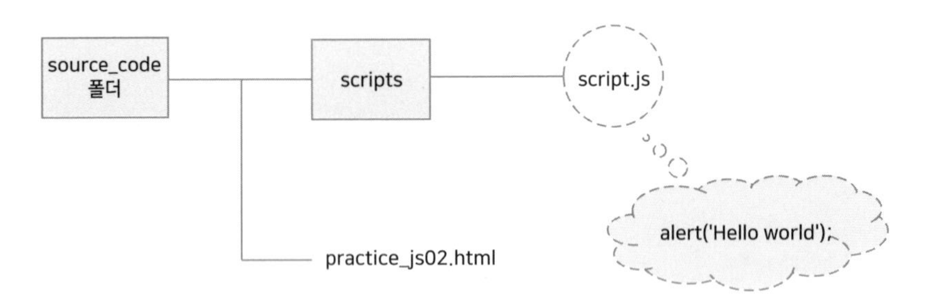

그림 3-18 자바스크립트 외부 파일 불러오기

[그림 3-18]과 같이 source_code 폴더에서 'scripts' 폴더를 만들고, 메모장을 실행합니다. 다음 코드가 들어 있는 간단한 script.js 파일을 만듭니다.

 # scripts/script.js

```
alert('Hello world');
```

이제 script.js 파일을 불러와 practice_js02.html에 적용해 보겠습니다.

practice_js02.html

```
<!doctype html>
<html>
    <body>
        <p>자바스크립트 실행 전</p>
        <script src="scripts/script.js"></script>
    </body>
</html>
```

코드는 practice_js02.html의 내용입니다. <body> 태그에서 <script> 태그를 이용해 외부 파일을 불러옵니다. 이때, src 속성을 이용해 자바스크립트 파일이 있는 위치를 지정해 줍니다.

지금까지 HTML, CSS, 자바스크립트의 동작 방법을 실습을 통해 간략히 살펴보았습니다. 이들 내용은 깊이 들어가면 끝이 없을 정도로 방대합니다. 여기서는 이 책의 목적인 웹 크롤링을 실습하는 데 필요한 최소한의 기초 문법만 다루었습니다. 앞으로 나올 실습 과정을 통해 부족한 내용은 채워나갈 예정이니 '이 정도로 괜찮을까?'라는 의구심은 버리셔도 됩니다. 그럼 본격적으로 크롤링의 세계로 들어가 보겠습니다.

CHAPTER 04

꼭 알아야 할 웹 크롤링 방법 1 - BeautifulSoup

- 웹 크롤링에 필요한 BeautifulSoup 라이브러리에 대해 알아봅니다
- 웹 크롤링을 위한 기초 실습을 진행합니다.

3장에서 배운 웹 크롤링의 기초 개념을 토대로 실제로 크롤링을 해보겠습니다. 앞서 웹 페이지는 HTML 문서로 구성되어 있다는 사실을 배웠습니다. 그렇다면 크롤링이란 HTML 문서에서 원하는 정보를 추출하는 것이라고 할 수 있습니다.

크롤링을 좀 더 단순화한다면 긴 문자열에서 원하는 부분만 골라 추출하는 방법입니다. 이번 장에서는 예비 단계로 긴 문자열에서 원하는 부분만 골라 파이썬으로 추출하는 연습을 해본 다음, 실제 웹 사이트에 접속해 웹 페이지의 내용도 추출해 보겠습니다.

BeautifulSoup 라이브러리 소개

이번 단원에서는 라이브러리가 무엇인지 이해하고, 웹 크롤링에 특화된 라이브러리인 BeautifulSoup을 실습 과정을 통해 알아보겠습니다.

라이브러리란?

파이썬에는 다양한 라이브러리가 있습니다. 라이브러리(Library)란 프로그래밍을 쉽게 도와주는 도구들의 모음입니다. 다양한 라이브러리를 자신의

목적에 맞게 적재적소에 사용하면 프로그래밍을 좀 더 쉽게 할 수 있습니다.

라이브러리는 공구 상자에 비유할 수 있습니다. 공구 상자는 망치, 톱, 드라이버와 같은 도구를 모아놓은 상자입니다. 공구 상자가 있으면 필요한 용도에 맞게 공구를 골라 작업을 수월하게 할 수 있습니다. 라이브러리도 이와 같습니다. 프로그래밍하는 데 필요한 도구들을 모아놓은 도구 상자를 우리는 라이브러리라고 부릅니다.

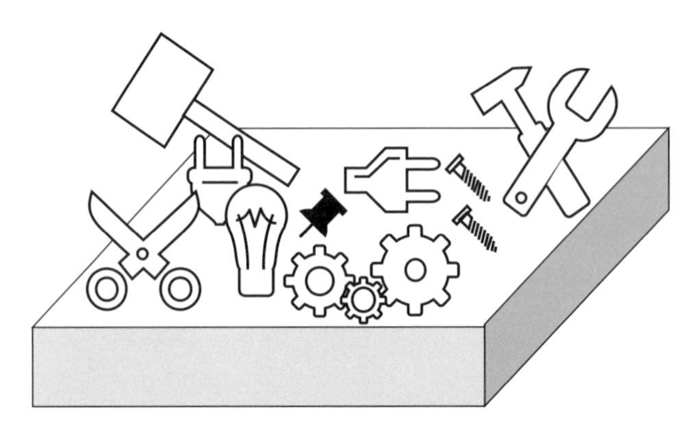

그림 4-1 라이브러리란 공구 상자 같은 것

파이썬에는 수많은 라이브러리가 존재하지만, 웹 크롤링에는 주로 BeautifulSoup이라는 라이브러리를 사용합니다. BeautifulSoup 라이브러리는 크롤링하는 데 필요한 함수를 한데 모아 놓은 라이브러리입니다.

BeautifulSoup 다루기 1

BeautifulSoup 라이브러리를 사용해 보겠습니다. 먼저 주피터 노트북을 실행하고 다음 코드를 입력해 BeautifulSoup 라이브러리를 불러옵니다.

```
from bs4 import BeautifulSoup
```

코드를 입력하면 BeautifulSoup 라이브러리를 사용할 수 있습니다.

이제 BeautifulSoup을 이용해 HTML 문서를 파싱해 보겠습니다. 파싱

(Parsing)이란 문서에 포함된 텍스트의 구성 성분을 분해한다는 뜻입니다. 예를 들어 "철수가 밥을 먹었다"라는 문장이 있다고 했을 때, 해당 문장을 '철수가', '밥을', '먹었다'와 같이 문장을 세부 단위로 분해하는 것을 '파싱한다'라고 표현합니다.

계속해서 HTML 문서를 작성합니다. 다음 내용은 실습에서 파싱할 HTML 문서이며 html_doc라는 변수로 선언하고 저장합니다.

```
html_doc = """
<!doctype html>
<html>
    <head>
            <title> 기초 웹 크롤링 </title>
    </head>
    <body>
            크롤링을 해봅시다.
    </body>
</html>
"""
```

코드는 HTML 문서 전체를 큰따옴표(""" """) 3개로 하나의 문자열로 만들었습니다. 2장 파이썬 문법에서 문자열은 큰따옴표로 묶을 수 있다고 배웠습니다. 큰따옴표 3개를 사용하면 내부의 따옴표(큰따옴표, 작은따옴표)까지 문자열의 내용으로 포함할 수 있습니다. 문자열의 길이가 긴 경우에는 큰따옴표 3개를 주로 사용합니다.

3장에서 배웠던 것처럼 문자열로 만든 문서는 원래 HTML 문서이기 때문에 <!doctype html>로 시작하고, <html> 태그로 전체 문서를 감싸고 있습니다. 그리고 <html> 태그 내부에 <head> 태그와 <body> 태그가 있습니다.

문서는 아직까진 단순한 문자열일 뿐입니다. 이 문자열을 파싱하기 위해서는 이 문자열이 HTML 문서라는 것을 알도록 해주어야 합니다. 다음 코드를 주피터 노트북에 입력합니다.

```
bs_obj = BeautifulSoup(html_doc, "html.parser")            ❶
head = bs_obj.find("head")                                 ❷
print(head)                                                ❸
------------------------------------------------------------
<head>
<title> 기초 웹 크롤링 </title>
</head>
```

❶ html_doc 변수에 저장한 문자열을 BeautifoulSoup 함수를 이용해 파싱한 후, 생성된 객체를 bs_obj라는 변수에 담습니다. "html.parser" 옵션은 파서를 html.parser로 지정하는 옵션입니다. 파서(Parser)란 파싱을 수행하는 프로세스입니다. 파서를 이용해 파싱하게 되면 이제 앞에서 저장한 문자열은 HTML 문서로 인식되어 우리는 태그 단위로 필요한 정보를 불러올 수 있게 됩니다.

❷ 파싱한 객체에서 <head> 태그의 내용만 추출하고 싶다면, 객체 bs_obj에 내장된 find 메서드를 불러옵나다. find 메서드에 원하는 태그명을 입력하면, 해당 태그의 내용을 추출할 수 있습니다. 단 find 메서드는 HTML 문서에서 해당 태그가 처음 등장할 때의 내용만 추출합니다.

❸ 결과를 보면 <head> 태그의 내용을 추출하고 있습니다.

다음은 <body> 태그의 내용도 추출해 봅시다.

```
body = bs_obj.find("body")
print(body)
--------------------------
<body>
    크롤링을 해봅시다.
</body>
```

<body> 태그의 내용을 추출하고 싶다면 find 메서드에 "body"를 입력합니다. find 메서드를 사용했으므로 문서에서 <body> 태그가 처음 등장했을 때의 내용을 추출합니다.

BeautifulSoup 다루기 2

이번 실습에서는 조금 다른 형태의 HTML 문서를 파싱해 보겠습니다.

```
html_doc = """
<!doctype html>
<html>
    <head>
        기초 웹 크롤링 따라하기
    </head>
    <body>
        <div> 첫 번째 부분 </div>
        <div> 두 번째 부분 </div>
    </body>
</html>
"""
```

전체적으로 이전 실습 때 사용했던 HTML 문서와 비슷하지만, 이번 문서에서는 <body> 태그 안에 <div> 태그가 두 개 포함되어 있습니다.

그럼 HTML 문서에서 <body> 태그의 내용을 추출해 보겠습니다.

```
bs_obj = BeautifulSoup(html_doc, "html.parser")          ❶
body = bs_obj.find("body")                               ❷
print(body)                                              ❸
--------------------------------------------------------
<body>
<div> 첫 번째 부분 </div>
<div> 두 번째 부분 </div>
</body>
```

❶ BeautifulSoup를 이용해 파싱한 내용을 bs_obj 객체에 저장합니다.

❷ find 메서드를 이용해 <body> 태그의 내용을 불러옵니다.

❸ 결과를 보면 <body> 태그 내부에 있는 두 개의 <div> 태그를 모두 불러옵니다.

만약 <div> 태그의 내용만 불러오고 싶다면, 다음과 같이 find 메서드에 "div"를 입력하면 됩니다.

```
div1 = bs_obj.find("div")
print(div1)
-------------------------
<div> 첫 번째 부분 </div>
```

그런데 결과를 보면 첫 번째 <div> 태그의 내용만 불러옵니다. 그렇다면 두 번째 <div> 태그의 내용까지 모두 불러오고 싶다면 어떻게 하면 될까요?

find_all 메서드를 이용하면 HTML 문서에서 해당 태그의 내용을 모두 불러와 파이썬의 리스트(List) 자료형으로 저장합니다.

다음 코드를 입력합니다.

```
div_total = bs_obj.find_all("div")
print(div_total)
-------------------------------------------------
[<div> 첫 번째 부분 </div>, <div> 두 번째 부분 </div>]
```

결과를 보면 <div> 태그를 불러올 때마다 리스트의 요소가 추가됩니다. 예제에 사용한 문서에서는 <div> 태그를 두 번 사용했으므로, 총 2개의 요소가 리스트에 추가되었습니다.

[그림 4-2]는 find_all 메서드를 사용했을 때의 리스트 저장 결과입니다.

find_all 메서드의 결과물에 접근하기 위해서는 2장 리스트 자료형에서 다루었듯이 인덱스를 이용하면 됩니다.

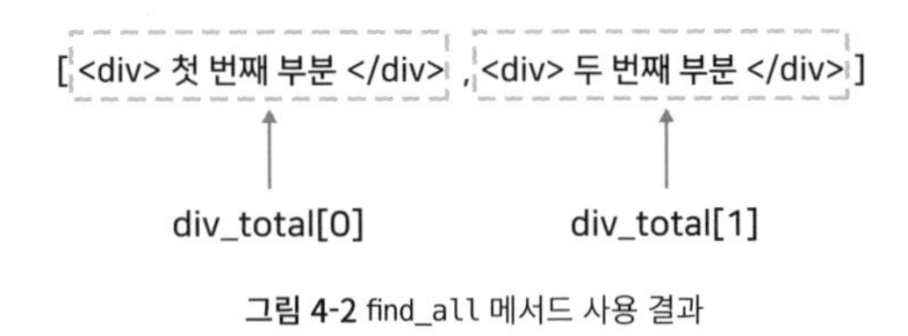

그림 4-2 find_all 메서드 사용 결과

리스트 자료형을 사용할 때는 언제나 인덱스를 이용해 리스트 요소에 접근했습니다.

그렇다면 리스트 div_total의 두 번째 요소만 가져오고 싶다고 가정해 보겠습니다. 리스트는 [0]부터 인덱싱되므로 [1]을 입력하면 두 번째 요소를 추출할 수 있습니다.

```
div2 = div_total[1]
print(div2)
----------------------
<div> 두 번째 부분 </div>
```

한 가지 더 배워 보겠습니다. 위 코드처럼 추출하게 되면, 해당 태그 내의 텍스트는 물론 태그도 함께 추출됩니다. 즉, 추출한 내용에서 <div>, </div>와 같은 태그는 제외하고 실제 텍스트만 추출하고 싶다면 text 메서드를 사용해야 합니다.

다음 코드는 text 메서드를 사용해 태그 내의 텍스트만 추출합니다.

```
print(div2.text)
----------------
두 번째 부분
```

BeautifulSoup 다루기 3

이번 실습에서는 좀 더 많은 내용을 포함하는 HTML 문서를 파싱해 보겠습니다. [그림 4-3]과 같이 과일 가격 테이블(=표)과 의류 가격 테이블, 즉 2개의 테이블로 구성된 HTML 문서입니다.

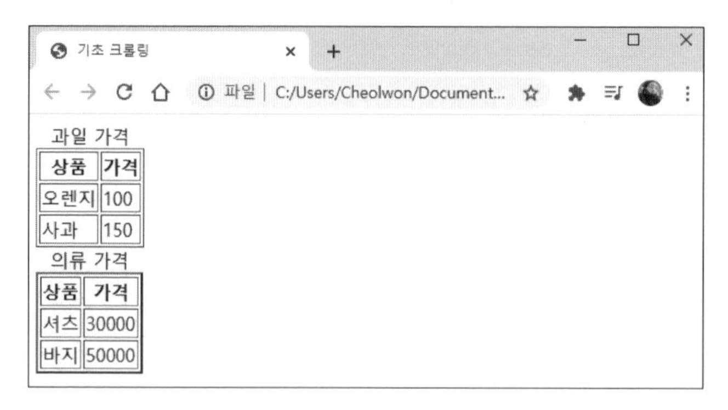

그림 4-3 실습 문서

이번 실습에 사용할 HTML 문서를 입력합니다.

```
html_doc = """
<!doctype html>
<html>
   <head>
    <title> 기초 웹 크롤링 </title>
</head>
   <body>
    <table border="1">
           <caption> 과일 가격 </caption>
           <tr>
               <th> 상품 </th>
               <th> 가격 </th>
           </tr>
           <tr>
               <td> 오렌지 </td>
               <td> 100 </td>
```

```
            </tr>
            <tr>
                <td> 사과 </td>
                <td> 150 </td>
            </tr>
        </table>

        <table border="2">
            <caption> 의류 가격 </caption>
            <tr>
                <th> 상품 </th>
                <th> 가격 </th>
            </tr>
            <tr>
                <td> 셔츠 </td>
                <td> 30000 </td>
            </tr>
            <tr>
                <td> 바지 </td>
                <td> 50000 </td>
            </tr>
        </table>
    </body>
</html>
"""
```

코드처럼 <table> 태그로 테이블을 만듭니다. <caption> 태그는 테이블의 제목을 지정하며, <tr> 태그는 테이블의 각 행을 나타냅니다.

[그림 4-4]는 HTML 문서에서 테이블을 작성하는 방법입니다. <tr> 태그는 각각의 행을, 각각의 데이터는 다시 <th> 또는 <td> 태그로 표현합니다. 이때, <th> 태그는 열의 헤더(제목)를, <td> 태그는 데이터의 내용을 표현합니다.

과일 가격
상품
가격
오렌지
100
사과
150

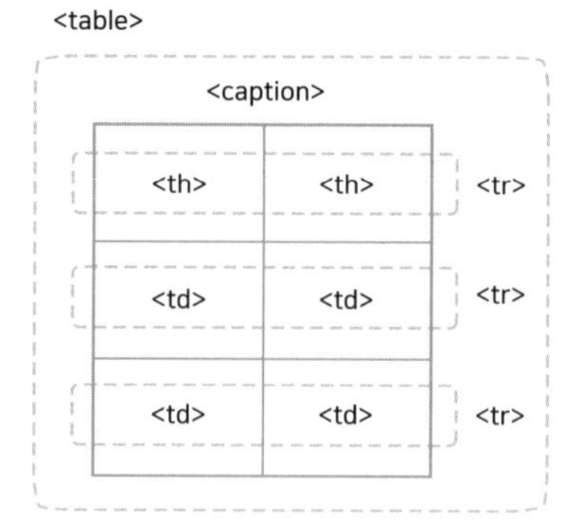

그림 4-4 HTML 문서에서 테이블 작성

지금까지의 실습에서는 특정 태그만으로 원하는 내용을 추출했습니다. 이번 실습에서는 태그와 속성을 함께 이용해 HTML 문서를 검색하고 그 내용을 추출합니다.

```
bs_obj = BeautifulSoup(html_doc, "html.parser")
clothes = bs_obj.find_all("table", {"border":"2"})
print(clothes)
-------------------------------------------------
[<table border="2">
 <caption> 의류 가격 </caption>
 <tr>
 <th> 상품 </th>
 <th> 가격 </th>
 </tr>
 <tr>
 <td> 셔츠 </td>
 <td> 30000 </td>
 </tr>
 <tr>
 <td> 바지 </td>
 <td> 50000 </td>
 </tr>
</table>]
```

이번 실습에서 `<table>` 태그는 두 번 사용되었습니다. 둘 다 동일하게 `<table>` 태그를 사용하지만, border의 속성값이 다릅니다. 따라서 두 번째 테이블(의류 가격 테이블)의 내용만 추출하고 싶다면, find_all 메서드의 {"border": "2"} 처럼 속성과 속성값을 추가하면 됩니다.

[그림 4-5]는 find_all 메서드에서 태그와 속성, 속성값을 어떻게 사용하는지 보여주고 있습니다.

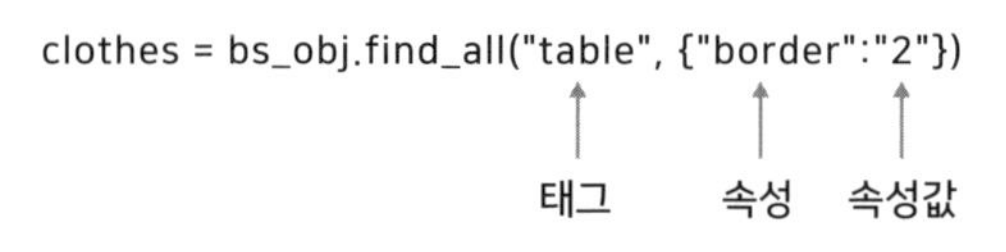

그림 4-5 속성, 속성값을 이용한 추출

find_all 메서드에서 태그는 **"태그명"** 형식으로 표기하지만, 속성과 속성값은 중괄호({}) 안에서 콜론(:)을 기준으로 좌우로 각각 표기해야 합니다.

첫 번째 웹 크롤링 실습

지금까지의 실습 과정에서는 HTML 문서를 파이썬의 문자열로 저장한 후 파싱했습니다. 이번에는 실제 존재하는 웹 사이트를 대상으로 크롤링을 해보겠습니다. 어떤 점이 달라지는지 눈여겨보기를 바랍니다.

웹 페이지에서 소스 코드를 확인하는 법

먼저 크롬 브라우저를 실행하고, 아래 URL로 접속해 웹 사이트의 내용을 확인합니다

https://ai-dev.tistory.com/1

웹 사이트에 접속하면 [그림 4-6]과 같은 웹 페이지가 나옵니다. 보는 것처럼 우리가 크롤링할 웹 페이지는 제목 한 줄, 내용 한 줄이 등록된 아주 간단한 형태의 페이지입니다. 이제부터 이 웹 페이지에 등록된 제목과 내용을 크롤링해 보겠습니다.

인공지능 개발의 모든 것

크롤링

크롤링의 세계에 오신 것을 환영합니다.

로스카츠 2021. 1. 21. 14:06 수정 삭제

Hello, world!

♡ 공감

그림 4-6 웹 크롤링 대상 게시물

가장 먼저 해당 URL에 있는 HTML 문서를 불러오겠습니다. 다음 코드를 입력합니다. 이번 실습에서는 파이썬에서 URL을 제어할 때 도움을 주는 `urllib` 라이브러리를 사용합니다. `urllib` 라이브러리를 사용하는 이유는 이전 실습까지는 단순히 변수에 저장한 HTML 문서를 불러왔지만, 이번 실습부터는 URL로 접속한 실제 웹 페이지의 HTML 문서를 불러오기 때문입니다.

```
from urllib.request import urlopen                                    ❶

url = "https://ai-dev.tistory.com/1"                                  ❷
html = urlopen(url)                                                   ❸
print(html.read())                                                    ❹
---------------------------------------------------------------------
b'<!doctype html>\n<html lang="ko">\n<head>\n<link rel="stylesheet"
type="text/css" href="https://t1.daumcdn.net/tistory_admin/lib/
lightbox/css/lightbox.min.css" />
(중략)
...
<div id="tistorySnsLayer" class="layer_post"></div></body>\n</html>\n'
```

❶ `urllib` 라이브러리를 불러옵니다.

❷ 접속한 웹 사이트의 URL 주소를 복사해 `url` 변수에 저장합니다.

❸ `urllib` 라이브러리에 있는 `urlopen` 함수를 이용해 해당 웹 사이트의 `url`을 오픈하고 이를 `html`이라는 변수에 저장합니다. `urlopen` 함수는 웹 문서를 불러오는 역할을 합니다.

❹ `read` 메서드로 불러온 `html` 변수의 내용을 읽습니다.

출력 결과를 보면 `b'<!doctype html>`로 시작해 `</html>`로 끝나는 것으로 보아 HTML 문서라는 것을 알 수 있습니다. 제목 한 줄, 본문 한 줄로 구성된 단순한 형태의 웹 페이지라도 HTML 문서의 내용은 매우 복잡하다는 것을 알 수 있습니다.

제목과 본문 정보 웹 크롤링

앞에서 웹 크롤링할 웹 사이트를 확인하고 해당 페이지의 HTML 문서를 불러왔습니다. 이번에는 `html` 변수에 저장된 HTML 구성 요소 중에서 웹 페이지의 제목과 내용에 해당하는 부분만 추출하겠습니다.

개발자 도구 창에서 html 코드 확인

웹 크롤링으로 추출하려는 요소를 확인하기 위해서는 크롬 브라우저에서 개발자 도구 창을 실행해야 합니다. 실행 방법은 간단하게 키보드의 F12 키를 누르거나 [그림 4-7]과 같이 크롬 브라우저의 '우측 상단 점 3개' 아이콘을 클릭한 다음, [도구 더보기] - [개발자 도구]를 클릭하면 됩니다.

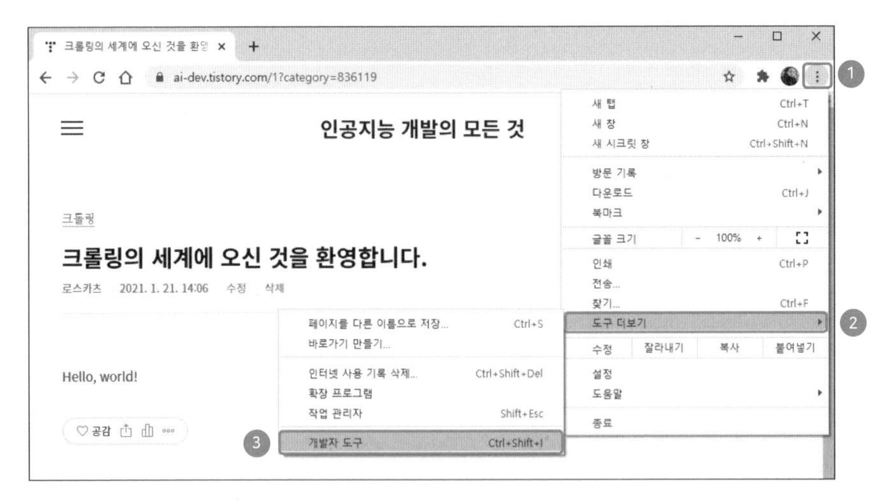

그림 4-7 개발자 모드 실행

[그림 4-8]과 같이 웹 페이지 오른쪽에 개발자 도구 창이 열립니다.

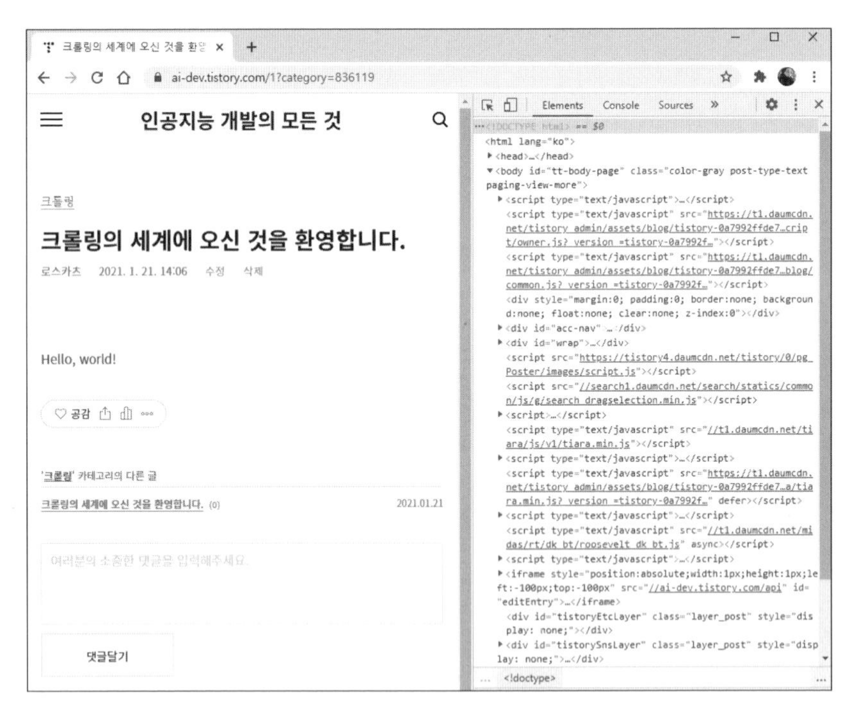

그림 4-8 개발자 도구 창 실행 결과

개발자 도구 창의 [Elements] 탭(이하 개발자 도구 창으로 명명함)을 보면 해당 웹 페이지의 html 코드를 확인할 수 있습니다. 개발자 도구 창을 이용해 크롤링할 웹 페이지의 내용이 어떤 코드로 구성되어 있는지 알아보겠습니다.

[그림 4-9]와 같이 게시물의 제목 위치를 확인합니다. 먼저 ❶번 아이콘을 클릭하고 ❷번과 같이 웹 페이지 제목에 마우스 포인터를 가져가 클릭하면 개발자 도구 창의 html 코드가 강조(highlight)되어 나타나는 것을 볼 수 있습니다.

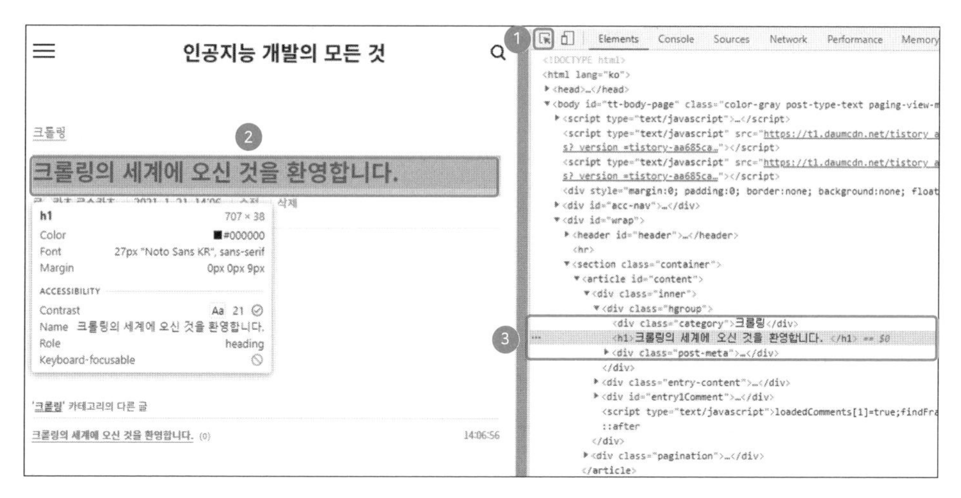

그림 4-9 개발자 도구 창에서 게시물 제목 위치 확인

개발자 도구 창에서 웹 페이지 제목에 해당하는 html 코드를 보면, <h1> 태그로 둘러싸여 있다는 것을 알 수 있습니다.

제목 정보 크롤링

실습에서 보았듯이 개발자 도구 창을 이용하면, 웹 페이지의 제목이나 본문에 해당하는 html 코드가 무엇인지 쉽게 찾을 수 있습니다. 앞선 실습 과정에서 웹 페이지 제목에 해당하는 태그가 <h1> 태그라는 것을 알았습니다. 따라서 이제 웹 페이지의 제목을 추출할 수 있습니다.

주피터 노트북에서 기존 코드를 다음과 같이 수정합니다.

```
from urllib.request import urlopen
from bs4 import BeautifulSoup

url = "https://ai-dev.tistory.com/1"
html = urlopen(url)
bs_obj = BeautifulSoup(html, "html.parser")
print(bs_obj)
------------------------------------------
<!DOCTYPE html>

<html lang="ko">
<head>
<중략...>
</html>
```

먼저 파싱에 필요한 BeautifulSoup 라이브러리를 불러옵니다. url을 지정하고, urlopen으로 HTML 문서를 불러오는 것은 동일합니다. 불러온 HTML 문서를 BeautifulSoup으로 파싱한 후, bs_obj 객체에 담습니다. 객체 bs_obj의 내용을 출력하면, 해당 웹 페이지의 모든 HTML 문서 내용이 출력됩니다. 앞서 read 메서드로 불러온 html 코드와는 달리, 더 깔끔한 형태의 코드가 출력됩니다.

우리는 이 html 코드에서 제목에 해당하는 내용이 필요합니다.

```
title = bs_obj.find_all("h1")
print(title)
--------------------------------------------------------------------
[<h1><a href="/">인공지능 개발의 모든 것</a></h1>, <h1>크롤링의 세계에 오신 것을
환영합니다. </h1>]
```

find_all 메서드를 활용해 불러오면, 해당 HTML 문서에서 <h1> 태그가 사용된 코드만 모두 추출해 리스트로 만듭니다. 결과를 확인하면 웹 페이지에서 <h1> 태그를 사용하는 곳은 두 곳이고, 결과 리스트의 두 번째 내용이 우리가 원하는 페이지의 제목이라는 것도 알 수 있습니다.

다음 코드를 입력합니다.

```
print(title[1])
---------------------------------------
<h1>크롤링의 세계에 오신 것을 환영합니다. </h1>
```

우리가 원하는 제목 텍스트는 결과 리스트의 두 번째 요소입니다. 따라서 리스트의 인덱싱(Indexing)을 활용해 해당 내용을 추출합니다.

계속해서 text 메서드를 활용하여 출력 결과에서 태그를 제외하고 텍스트 내용만 추출합니다.

```
print(title[1].text)
----------------------------
크롤링의 세계에 오신 것을 환영합니다.
```

본문 정보 크롤링

앞의 예제에서 게시물의 제목을 추출했다면, 이번에는 본문 내용을 추출해 보겠습니다. [그림 4-10]과 같이 개발자 도구 창을 열고, 본문 내용 Hello, world!의 위치를 확인합니다.

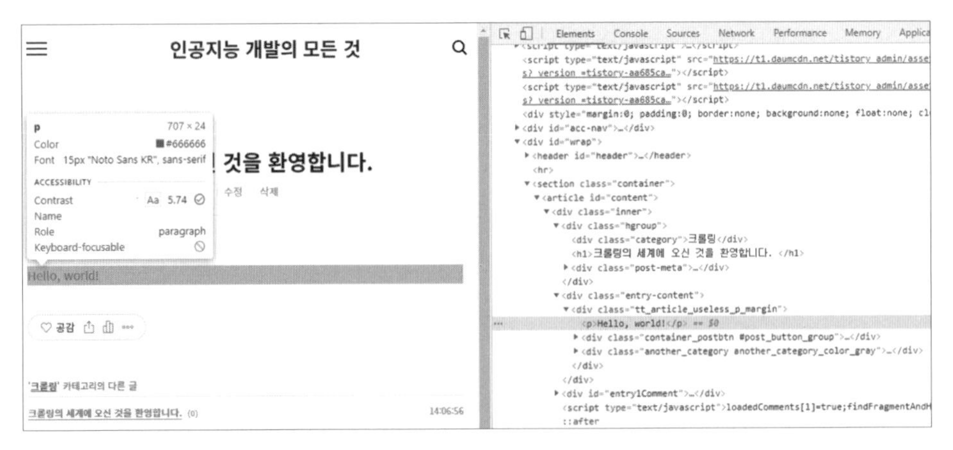

그림 4-10 본문 내용 위치 확인

[그림 4-10]을 보면 웹 페이지의 본문 내용에는 <p> 태그가 사용되었습니다. 먼저 해당 문서에서 <p> 태그가 사용된 부분을 모두 불러와 리스트로 저장하겠습니다.

```
contents = bs_obj.find_all("p")
print(contents)
-----------------------------------------------------------------
[<p>POWERED BY TISTORY</p>, <p>Hello, world!</p>, <p  class=
 "copyright">DESIGN BY <a href="#">TISTORY</a> <a class="admin"
 href="https://ai-dev.tistory.com/manage">관리자</a></p>]
```

결과 리스트를 보면 콤마(,)로 구분된 요소가 3개인데, 이것은 웹 페이지에서 <p> 태그를 사용하는 데가 세 곳이라는 뜻입니다. 우리가 추출하려는 본문 내용은 리스트의 두 번째 요소에 있습니다. 리스트는 인덱스 번호가 0부터 시작하므로 인덱스 번호 1로 내용을 불러오면, 그것이 우리가 찾는 본문 내용입니다.

```
print(contents[1])
--------------------
<p>Hello, world!</p>
```

text 메서드로 태그를 제외하고 본문 내용만 추출합니다.

```
print(contents[1].text)
-----------------------
Hello, world!
```

전체 코드

```
from urllib.request import urlopen
from bs4 import BeautifulSoup

url = "https://ai-dev.tistory.com/1?category=836119"
html = urlopen(url)
bs_obj = BeautifulSoup(html, "html.parser")

# 제목 추출
title = bs_obj.find_all("h1")
print(title)
print(title[1])
print(title[1].text)

# 본문 내용 추출
contents = bs_obj.find_all("p")
print(contents)
print(contents[1])
print(contents[1].text)
```

두 번째 웹 크롤링 실습

앞선 실습에서는 제목 한 줄, 본문 한 줄로 이루어진 웹 사이트에 접속해 크롤링을 했습니다. 이번에는 좀 더 복잡한 구조로 이루어진 웹 사이트에 접속해서 크롤링 실습을 하겠습니다.

테이블과 목록 정보 크롤링

웹 페이지는 다양한 요소로 구성되어 있습니다. 이미지나 동영상이 중심인 페이지도 있고, 텍스트와 링크만으로 구성된 페이지도 있습니다. 이런 다양한 구성 요소 중에서 이번 실습에서 다루어볼 요소는 테이블과 목록 정보입니다.

두 번째 실습을 위해 다음 웹 사이트에 접속합니다.

https://ai-dev.tistory.com/2

사이트에 접속하면 다음과 같은 페이지를 볼 수 있습니다.

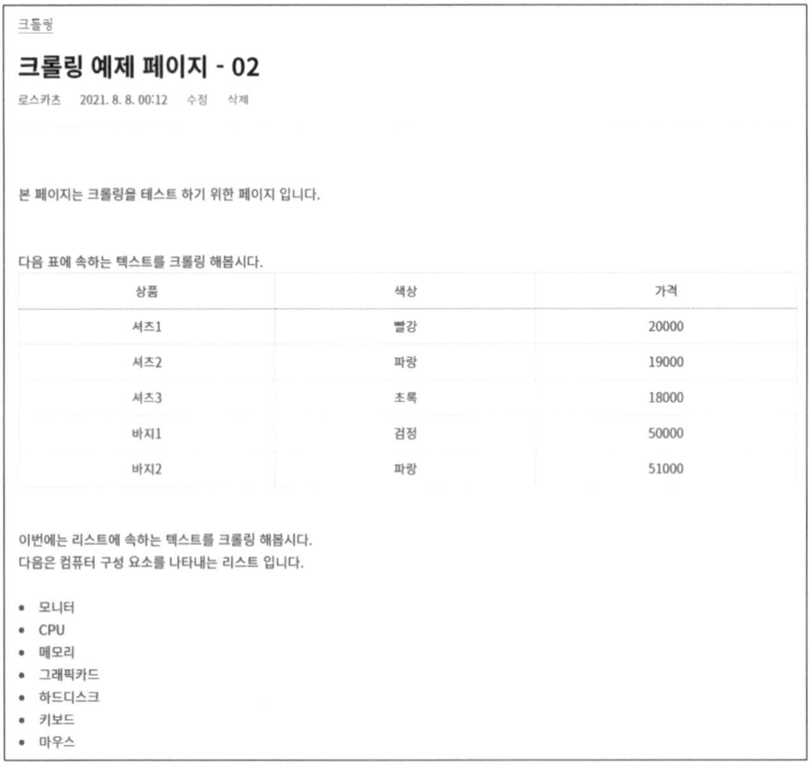

크롤링

크롤링 예제 페이지 - 02

로스카츠 2021. 8. 8. 00:12 수정 삭제

본 페이지는 크롤링을 테스트 하기 위한 페이지 입니다.

다음 표에 속하는 텍스트를 크롤링 해봅시다.

상품	색상	가격
셔츠1	빨강	20000
셔츠2	파랑	19000
셔츠3	초록	18000
바지1	검정	50000
바지2	파랑	51000

이번에는 리스트에 속하는 텍스트를 크롤링 해봅시다.
다음은 컴퓨터 구성 요소를 나타내는 리스트 입니다.

- 모니터
- CPU
- 메모리
- 그래픽카드
- 하드디스크
- 키보드
- 마우스

그림 4-11 크롤링할 웹 페이지 확인

[그림 4-11]은 크롤링할 두 번째 웹 페이지입니다. 웹 페이지의 내용 중 테이블(표)과 그 아래 목록 내용만 각각 크롤링해 보겠습니다.

테이블 정보 크롤링

먼저 웹 페이지의 테이블에서 텍스트를 추출하겠습니다. F12 키를 눌러 개발자 도구 창을 연 다음, 테이블을 표현하는 태그가 어디에 있는지 확인해 보겠습니다.

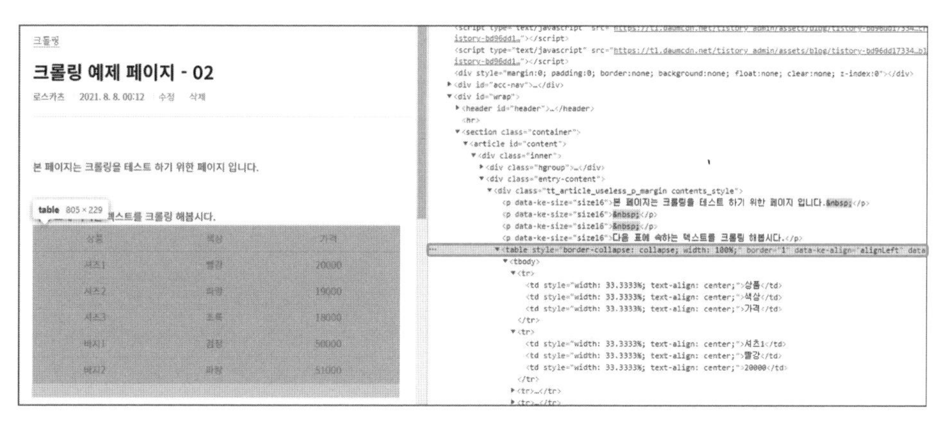

그림 4-12 테이블 태그 확인

[그림 4-12]는 테이블을 표현한 태그가 개발자 도구 창의 어디에 있는지 확인하는 모습입니다. <table> 태그가 어디에서 사용되었는지 검색하면 됩니다. 웹 페이지에서 테이블을 클릭해 보면, 개발자 도구 창에 있는 해당 테이블의 태그가 강조 표시됩니다.

다음 코드는 웹 페이지에서 HTML 문서를 불러오는 코드입니다.

```
from urllib.request import urlopen                    ❶

url = "https://ai-dev.tistory.com/2"                  ❷
html = urlopen(url)                                   ❸
print(html.read())                                    ❹
----------------------------------------------------------
```

```
b'<!doctype html>\n<html lang="ko">\n<head>\n<link rel="stylesheet"
type="text/css" href="https://t1.daumcdn.net/tistory_admin/lib/
lightbox/css/lightbox.min.css" />
...(중략)
```

❶ urllib 라이브러리에서 urlopen 함수를 불러옵니다.

❷ 크롤링할 웹 페이지의 주소를 url 변수에 저장합니다.

❸ urlopen 함수를 이용해 해당 url에 해당하는 HTML 문서를 불러와 html 변수에 저장합니다.

❹ read 메서드로 결과를 확인합니다. 결과처럼 출력된다면 웹 페이지를 제대로 불러오고 있는 겁니다.

이번에는 html 코드를 BeautifoulSoup 함수를 이용해 파싱한 후, 생성된 객체를 bs_obj라는 변수에 담겠습니다. 이 내용은 앞선 실습 내용과 동일합니다.

```
from urllib.request import urlopen
from bs4 import BeautifulSoup

url = "https://ai-dev.tistory.com/2"
html = urlopen(url)
bs_obj = BeautifulSoup(html, "html.parser")
print(bs_obj)
------------------------------------------------------------------
<!DOCTYPE html>

<html lang="ko">
<head>
<link href="https://t1.daumcdn.net/tistory_admin/lib/lightbox/css/
lightbox.min.css"
...(생략)
```

출력 결과가 위와 같다면 정상적으로 파싱된 겁니다.

방법 1 – <table> 태그 이용

본문 테이블의 <table> 태그를 개발자 도구 창에서 확인했으므로, 이 정보를 바탕으로 데이터를 추출하겠습니다. 크롤링으로 자신이 원하는 정보를 추출하는 방법에는 다양한 방법이 존재합니다. 방법 1과 방법 2 가운데 어떤 방법을 사용하더라도 상관없습니다.

먼저 <table> 태그를 이용해 원하는 데이터를 추출해 보겠습니다.

```
table_tag = bs_obj.find_all("table")
table_tag
-------------------------------------------------------------------
[<table border="1" data-ke-align="alignLeft" data-ke-style="style1"
style="border-collapse: collapse; width: 100%;">
 <tbody>
 <tr>
 <td style="width: 33.3333%; text-align: center;">상품</td>
 <td style="width: 33.3333%; text-align: center;">색상</td>
 <td style="width: 33.3333%; text-align: center;">가격</td>
 </tr>
 <tr>
 <td style="width: 33.3333%; text-align: center;">셔츠1</td>
 <td style="width: 33.3333%; text-align: center;">빨강</td>
 <td style="width: 33.3333%; text-align: center;">20000</td>
 </tr>
 …
 (중략)
 …
 <a href="/1?category=836119">크롤링의 세계에 오신 것을 환영합니다.</a>
 <span>(0)</span>
 </th>
 <td>
```

```
2021.01.21</td>
</tr>
</table>]
```

코드는 먼저 객체 bs_obj에서 <table> 태그가 쓰인 곳의 내용을 모두 table_tag라는 변수에 저장합니다. 결과를 보면 웹 페이지에서 <table> 태그를 사용한 html 코드들이 모두 포함되어 있습니다. 즉, 이 결과는 우리가 찾으려는 웹 페이지의 테이블 내용뿐만 아니라 관련 없는 것도 포함되어 있다는 뜻입니다. table_tag에 저장된 html 코드를 자세히 살펴보면, 웹 페이지에서 <table> 태그를 사용한 곳이 한 군데가 아님을 알 수 있습니다.

앞서 저장한 table_tag의 0번째 요소만 추출해 보겠습니다.

```
table_tag[0]
-------------------------------------------------------------------
<table border="1" data-ke-align="alignLeft" data-ke-style="style1"
style="border-collapse: collapse; width: 100%;">
<tbody>
<tr>
<td style="width: 33.3333%; text-align: center;">상품</td>
<td style="width: 33.3333%; text-align: center;">색상</td>
<td style="width: 33.3333%; text-align: center;">가격</td>
</tr>
…
(중략)
…
<td style="width: 33.3333%; text-align: center;">바지2</td>
<td style="width: 33.3333%; text-align: center;">파랑</td>
<td style="width: 33.3333%; text-align: center;">51000</td>
</tr>
</tbody>
</table>
```

0번째 요소만 추출하니 우리가 추출하려는 내용만 추출됩니다. table_tag의 0번째 요소에서 다시 <td> 태그의 내용만 불러오면 우리가 크롤링하려는 텍스트만 가져올 수 있습니다.

계속해서 다음 코드를 입력합니다.

```
table_tag01 = table_tag[0].find_all("td")
table_tag01
----------------------------------------------------------------
[<td style="width: 33.3333%; text-align: center;">상품</td>,
 <td style="width: 33.3333%; text-align: center;">색상</td>,
 <td style="width: 33.3333%; text-align: center;">가격</td>,
 <td style="width: 33.3333%; text-align: center;">셔츠1</td>,
 …
 (중략)
 …
 <td style="width: 33.3333%; text-align: center;">바지2</td>,
 <td style="width: 33.3333%; text-align: center;">파랑</td>,
 <td style="width: 33.3333%; text-align: center;">51000</td>]
```

반복문을 활용해 태그를 제거하고, table_tag01의 텍스트 요소만 출력하겠습니다. enumerate 함수는 2장에서 배웠듯이 텍스트 요소를 추출할 때 인덱스 번호도 함께 추출합니다. 리스트의 요소인 element에 text 메서드를 적용하면 태그를 제외하고 텍스트 내용만 추출합니다.

```
for idx, element in enumerate(table_tag01):
    print(idx, element.text)
---------------------------------------------
0 상품
1 색상
2 가격
3 셔츠1
```

```
…
(중략)
…
15 바지2
16 파랑
17 51000
```

방법 2 - <td> 태그 이용

앞선 실습에서는 먼저 <table> 태그가 쓰인 곳을 찾아 크롤링했습니다. 이번에 사용할 두 번째 방법은 <td> 태그를 활용하는 것입니다. 주피터 노트북에서 다음 코드를 입력해 웹 페이지에서 <td> 태그가 쓰인 곳의 웹 페이지 내용을 모두 불러옵니다.

```
table01 = bs_obj.find_all("td")
table01
----------------------------------------------------------------
[<td style="width: 33.3333%; text-align: center;">상품</td>,
 <td style="width: 33.3333%; text-align: center;">색상</td>,
 <td style="width: 33.3333%; text-align: center;">가격</td>,
 <td style="width: 33.3333%; text-align: center;">셔츠1</td>,
 <td style="width: 33.3333%; text-align: center;">빨강</td>,
 <td style="width: 33.3333%; text-align: center;">20000</td>,
 …
 (중략)
 …
 <td style="width: 33.3333%; text-align: center;">바지2</td>,
 <td style="width: 33.3333%; text-align: center;">파랑</td>,
 <td style="width: 33.3333%; text-align: center;">51000</td>,
 <td>
 00:12:35</td>,
 <td>
 2021.01.21</td>]
```

결과에서 보듯이 <td> 태그만 입력할 때도, 우리가 원하는 내용과 상관없는 것까지 모두 불러오므로 조건을 좀 더 상세히 입력해야 합니다. 이번에는 <td> 태그뿐만 아니라 속성과 속성값까지 모두 입력하겠습니다.

```
table = bs_obj.find_all("td", {"style":"width: 33.3333%; text-align: center;"})
table
--------------------------------------------------------------------------------
[<td style="width: 33.3333%; text-align: center;">상품</td>,
 <td style="width: 33.3333%; text-align: center;">색상</td>,
 <td style="width: 33.3333%; text-align: center;">가격</td>,
 <td style="width: 33.3333%; text-align: center;">셔츠1</td>,
 <td style="width: 33.3333%; text-align: center;">빨강</td>,
 <td style="width: 33.3333%; text-align: center;">20000</td>,
 …
 (중략)
 …
 <td style="width: 33.3333%; text-align: center;">바지2</td>,
 <td style="width: 33.3333%; text-align: center;">파랑</td>,
 <td style="width: 33.3333%; text-align: center;">51000</td>]
```

즉 style의 width(가로 길이)와 text-align(정렬)의 속성까지 지정했더니 원하는 결괏값을 얻게 되었습니다.

반복문을 이용해 태그를 제외한 표 안의 텍스트만 출력하겠습니다.

```
for idx, element in enumerate(table):
    print(idx, element.text)
-------------------------------------
0 상품
1 색상
2 가격
3 셔츠1
4 빨강
```

```
5 20000
…
(중략)
…
15 바지2
16 파랑
17 51000
```

목록 정보 크롤링

이번에는 목록에 있는 텍스트를 추출하겠습니다. 먼저 개발자 도구 창을 열어 해당 목록의 태그가 어떤 것인지 확인합니다.

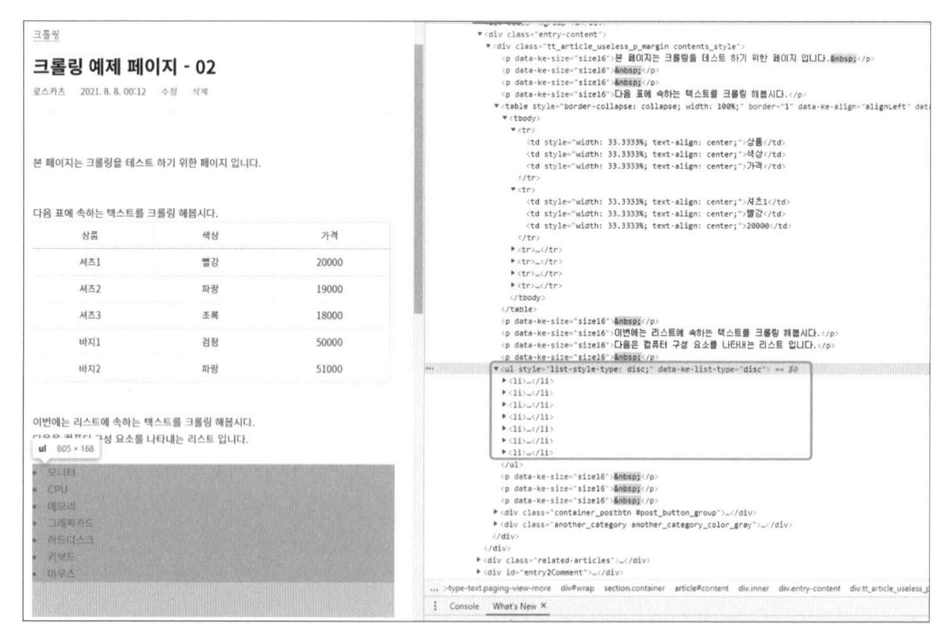

그림 4-13 목록 데이터 확인

[그림 4-13]과 같이 개발자 도구 창에서 목록에 해당하는 태그를 확인하면, 목록은 `<ul>` 태그를 사용하고, 각 목록의 세부 요소는 `<li>` 태그를 사용한다는 것을 알 수 있습니다.

잠시 멈춤 **목록을 만드는 태그들**

목록을 만드는 태그는 여러 가지가 있지만, 대표적으로 <ul>과 <ol>이 있습니다. <ul> 태그는 Unordered List의 약자로 순서가 필요 없는 목록을 만들 때 사용합니다. 주로 •으로 데이터 항목을 열거합니다. <ol> 태그는 Ordered List의 약자로 숫자나 알파벳을 이용해 순서가 있는 목록을 만들 때 사용합니다.

<li> 태그는 이들 목록 태그 내에서 데이터 항목을 지정할 때 사용합니다. <li> 태그는 주로 이들 목록 태그의 하위 태그로 사용되기 때문에 늘 함께 사용된다고 보면 됩니다.

먼저 <li> 태그를 사용해 데이터를 추출해 보겠습니다.

```
com_list = bs_obj.find_all("li")
com_list
--------------------------------------
[<li class="">
 <a class="link_tit" href="/category">
                  분류 전체보기
 …
 (중략)
 …
 </li>,
 <li>모니터</li>,
 <li>CPU</li>,
 <li>메모리</li>,
 <li>그래픽카드</li>,
 <li>하드디스크</li>,
 <li>키보드</li>,
 <li>마우스</li>,
 <li>
 <a href="/1?category=836119">
```

```
<span class="thum">
</span>
<span class="title">웹 크롤링의 세계에 오신 것을 환영합니다.</span>
</a>
</li>]
```

결과에서 보듯이 웹 페이지에서 <li> 태그가 쓰인 곳의 내용을 모두 출력합니다. 우리가 원하는 목록의 내용만 불러오는 게 아닙니다.

다음 코드와 같이 태그를 좀 더 세밀하게 입력해야 합니다. 우리가 원하는 목록만을 추출하기 위해서는 <li> 태그의 상위 태그인 <ul> 태그를 이용해야 합니다.

```
com_list01 = bs_obj.find_all("ul",{"style":"list-style-type: disc;"})
com_list01
----------------------------------------------------------------------
[<ul data-ke-list-type="disc" style="list-style-type: disc;">
<li>모니터</li>
<li>CPU</li>
<li>메모리</li>
<li>그래픽카드</li>
<li>하드디스크</li>
<li>키보드</li>
<li>마우스</li>
</ul>]
```

<li> 태그의 상위 태그인 <ul> 태그의 style 속성과 속성값까지 입력하면 우리가 원하는 내용을 바르게 추출할 수 있습니다.

우리가 원하는 내용은 리스트 com_list01의 0번째 요소입니다. com_list01의 0번째 요소에서 <li> 태그에 해당하는 내용만을 불러온 뒤, 반복문을 수행하면 크롤링하려는 내용을 모두 추출할 수 있습니다.

```
com_list02 = com_list01[0].find_all("li")
for idx, element in enumerate(com_list02):
   print(idx, element.text)
-----------------------------------------
0 모니터
1 CPU
2 메모리
3 그래픽카드
4 하드디스크
5 키보드
6 마우스
```

결과를 보면 크롤링하려는 목록의 내용을 모두 추출하였습니다.

웹 크롤링 허용 문제

지금까지 웹 크롤링의 기본 개념에 대해 알아보았는데, 한 가지 의문이 들 수 있습니다. 바로 웹 사이트의 데이터를 내 마음대로 크롤링해도 될까 하는 생각이 그것입니다.

모든 사이트에는 웹 크롤링 권한에 관해 명시한 페이지가 있습니다. 확인 방법은 간단합니다. 크롤링하려는 사이트 URL 끝에 robots.txt를 붙이면 크롤링 권한에 관한 내용을 볼 수 있습니다. robots.txt는 크롤링하는 데 필요한 규칙을 정리해 놓은 페이지입니다.

예를 들어, 내가 크롤링하려는 사이트가 구글이라면 웹 브라우저에 다음과 같이 입력합니다.

http://www.google.com/robots.txt

그러면 다음과 같은 결과가 나옵니다.

```
User-agent: *
Disallow: /search
Allow: /search/about
Allow: /search/static
Allow: /search/howsearchworks
Disallow: /sdch
Disallow: /groups
Disallow: /index.html?
Disallow: /?
Allow: /?hl=
Disallow: /?hl=*&
...(중략)

# AdsBot
User-agent: AdsBot-Google
Disallow: /maps/api/js/
Allow: /maps/api/js
Disallow: /maps/api/place/js/
Disallow: /maps/api/staticmap
Disallow: /maps/api/streetview

# Certain social media sites are whitelisted to allow crawlers to
access page markup when links to google.com/imgres* are shared. To
learn more, please contact images-robots-whitelist@google.com.
User-agent: Twitterbot
Allow: /imgres

User-agent: facebookexternalhit
Allow: /imgres

Sitemap: https://www.google.com/sitemap.xml
```

robots.txt 파일에는 웹 사이트에서 어떤 내용을 크롤링할 수 있고, 어떤 내용은 크롤링할 수 없는지 잘 정리해 두었습니다. 'Disallow'가 허용되지 않는 경로이며, 'Allow'는 크롤링을 허용하는 경로입니다. 무분별한 웹 크롤링은 웹 서버에 과부하 문제를 유발할 수 있으므로, 크롤링하기 전에 항상 robots.txt 파일을 확인하는 것이 좋습니다.

CHAPTER 05

꼭 알아야 할 웹 크롤링 방법 2 – 동적 웹 페이지

- 동적 웹 페이지가 무엇인지 알아봅니다.
- Selenium 라이브러리 활용 방법을 알아봅니다.

5장에서는 해외 축구 데이터를 웹 크롤링합니다. 크롤링하기에 앞서 동적 웹 페이지가 무엇인지 알아봅니다. 동적 웹 페이지는 정적 웹 페이지와 상대되는 개념입니다. 그리고 동적 웹 페이지를 크롤링하기 위해서는 셀레니움(Selenium) 라이브러리를 활용해야 합니다. 동적 웹 페이지와 Selenium 라이브러리를 활용해 웹 페이지의 내용을 추출하고, 추출한 데이터를 간단히 분석해 보겠습니다.

해외 축구 웹 사이트 둘러보기

이번 실습에서는 변동하는 웹 사이트를 대상으로 크롤링합니다. 4장에서도 실제 웹 사이트에 접속해 데이터를 불러왔지만, 4장의 웹 사이트는 교육용 웹 사이트로 특별히 제작되어 책을 보는 내내 특별한 변동 사항이 없습니다. 그러나 이번 실습부터 소개되는 사이트는 수시로 변동되는 사이트입니다. 책에서 제공하는 페이지 화면과 다를 수 있다는 점을 미리 알아두길 바랍니다.

해외 축구 데이터 웹 크롤링 프로세스

실습에서는 해외 축구 데이터를 제공하는 웹 사이트에 접속해 승패 데이터를 추출한 후, 특정 해외 축구 클럽팀의 최근 10경기의 승패를 기록하고 분석합니다. [그림 5-1]은 해외 축구 데이터 크롤링의 전체 프로세스를 보여주는 그림입니다.

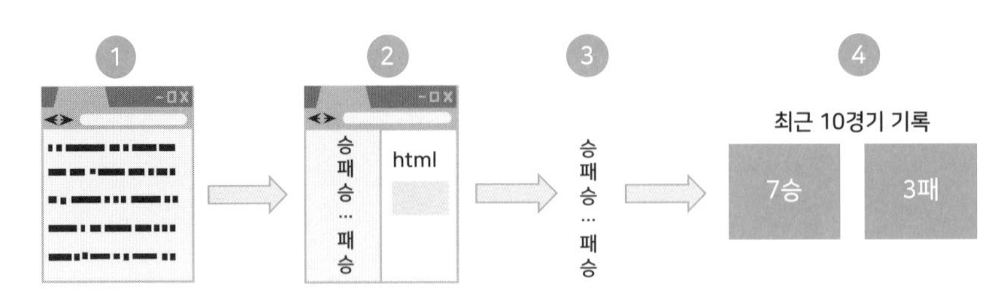

그림 5-1 해외 축구 데이터 웹 크롤링 과정

1. 크롤링하려는 웹 사이트에 접속합니다.
2. 분석하려는 팀의 승패 기록을 알 수 있는 페이지를 찾고, 페이지 분석을 통해 어떤 태그와 속성들이 사용됐는지 파악합니다.
3. 파이썬을 이용해 승패 기록을 추출합니다.
4. 추출한 데이터를 기반으로 분석 팀의 10경기 승패 기록을 계산합니다.

스포츠 기록 사이트 접속

이번 실습의 목표는 잉글랜드 축구 리그인 프리미어리그에서 한때 박지성 선수가 뛰기도 했던 맨체스터 유나이티드 팀의 최근 10경기 기록을 모아 분석하는 것입니다. 다음 URL에 접속합니다.

https://www.livesport.com/

위 주소는 스코어보드라는 웹 사이트인데, 세계 각국의 스포츠 결과를 확인할 수 있습니다. 스코어보드 홈페이지에 접속하면 [그림 5-2]와 같은 웹 페이지가 나옵니다(만약 크롬에서 자동 한글 번역 옵션 기능을 활성화했다면 사이트가 한글로 보입니다).

스코어보드 홈페이지 왼쪽 메뉴에서 [Premier League]를 클릭합니다.

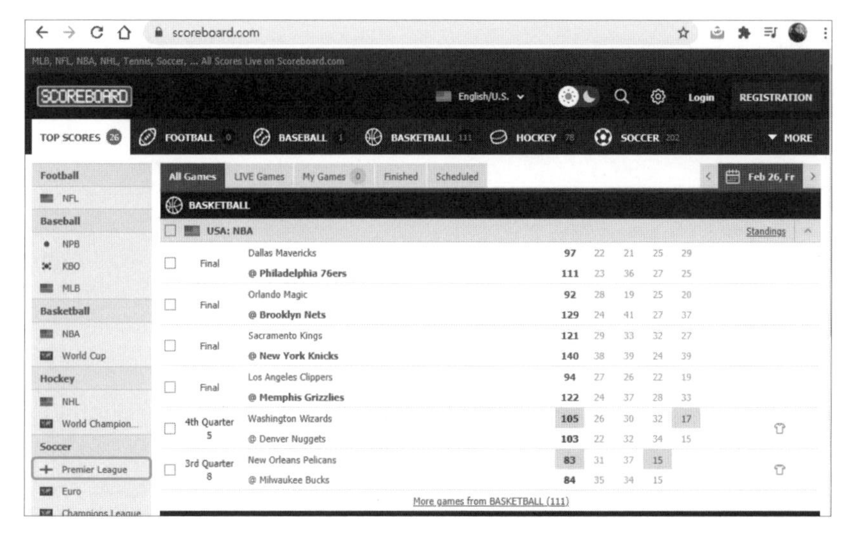

그림 5-2 스코어보드 홈페이지

Premier League 페이지가 나옵니다.

Premier League 페이지에서 아래로 스크롤하면 하단에 순위 테이블이 나옵니다. 여기서 원하는 팀을 선택합니다.

이 책에서는 맨체스터 유나이티드 팀을 선택합니다.

scoreboard.com/soccer/england/premier-league/

Standings | Form | Totals | HT/FT | Top Scorers

Overall | Home | Away

#	Team	GP	W	T	L	G	Pts	Form
1.	Manchester City	25	18	5	2	50:15	59	? W W W W W
2.	Manchester Utd	25	14	7	4	53:32	49	? W T T W T
3.	Leicester	25	15	4	6	44:27	49	? W W T W L
4.	West Ham	25	13	6	6	39:29	45	? W W T W L
5.	Chelsea	25	12	7	6	41:25	43	? T W W W W

그림 5-3 [순위] 테이블에서 원하는 팀 선택

맨체스터 유나이티드 팀에 대한 상세 기록 페이지가 나옵니다(*url: https://www.livesport.com/team/manchester-united/ppjDR086/*). 상세 기록 페이지에서는 맨체스터 유나이티드 팀의 최근 10경기 결과를 보여줍니다.

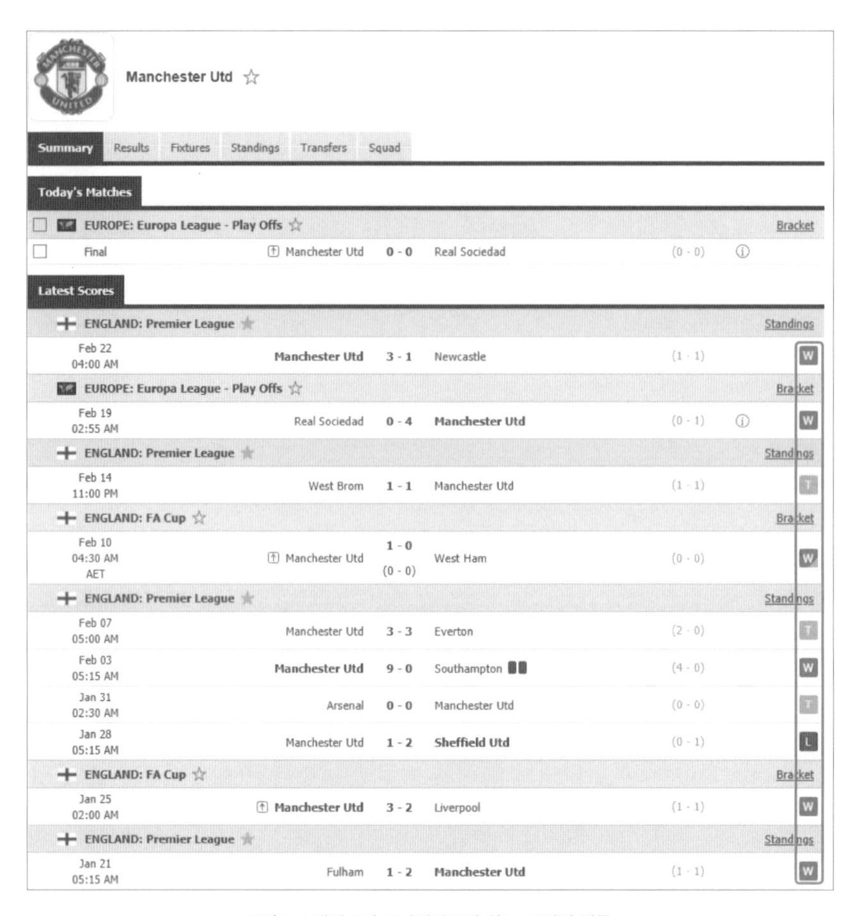

그림 5-4 맨체스터 유나이티드의 최근 10경기 기록

상세 기록 테이블에서 우리가 추출하고 싶은 정보는 [그림 5-4]의 오른쪽, 즉 경기 결과의 가장 오른쪽에 위치한 승패 기록 아이콘입니다. 여기서는 해당 팀이 이기면 W, 비기면 T, 지면 L로 아이콘 표시가 되어 있습니다. 따라서 해당 아이콘을 크롤링하면 최근 10경기의 승패 기록을 가져올 수 있습니다. 웹 페이지를 보면 맨체스터 유나이티드의 최근 10경기 기록은 6승 3무 1패라는 것을 알 수 있습니다.

잠시 멈춤 **웹 페이지가 바뀌면 어떻게 하나요?**

웹 페이지는 2021년 2월 맨체스터 유나이티드 팀의 최근 10경기 기록입니다. 이 책이 출간되는 시점에는 아마도 해당 기록 내용이 많이 달라져 있을 겁니다. 하지만 최근 10경기 기록이라는 점과 승패의 원리는 동일합니다. 따라서 이 책에서 소개하는 웹 크롤링 방법대로 차분히 따라 한다면, 최근 기록이 다르다 할지라도 원하는 형태의 정보를 얻을 수 있습니다. 한편 웹 사이트에서 크롤링 코드를 완성해 원하는 정보를 얻는다 하더라도, 그 코드를 영구적으로 사용할 수 있는 것은 아니라는 점도 알고 있어야 합니다. 왜냐하면 시간이 지남에 따라 웹 사이트가 자체적으로 웹 페이지의 내용을 변경할 수 있기 때문입니다. 웹 페이지가 변경되면 페이지의 전체적인 구조, 사용 태그, 속성도 달라집니다. 따라서 웹 페이지가 변경되면 기존의 크롤링 코드는 작동하지 않게 되며, 코드의 수정 역시 불가피해집니다.

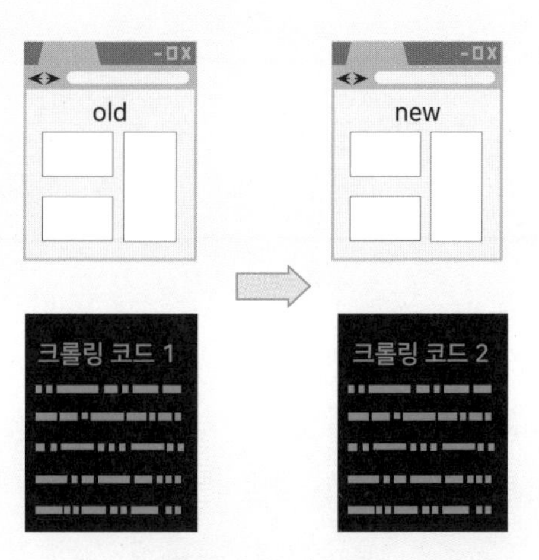

그림 5-5 사이트 변경 대응

따라서 이 책으로 크롤링을 학습할 때, 완성한 크롤링 코드가 영구적일 것이라고 기대해서는 안 됩니다. 웹 페이지는 다음에 얼마든지 변경될 수 있기 때문입니다. 코드는 늘 융통성 있게 변경할 수 있다는 것을 생각하면서, 변하지 않는 크롤링의 원리와 개념 위주로 공부해 가기를 바랍니다.

웹 페이지에서 소스 코드 확인하기

맨체스터 유나이티드 팀의 최근 경기 기록을 담은 상세 기록 페이지에서 승패 기록을 추출하기 위해 이 페이지를 분석해 보겠습니다.

키보드의 F12 키를 눌러 개발자 도구 창을 엽니다. [그림 5-6]처럼 ❶번에서 선택 아이콘을 클릭하고, ❷번에서는 크롤링하려는 아이콘을 클릭합니다.

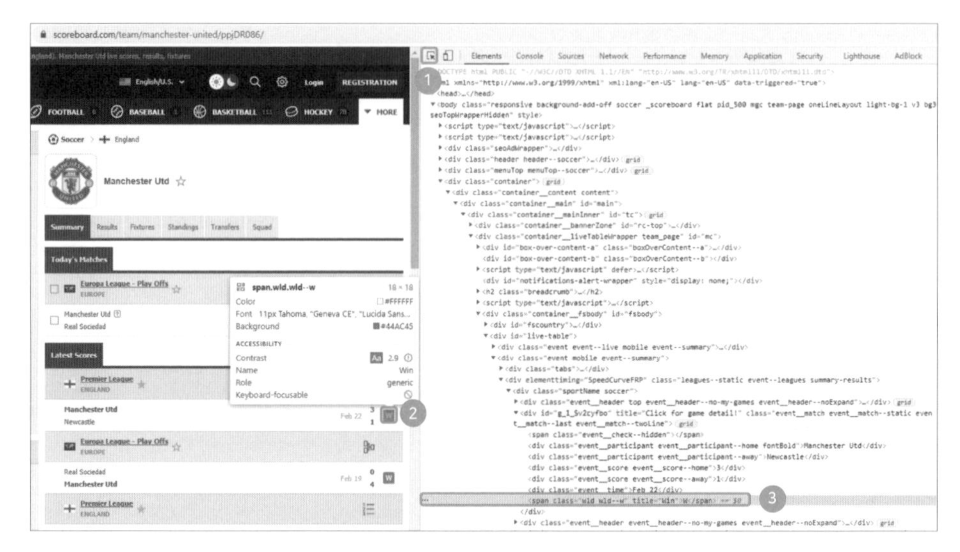

그림 5-6 소스 확인

승패 기록 아이콘에 해당하는 html 코드를 개발자 도구 창에서 확인할 수 있습니다. 해당 아이콘은 `<span>` 태그를 사용하고, 속성은 `class`, 속성값은 `"wld wld-w"`입니다. `class` 속성은 태그를 그룹으로 묶을 때 주로 사용합니다. `class` 속성을 사용하면, `class` 그룹에 속한 요소들에 동일한 스타일을 한 번에 적용할 수 있습니다.

주피터 노트북을 실행합니다. 먼저 크롤링에 필요한 라이브러리 함수를 불러옵니다.

```
from urllib.request import urlopen
from bs4 import BeautifulSoup
```

계속해서 크롤링하려는 페이지를 불러오겠습니다.

```
url = "https://www.livesport.com/team/manchester-united/ppjDR086/"  ❶
html = urlopen(url)                                                 ❷
bs_obj01 = BeautifulSoup(html, "html.parser")                       ❸
win01 = bs_obj01.find_all("span", {"class":"wld wld--w"})           ❹
win01                                                               ❺
-----------------------------------------------------------------------
[]
```

❶ 먼저 URL을 입력합니다. 맨체스터 유나이티드 상세 페이지의 URL 주소를 복사해 입력하면 됩니다.

❷ urlopen 함수를 이용해 html 코드를 불러옵니다.

❸ BeautufulSoup을 이용해 파싱합니다.

❹ <span> 태그에서 class 속성이 "wld wld–w"인 데이터를 가져옵니다.

❺ 결과를 확인합니다.

그런데 결과가 이상합니다. 아무런 값도 갖고 오지 않습니다. 어째서일까요? 원인을 파악하기 위해 bs_obj01 객체도 확인해 보겠습니다.

```
bs_obj01
-------------------
(중략)
<div class="sk__r">
<div></div>
<div></div>
<div></div>
```

```
<div></div>
</div>
```

파싱한 결과를 보니 <div> 태그의 내용이 모두 비어 있습니다. 이 HTML 문서에서 <div> 태그는 <span> 태그의 상위 태그인데, 비어 있는 것을 보니 <div> 태그 전체를 가져오지 못한 것으로 보입니다.

동적 웹 페이지 다루기

앞 절에서 우리는 이전에 배운 방법대로 웹 페이지를 크롤링하고 파싱했습니다. 그런데도 웹 페이지에서 html 코드를 제대로 불러오지 못했습니다. 분명 크롬 개발자 도구 창에서 해당 웹 페이지의 승패 기록 코드를 확인했습니다. 어떻게 된 일일까요?

사실 크롬 개발자 도구 창에서 보여준 것은 동적 웹 페이지까지 모두 해석한 결과입니다. 그런데 우리가 불러온 html 코드에는 원하는 승패 데이터가 없습니다.

이 문제를 해결하기 위해서는 우리가 동적 웹 페이지의 개념을 이해해야 하며 Selenium(셀레니움)이라는 도구도 다룰 줄 알아야 합니다.

정적 웹 페이지 vs 동적 웹 페이지

웹 페이지는 크게 정적 웹 페이지(Static Web Page)와 동적 웹 페이지(Dynamic Web Page)로 나눌 수 있습니다.

정적 웹 페이지는 웹 서버에 미리 저장된 HTML 파일, 이미지 등을 말합니다. 클라이언트가 요청하면 언제든지 이 페이지를 그대로 전송합니다. 정적 웹 페이지는 시간이 지나도 변하지 않습니다. 그래서 언제 어떤 사람이 접속해도 늘 동일한 내용만을 보여줍니다.

[그림 5-7]은 정적 웹 페이지의 개념을 보여주고 있습니다.

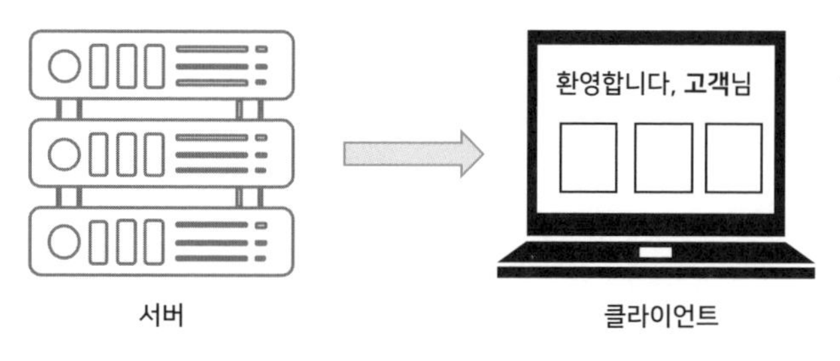

그림 5-7 정적 웹 페이지

정적 웹 페이지는 서버에 존재하는 파일을 클라이언트에게 그대로 보여주므로, 시간, 상황과 관계없이 언제나 똑같은 페이지의 모습을 보여줍니다.

반면 동적 웹 페이지는 웹 서버가 데이터를 생성하거나 가공하여 전달해주는 웹 페이지입니다. 이 페이지는 시간이 경과함에 따라 또는 접속하는 사람이 누구인지에 따라 얼마든지 달라질 수 있습니다.

예를 들어, [그림 5-8]과 같이 '길동'이라는 이름의 고객이 웹 사이트를 방문하면, 서버는 데이터베이스에서 '길동' 고객에 대한 정보를 추출해 웹 페이지에 뿌려줍니다. 따라서 등록 고객 중 누가 접속했느냐에 따라 출력 페이지의 모습은 달라집니다.

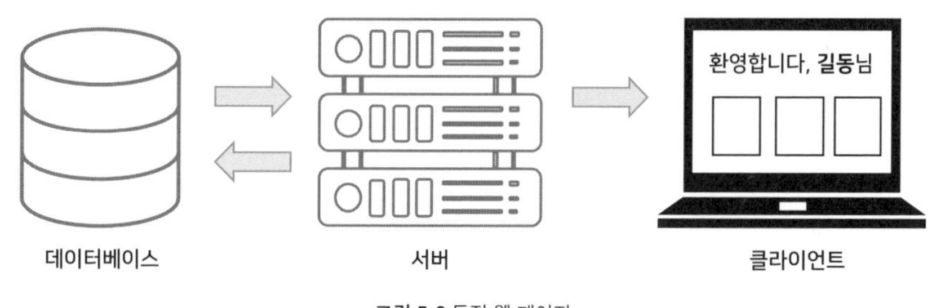

그림 5-8 동적 웹 페이지

초기 인터넷에서는 정적 웹 페이지가 주를 이루었지만, 시간이 지남에 따라 점차 동적 웹 페이지가 널리 사용되었습니다. 현재 우리가 접하는 대다수 웹 페이지는 동적 웹 페이지입니다. 검색 포털 사이트나 뉴스, 날씨, 쇼핑 등과 같은 콘텐츠를 다루는 사이트를 보면 웹 페이지가 수시로 변한다는 것을 알 수 있습니다.

[그림 5-9]에서는 크롬 브라우저의 개발자 도구 창(위쪽 그림)과 웹 페이지에서 마우스 오른쪽 버튼을 눌러 나오는 단축 메뉴에서, [페이지 소스 보기]를 클릭했을 때 나오는 페이지(아래쪽 그림)를 나열했습니다.

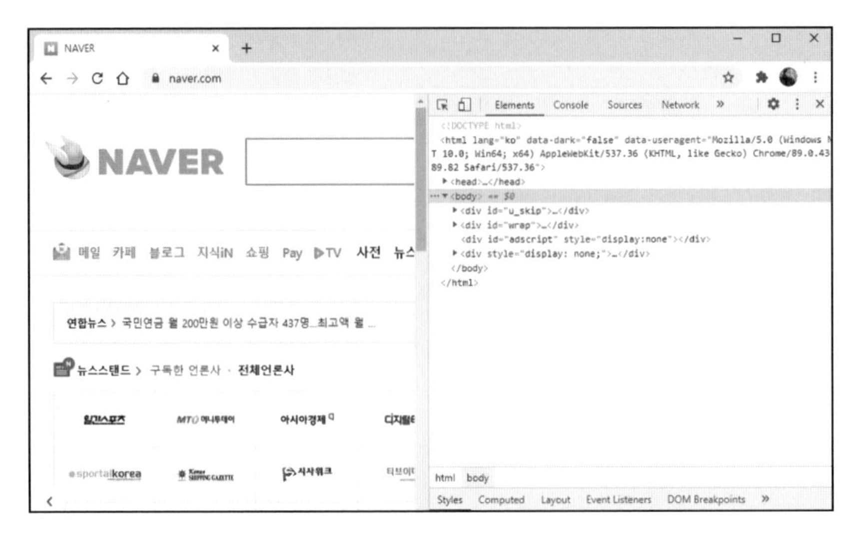

그림 5-9 개발자 모드(위쪽), 페이지 소스(아래쪽)

이 둘의 차이점은 무엇일까요? 아래쪽 [페이지 소스 보기]에 나오는 html 코드는 웹 서버에서 최초로 전달받은 내용 그대로를 보여주고 있습니다. 반면 위쪽 개발자 도구 창에서는 기존 html 코드를 새롭게 가공한 후의 내용까지 모두 보여줍니다. 즉, 앞에서 우리가 `BeautifulSoup`를 이용해 파싱했을 때는 서버에서 최초로 전달받은 내용만을 파싱한 것이므로, 가공 이후의 내용은 반영되지 않았습니다.

이 사실을 염두에 두고 크롤링하려는 웹 페이지에서 [페이지 소스 보기]를 통해 나오는 html 코드를 천천히 확인해 봅시다. [그림 5-10]처럼 웹 사이트에 접속한 후, 웹 페이지 빈 곳에서 마우스 오른쪽 버튼을 누르고, 나오는 단축 메뉴에서 [페이지 소스 보기]를 클릭합니다.

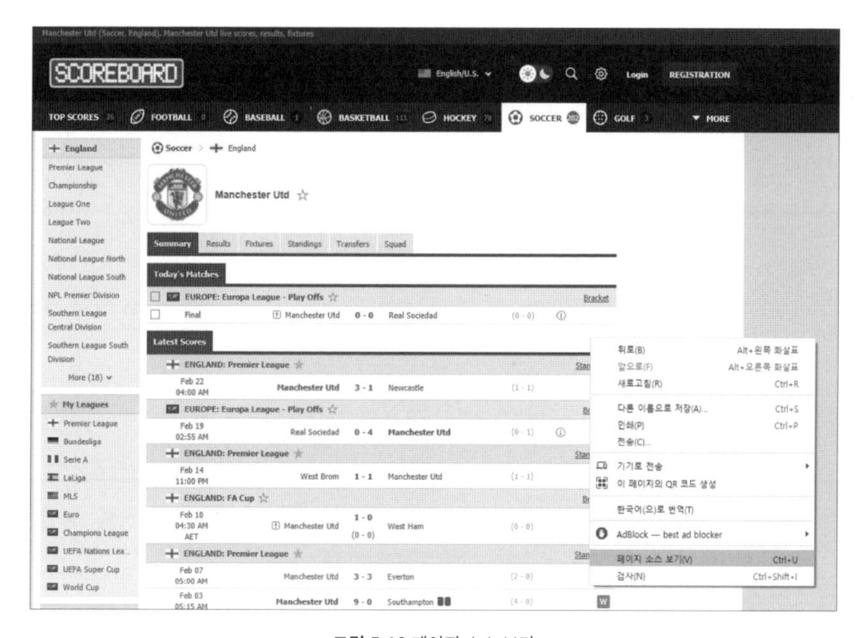

그림 5-10 페이지 소스 보기

[그림 5-11]과 같이 웹 페이지의 html 코드를 확인할 수 있습니다. 페이지 소스 페이지에서 ctrl+F 키(원하는 문자열을 찾기 위한 단축키)를 누르고, 승패 기록에 대한 속성값인 `wld wld`를 입력해 코드를 검색합니다.

view-source:https://www.scoreboard.com/team/manchester-united/ppjDR086/

wld wld 0/0

```
803     <div class="sk__r">
804         <div></div>
805         <div></div>
806         <div></div>
807         <div></div>
808     </div>
809     <div class="sk__r">
810         <div></div>
811         <div></div>
812         <div></div>
813         <div></div>
814     </div>
815     <div class="sk__r sk__r--a">
816         <div></div>
817         <div></div>
818         <div></div>
819         <div></div>
```

그림 5-11 페이지 소스 상세

검색 결과가 존재하지 않는다는 것을 알 수 있습니다. 이렇듯 페이지 소스를 검색해서는 찾을 수 없는 html 코드들이 바로 동적 웹 페이지 코드들입니다. 이 내용을 가져오기 위해서는 별도의 도구를 이용해 처리해야 합니다. 즉, `BeautifulSoup` 라이브러리만으로는 해당 내용을 추출할 수 없습니다.

이 문제를 해결하기 위해 웹 크롤링에서는 `Selenium`(셀레니움)을 사용합니다.

Selenium 사용 준비

`Selenium`은 원래 웹 테스트 자동화 프레임워크였습니다. 개발한 웹 애플리케이션이 특정 브라우저에서 잘 작동하는지 확인하기 위해 `Selenium`을 사용하였습니다. `Selenium`을 사용하면 완전한 형태의 웹 페이지 소스를 볼 수 있기 때문에, 동적 웹 페이지를 크롤링할 때 유용합니다.

`Selenium`을 사용하려면 우선 사용 중인 웹 브라우저의 드라이버 파일을 다운로드해야 합니다. 우리는 크롬 브라우저로 실습하고 있으므로 크롬 드라이버 파일을 다운로드하겠습니다.

크롬 브라우저의 주소표시줄에 '*chrome://version/*'이라고 입력하여 자신의 크롬 버전을 확인합니다.

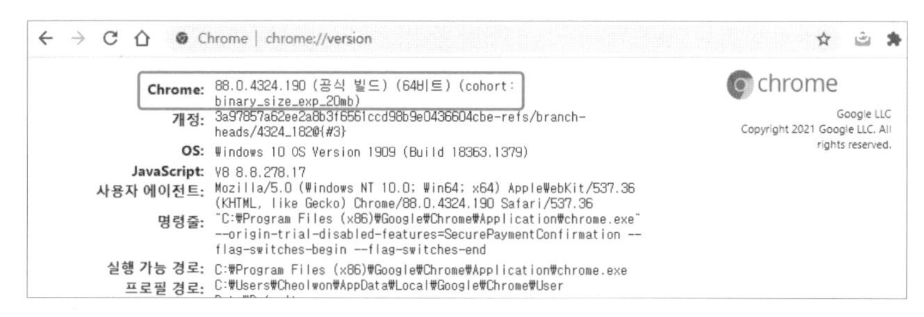

그림 5-12 크롬 버전 확인

필자는 88 버전을 사용하고 있습니다.

자신의 크롬 버전을 확인했다면, 버전에 맞는 드라이버를 다운로드해야 합니다. 다음 URL로 접속합니다.

https://sites.google.com/a/chromium.org/chromedriver/downloads

ChromeDriver – WebDriver for Chrome 페이지가 나옵니다. [그림 5-13]과 같이 자신의 크롬 웹 브라우저 버전에 맞는 드라이버를 찾아 클릭합니다.

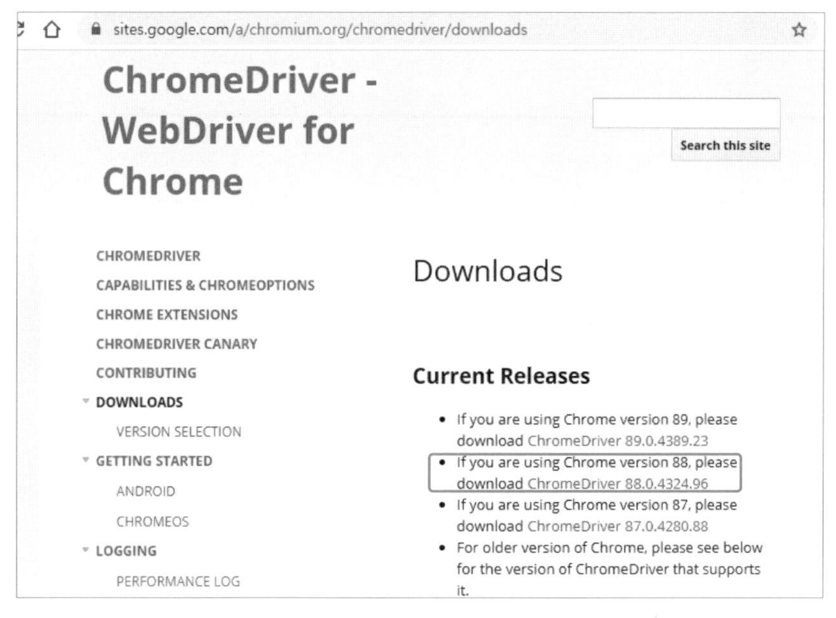

그림 5-13 크롬 드라이버 다운로드

계속해서 자신의 운영체제에 맞는 드라이버를 다운로드해야 합니다.

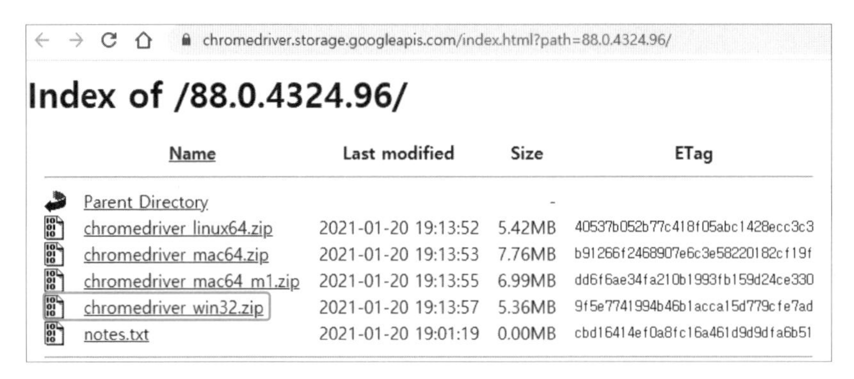

그림 5-14 운영체제 확인

필자는 윈도우 운영체제를 사용하고 있으므로 chromedriver_win32.zip을 다운로드하였습니다.

Selenium 라이브러리에서 크롬 웹 드라이버를 사용하기 위해서는 다운받은 드라이버 파일의 위치를 정확히 알고 있어야 합니다. 자신이 다운로드한 경로로 이동하면, 다운받은 압축 파일을 볼 수 있습니다. 해당 파일의 압축을 풀면 chromedriver.exe가 나옵니다. 해당 파일을 마우스 오른쪽 버튼으로 선택한 다음, 나오는 단축 메뉴에서 [속성]을 클릭하면 이 파일의 위치를 알 수 있습니다.

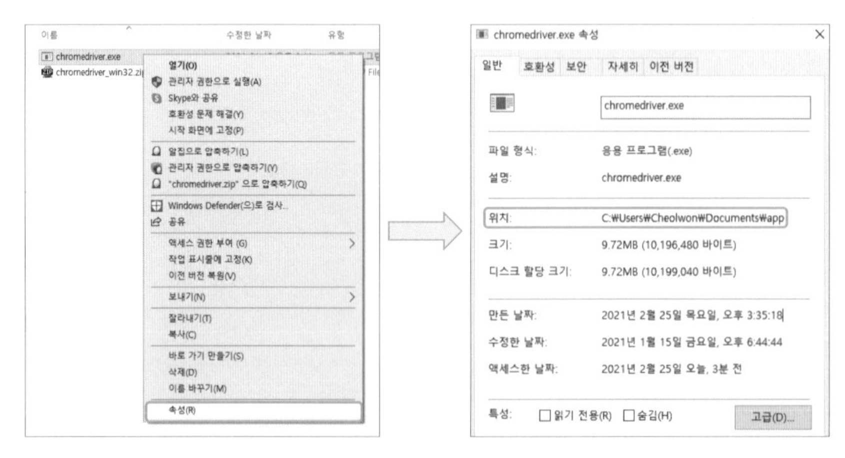

그림 5-15 드라이버 파일의 위치 확인

Selenium으로 실습하기

이제 동적 웹 페이지를 불러올 수 있는 준비를 모두 마쳤습니다. 크롬 드라이버를 다운로드했다면, 이제 동적 웹 페이지가 포함된 페이지도 얼마든지 크롤링할 수 있습니다.

동적 웹 페이지 불러오기

앞서 다운로드한 크롬 드라이버 파일의 경로를 기억하면서, 주피터 노트북을 실행합니다. 계속해서 다음 코드를 입력합니다.

```
from selenium import webdriver
```

Selenium 라이브러리에서 webdriver 함수를 불러옵니다.

다운받은 크롬 드라이버를 사용하기 위해 다음 코드를 입력합니다.

```
driver = webdriver.Chrome('C:/Users/Cheolwon/Documents/app/
chromedriver.exe')
```

webdriver의 Chrome 메서드에 앞서 설치했던 크롬 드라이버의 경로를 입력합니다. 파일 경로를 입력할 때 주의할 점은, 드라이버가 속한 경로에 한글이 없어야 한다는 점입니다. 한글이 포함된 경로가 있으면 접속이 불가능합니다. 그리고 폴더를 구분할 때는 반드시 슬래시(/)로 구분해 주어야 합니다(필자의 컴퓨터 계정명은 Cheolwon이라서 경로상에 Cheolwon이라는 폴더가 포함되지만 여러분의 경로는 저와 다르다는 점에 주의하세요).

코드를 실행하면 [그림 5-16]과 같이 빈 페이지가 하나 생성됩니다. 앞으로 이 빈 페이지에서 동적 웹 페이지를 불러올 예정입니다.

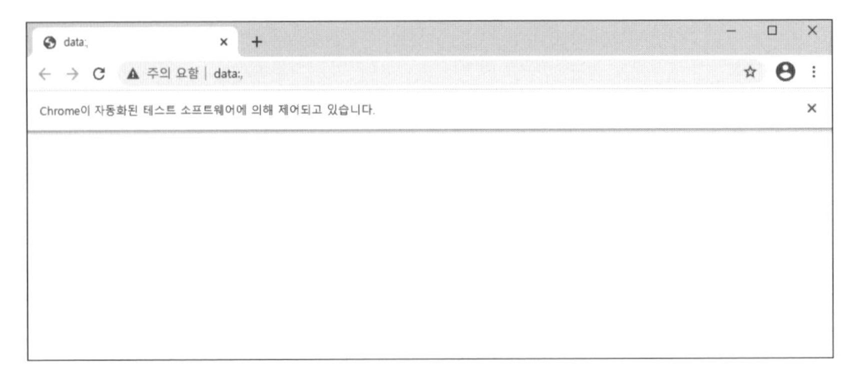

그림 5-16 드라이버 실행 페이지

이전에 크롤링하려다 실패했던 맨체스터 유나이티드 팀의 상세 기록 페이지를 다시 불러오겠습니다. 다음 코드를 입력합니다.

```
driver.implicitly_wait(3)
driver.get("https://www.livesport.com/team/manchester-united/
ppjDR086/")
```

먼저 페이지가 로드될 때까지 기다리기 위해 implicitly_wait 메서드를 사용합니다. 이때의 3은 3초를 의미합니다. 그리고 get 메서드에 원하는 페이지 주소를 입력하면 해당 페이지를 불러옵니다. 코드를 실행하면 앞서 만들었던 빈 페이지에 우리가 크롤링하려는 페이지가 로드됩니다.

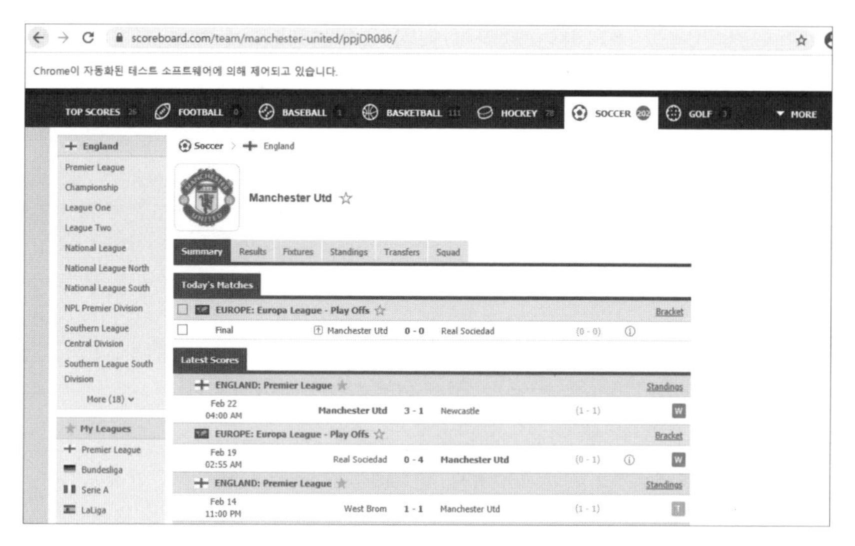

그림 5-17 페이지 로드

페이지 파싱을 위해 BeautifulSoup 함수를 불러옵니다.

```
from bs4 import BeautifulSoup
```

page_source 메서드를 이용하면 불러온 페이지의 html 코드를 저장할 수 있습니다.

```
page = driver.page_source
```

페이지의 html 코드를 저장한 page 변수를 BeautifulSoup으로 파싱합니다.

```
bs_obj = BeautifulSoup(page, "html.parser")
bs_obj
-----------------------------------------------------------------
...(중략)
(1 - 1)</div><span class="wld wld--w" title="Win">W</span></div>
...(중략)
```

결과를 보면 처음 결과와는 달리 우리가 원하는 내용이 모두 나오고 있습니다.

승패 기록 페이지 크롤링하고 분석하기

동적 웹 페이지의 데이터를 정상적으로 가져옵니다. 이제 승패 기록 데이터를 종류별로 가져와 맨체스터 유나이티드 팀의 최근 10경기 승패 기록을 분석하겠습니다.

<span> 태그에서 class 속성이 "wld wld--w"인 데이터를 모두 가져오겠습니다. 이것은 최근 10경기에서 승리한 경기들에 대한 데이터입니다.

```
win = bs_obj.find_all("span", {"class":"wld wld--w"})
win
-------------------------------------------------------
[<span class="wld wld--w" title="Win">W</span>,
 <span class="wld wld--w">W</span>,
 <span class="wld wld--w">W</span>,
 <span class="wld wld--w">W</span>,
 <span class="wld wld--w">W</span>]
```

총 5개의 데이터를 볼 수 있습니다. 그런데 홈페이지에서 확인한 바로는 맨체스터 유나이티드 팀은 최근 10경기에서 6승이었는데, 왜 승리의 결괏값으로 5개만 불러왔을까요? 그것은 정규 시간(90분) 외의 승리가 있기 때문입니다. 즉, 연장전 또는 승부차기에 의해 승리한 경우가 있으며, 같은 승리이지만 따로 분류하는 것 같습니다.

그렇다면 정규 시간 외의 승리가 있는 경우를 살펴보겠습니다.

```
tiewin = bs_obj.find_all("span", {"class":"wld wld--wo"})
tiewin
-----------------------------------------------------------
[<span class="wld wld--wo">W</span>]
```

정규 시간 외에 승리한 경우에는 class 속성값을 "wld wld--wo"로 따로 분류했습니다. 따라서 속성값을 "wld wld--wo"로 입력해야 제대로 된 결괏값이 나옵니다.

다음은 비긴 경우를 크롤링해 보겠습니다.

```
draw = bs_obj.find_all("span", {"class":"wld wld--d"})
draw
------------------------------------------------------
[<span class="wld wld--d">T</span>,
 <span class="wld wld--d">T</span>,
 <span class="wld wld--d">T</span>]
```

가져온 결과를 보면 비겼을 때는 클래스의 속성값을 "wld wld--d"로 분류합니다. 총 3개의 결과가 나옵니다.

다음은 경기에서 패한 경우입니다.

```
lose = bs_obj.find_all("span", {"class":"wld wld--l"})
lose
------------------------------------------------------
[<span class="wld wld--l">L</span>]
```

패배했을 때의 클래스 속성값은 "wld wld-l"입니다. 결과를 확인하면 패배한 경우가 한 건 있습니다.

승리 때처럼 정규 시간 외의 패배는 따로 분류합니다.

```
tielose = bs_obj.find_all("span", {"class":"wld wld--lo"})
tielose
----------------------------------------------------------
[]
```

이때는 클래스 속성값이 "wld wld-lo"로 지정되어 있습니다. 맨체스터 유나이티드 팀의 경우 최근 10경기에서 정규 시간 이외에 패한 경우는 없으므로 결괏값 역시 없습니다.

승패에 대한 기록을 모두 모았으므로 이를 정리해 보겠습니다.

```
n_win = len(win) + len(tiewin)
n_draw = len(draw)
n_lose = len(lose) + len(tielose)
print(n_win)
print(n_draw)
print(n_lose)
--------------------------------
6
3
1
```

최근 10경기에서 승리한 경기 수는 win 값에다 tiewin 값을 더하면 됩니다. 이를 위해서는 각 변수의 길이(len 함수)를 더해 구하면 승리한 경기 수를 알 수 있습니다. 비긴 경우는 draw 변수의 길이를 구하면 됩니다. 그리고 패배한 경기 수는 lose 변수와 tielose 변수의 길이를 더하면 계산할 수 있습니다. 결과를 확인하면 6승 3무 1패라는 것을 알 수 있습니다.

이번에는 단순히 승패 기록을 넘어 승, 무, 패 가운데 가장 높은 수치를 기록하는 항목은 무엇인지 알아보겠습니다. 먼저 승, 무, 패에 대한 변수를 딕셔너리 자료형 형태로 저장하고 report라고 이름 짓겠습니다.

```
report ={'win': n_win, 'draw': n_draw, 'lose' : n_lose}
report
------------------------------------------------------
{'win': 6, 'draw': 3, 'lose': 1}
```

딕셔너리 report의 값(value) 중에서 가장 큰 값을 max_n으로 저장하고, 딕셔너리의 키값을 모두 불러오겠습니다. .

```
max_n = max(report.values())
report.keys()
-----------------------------------
dict_keys(['win', 'draw', 'lose'])
```

딕셔너리 report의 키값을 확인해보면 win, draw, lose임을 알 수 있습니다.

마지막으로 딕셔너리 report를 이용해 반복문을 수행합니다. 딕셔너리를 대상으로 for 문을 사용하면 key를 차례대로 검색합니다. 코드는 반복문 내에서 딕셔너리의 key에 해당하는 value 값이 max_n과 같다면 해당 키값을 출력하게 됩니다.

```
for key in report:
    if(report[key]==max_n):
        print(key)
--------------------------
win
```

앞서 최댓값 max_n은 6이었으므로, value=6에 해당하는 key는 win입니다. 따라서 맨체스터 유나이티드 팀은 최근 10경기에서 승리하는 경우가 많았다는 것을 알 수 있습니다.

전체 코드

```
from selenium import webdriver
from urllib.request import urlopen
from bs4 import BeautifulSoup

driver = webdriver.Chrome('C:/Users/Cheolwon/Documents/app/
```

```
chromedriver.exe')
driver.implicitly_wait(3)
driver.get("https://www.livesport.com/team/manchester-united/ppjDR086/")

page = driver.page_source
bs_obj = BeautifulSoup(page, "html.parser")

win = bs_obj.find_all("span", {"class":"wld wld--w"})
tiewin = bs_obj.find_all("span", {"class":"wld wld--wo"})
draw = bs_obj.find_all("span", {"class":"wld wld--d"})
lose = bs_obj.find_all("span", {"class":"wld wld--l"})
tielose = bs_obj.find_all("span", {"class":"wld wld--lo"})

n_win = len(win) + len(tiewin)
n_draw = len(draw)
n_lose = len(lose) + len(tielose)

report ={'win': n_win, 'draw': n_draw, 'lose' : n_lose}
max_n = max(report.values())

for key in report:
   if(report[key]==max_n):
       print(key)
```

CHAPTER 06

꼭 알아야 할 웹 크롤링 방법 3 – API

- 오픈 API가 무엇인지 알아봅니다.
- 실제로 공공 API를 사용해 봅니다.
- 파이썬으로 이들 API 서비스를 어떻게 다루는지 살펴봅니다.

웹 크롤링을 하다 보면 일부 웹 사이트에서는 크롤링이 불가능하다는 것을 알게 됩니다. 왜냐하면 지나치게 많은 사람이 크롤링하면 웹 사이트에 과부하가 생기기 때문에 이를 방지하는 차원에서 크롤링을 못하게 막는 경우가 있기 때문입니다. 대신 웹 사이트에서는 오픈 API라는 기술을 활용해 사용자가 원하는 정보를 얻을 수 있게 도와주는 경우도 있습니다. 6장에서는 이런 오픈 API를 활용해 부동산 데이터를 크롤링합니다.

오픈 API로 부동산 데이터 크롤링하기

오픈 API를 활용해 부동산 데이터를 크롤링해 보겠습니다. [그림 6-1]은 오픈 API를 활용해 부동산 데이터를 크롤링하는 프로세스를 시각적으로 보여주고 있습니다.

그림 6-1 부동산 데이터 크롤링 과정

❶ API를 제공하는 웹 사이트에 접속합니다.

❷ 회원 가입을 하고 API 사용 권한을 신청합니다.

❸ 권한 신청이 완료되면 API를 이용해 파이썬으로 부동산 데이터를 요청합니다. 응답받은 데이터가 우리가 원하는 데이터인지 확인합니다.

API란?

API란 애플리케이션 프로그래밍 인터페이스(Application Programming Interface)의 줄임말입니다. API의 사전적 정의는 운영체제나 프로그래밍 언어가 제공하는 기능을, 응용 프로그램에서 사용 또는 제어할 수 있도록 만든 인터페이스라는 뜻입니다. 하지만 이 정의만으로는 다소 이해하기 어려울 수 있습니다.

API를 좀 더 쉽게 이해할 수 있도록 일상생활의 한 단면을 비유해 설명해 보겠습니다.

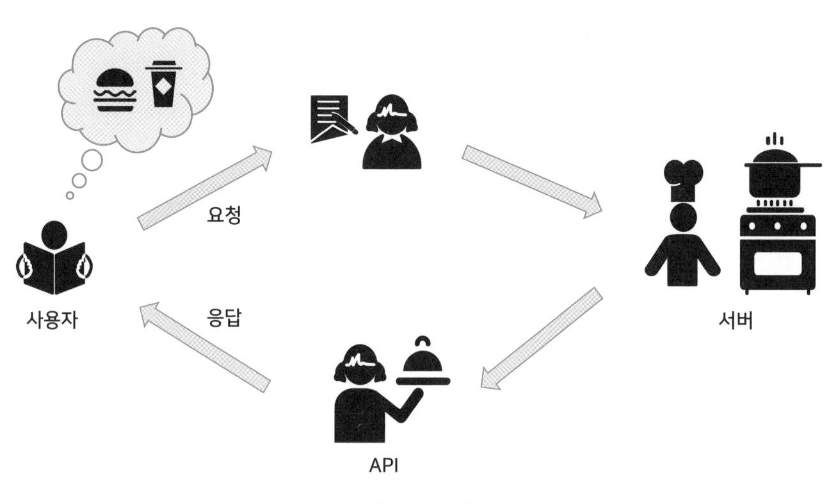

그림 6-2 API 개념

식당에서 손님이 음식을 주문하는 상황을 생각해 보겠습니다. 손님이 원하는 음식을 주문하고 받기까지 '손님 - 종업원 - 요리사'의 관계가 존재합니다. 손님은 종업원에게 주문하고 종업원은 요리사에게 음식을 요청합니다. 요리사는 주문받은 음식을 요리합니다. 요리가 완성되면 요리사는 종업원에게 요리를 건네주고, 종업원은 다시 손님에게 요리를 전달합니다.

이때 중요한 것은 종업원이 손님과 요리사의 주문 경로를 이어준다는 것입니다. 종업원이 둘 사이를 연결해주기 때문에 손님은 요리사에게 직접 주문하지 않아도 되고, 요리사도 손님에게 직접 음식을 전달하지 않습니다. 손님과 요리사 사이의 소통은 종업원을 통해 이루어집니다.

위 예에서 종업원에 해당하는 것이 API라고 할 수 있습니다. 사용자가 API에 원하는 데이터를 요청하면, API는 데이터베이스 서버에게 필요한 데이터를 요청합니다. 그리고 데이터베이스 서버로부터 받은 파일을 다시 사용자에게 전달합니다. 따라서 식당에서 원하는 음식을 종업원에게 주문하듯, 우리가 원하는 정보를 API에 요청하면 데이터를 전달받을 수 있는 것입니다.

API 사용하기

이번 실습에서는 부동산 데이터를 이용합니다. 부동산 데이터는 어디서 구할 수 있을까요? 부동산 데이터는 누구나 이용할 수 있는 공공 데이터입니다. 공공 데이터 포털 사이트는 공공 기관이 관리하는 데이터 정보를 한곳에 모아 사용자가 편리하게 서비스를 받을 수 있도록 만든 사이트입니다. 해당 사이트를 이용하면 누구나 쉽고 편하게 공공 데이터를 사용할 수 있습니다.

공공 포털 사이트에서 API 등록하기

공공 데이터 사용을 위해 공공 데이터 포털 사이트에 접속합니다.

https://www.data.go.kr/

접속하면 다음과 같은 공공데이터포털 홈페이지가 나옵니다. 사이트에서 오픈 API를 사용하려면 회원 가입을 해야 합니다. [그림 6-3]과 같이 공공 데이터 포털 사이트에서 [회원가입] 메뉴를 클릭해 회원 가입을 합니다.

그림 6-3 공공 데이터 포털 사이트 접속

다음으로 회원가입 페이지에서 필요한 정보를 입력해 회원으로 가입해야 합니다.

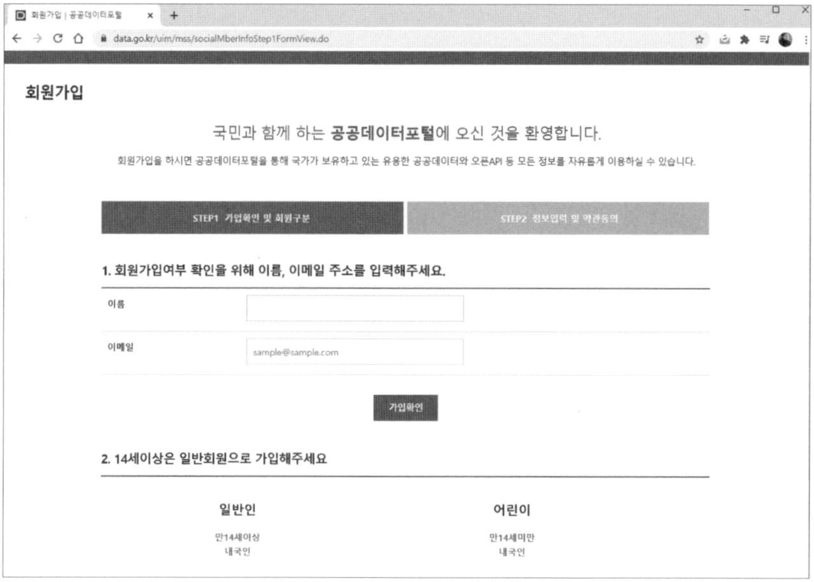

회원가입 | 공공데이터포털
data.go.kr/uim/mss/socialMberInfoStep1FormView.do

회원가입

국민과 함께 하는 **공공데이터포털**에 오신 것을 환영합니다.

회원가입을 하시면 공공데이터포털을 통해 국가가 보유하고 있는 유용한 공공데이터와 오픈API 등 모든 정보를 자유롭게 이용하실 수 있습니다.

STEP1 가입확인 및 회원구분 | STEP2 정보입력 및 약관동의

1. 회원가입여부 확인을 위해 이름, 이메일 주소를 입력해주세요.

이름

이메일 sample@sample.com

가입확인

2. 14세이상은 일반회원으로 가입해주세요

일반인
만14세이상
내국인

어린이
만14세미만
내국인

그림 6-4 회원가입 페이지

회원에 가입한 후에는 아이디와 비밀번호를 입력해 로그인합니다.

회원에 가입한 후 로그인 했으면 [그림 6-5]와 같이 메인 페이지 검색란에서 '부동산 거래 통계 조회 서비스'라고 입력합니다.

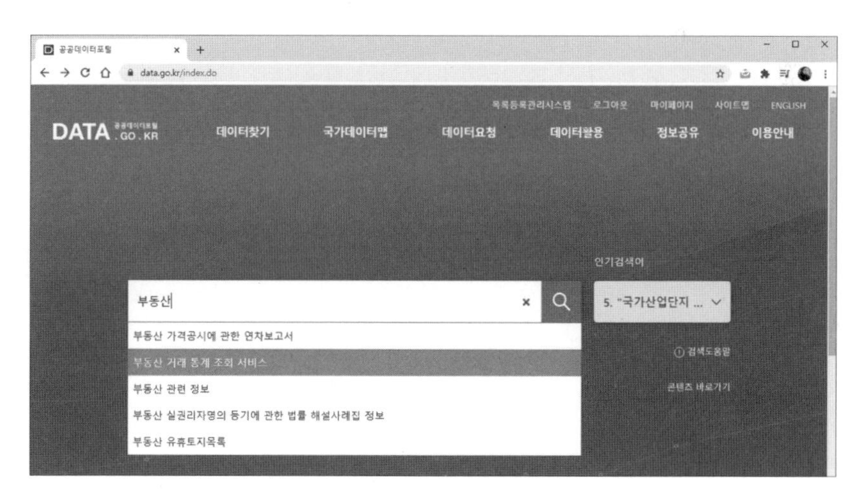

그림 6-5 부동산 검색

검색란에는 자동 완성 기능이 있어서 일부의 단어만 입력해도 '부동산 거래 통계 조회 서비스'가 팝업 메뉴 형태로 나옵니다.

해당 문구를 클릭해 검색하면 데이터목록 페이지가 나옵니다. 데이터목록 페이지 중간 지점에서 [오픈 API] 탭을 클릭합니다.

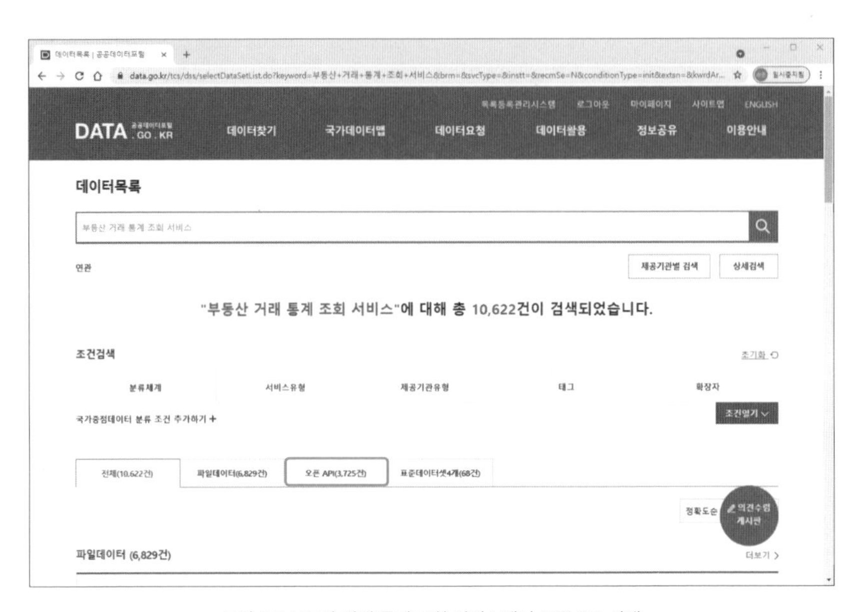

그림 6-6 부동산 거래 통계 조회 서비스에서 오픈 API 선택

[오픈 API] 탭을 보면 이 사이트에서 제공하는 부동산과 관련된 다양한 서비스를 만날 수 있습니다. 실습에서는 [오픈 API] 탭에 있는 '한국부동산원_부동산 거래 통계 조회 서비스'를 활용합니다.

서비스 하단에 있는 〈활용신청〉 버튼을 클릭합니다.

그림 6-7 오픈 API 탭

〈활용신청〉 버튼을 클릭하면 [그림 6-8]과 같이 OpenAPI 개발계정 신청 페이지가 나옵니다. 공공 API를 신청하는 페이지입니다. 먼저 '활용목적'을 '크롤링 학습 목적'으로 입력합니다(활용 목적은 여러분이 임의로 정하면 됩니다).

제공기관	한국부동산원	서비스유형	REST
심의여부	자동승인	신청유형	개발계정 | 활용신청
처리상태	신청	활용기간	승인일로부터 24개월 간 활용가능

공공데이터 제공제도

활용목적 선택

*활용목적: ○ 웹 사이트 개발 ○ 앱개발 (모바일,솔루션등) ○ 기타 ◉ 참고자료 ○ 연구(논문 등)

크롤링 학습 목적

9/250

첨부파일: 파일 선택

Drag & Drop으로 파일을 선택 가능합니다.

그림 6-8 공공 API 신청(1)

아래로 스크롤하여 [그림 6-9]와 같이 '동의합니다'에 체크 표시하고, 〈활용신청〉 버튼을 클릭합니다.

그림 6-9 공공 API 신청(2)

API 신청이 완료되었습니다. 신청한다고 바로 사용할 수 있는 것은 아니고 승인이 될 때까지 다소 기다려야 합니다. 필자의 경우 승인될 때까지 3시간이 걸렸습니다.

잠시 멈춤 **승인은 된 것 같은데 API 사용이 안 되요!**

간혹 API 승인은 된 것 같은데, 사용이 안 되는 경우가 있습니다. 그럴 때는 공공 포털 사이트 내에 있는 Q&A 게시판을 이용해 문의해야 합니다. 다음은 몇 가지 이유로 API를 사용할 수 없어 [마이페이지]-[나의 문의]-[Q&A] 게시판을 이용해 해결한 사례입니다.

<질의 >

1. Proxy Error

Proxy Error가 발생하며 데이터를 불러오지 못하고 있습니다.

2. SERVICE_KEY_IS_NOT_REGISTERED_ERROR

며칠째 위와 같은 에러 메시지만 나오고 데이터를 불러오지 못합니다. 계속 등록되지 않은 키라고 하는데, 정상적인 절차로 부동산 관련 정보에 대한 열람 승인이 있었고, 인증키도 받았는데 뭐가 문제일까요?

이렇듯 Q&A 게시판을 이용해 서비스를 요청하면 공공데이터 활용지원센터에서 친절하게 답변을 주고 정상적으로 서비스가 이루어질 수 있도록 조치합니다. 따라서 일정한 시간이 지나도 API 서비스가 정상적으로 이루어지지 않으면 Q&A 게시판을 적극적으로 활용해 문제를 해결하길 바랍니다.

API 테스트 1 – 사이트에서 확인하기

공공 데이터 포털 사이트에서 API 신청을 모두 마쳤다면, 이제 공공 API를 사용할 수 있는지 테스트해 보겠습니다.

공공데이터포털 페이지 상단 메뉴에 있는 [마이페이지]를 클릭해 본인의 계정 페이지로 들어갑니다. [그림 6-10]과 같이 본인 계정 페이지에서, 왼쪽 메뉴의 [오픈API]-[개발계정]을 클릭하면 현재 활용할 수 있는 API 목록을 볼 수 있습니다.

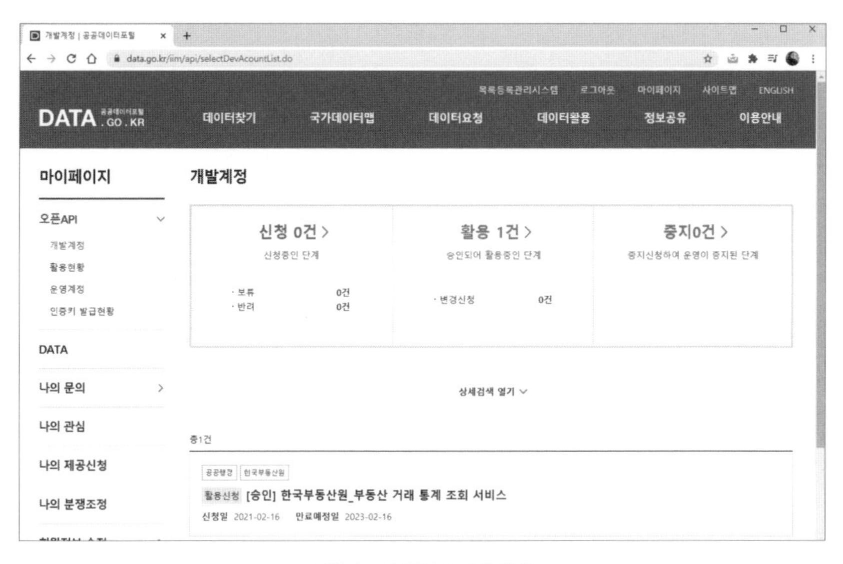

그림 6-10 공공 API 계정 확인

앞서 신청한 '한국부동산원_부동산 거래 통계 조회 서비스' API가 정상적으로 등록되어 있다면 이 API 목록을 확인할 수 있습니다.

계속해서 [오픈API]-[인증키 발급현황] 메뉴를 클릭합니다.

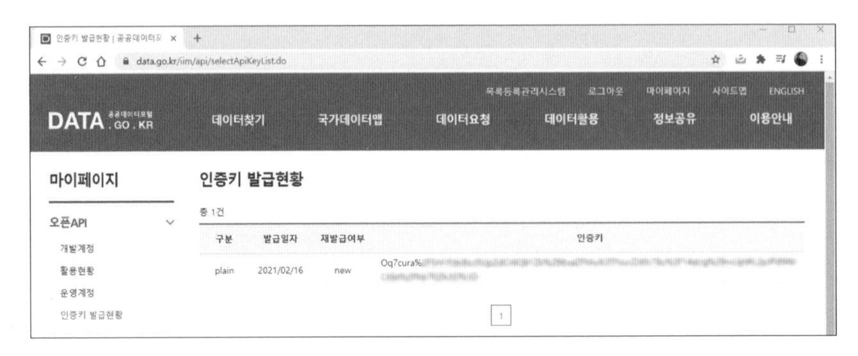

그림 6-11 인증키 확인

API 서비스 활용 신청 과정에서 발급된 인증키를 확인할 수 있습니다. API를 사용하려면 이 인증키가 필요합니다.

다시 마이페이지의 [오픈API]-[개발계정]을 클릭하고, 계속해서 '한국부동산원_부동산 거래 통계 조회 서비스'를 클릭합니다.

그림 6-12 API 확인

개발계정 상세보기 페이지가 나옵니다. 페이지 중간 지점에 [그림 6-13]과 같은 '서비스정보' 항목을 확인할 수 있습니다.

서비스정보

일반 인증키 (UTF-8)	Oq7cura
End Point	http://openapi.reb.or.kr/OpenAPI_ToolInstallPackage/service/rest/LandTradingStateSvc?_wadl&type=xml
데이터포맷	XML
참고문서	기술문서 부동산 거래 통계 조회 서비스.docx

그림 6-13 서비스정보 확인

'서비스정보' 하위의 '참고문서' 항목에는 '기술문서 부동산 거래 통계 조회 서비스.docx'라는 파일이 존재합니다. 이 문서는 서비스 이용에 필요한 API 활용 정보가 모두 포함되어 있으므로 꼭 다운로드합니다. 이외에 '서비스정보'에는 앞에서 인증키 발급현황 페이지에서 만나본 인증키 정보도 있습니다.

계속해서 아래쪽으로 스크롤하면 '활용신청 상세기능정보' 항목이 나옵니다. '한국부동산원_부동산 거래 통계 조회 서비스'로 찾아볼 수 있는 모든 부동산 정보가 나열되어 있습니다. 여기서 각각의 서비스들을 미리보기 서비스로 간단하게 테스트할 수 있습니다.

아래쪽으로 스크롤해 '23 부동산 거래 건수 조회'를 찾은 다음, 〈확인〉 버튼을 클릭합니다.

23	부동산 거래 건수 조회	지역코드와 기간, 거래유형코드를 이용하여 해당 기간, 해당지역, 해당 거래 건수 정보를 제공	100000	확인

요청변수(Request Parameter) 닫기

항목명	샘플데이터	설명
startmonth	201301	월 단위 조사 시작기간
endmonth	201312	월 단위 조사 종료기간
region	11000	각 지역별 코드
tradingtype	01	거래유형코드

미리보기

그림 6-14 요청변수 확인

'부동산 거래 건수 조회' API 서비스의 '요청변수' 항목을 확인할 수 있습니다. 요청변수는 API를 요청할 때 함께 전달해 주어야 하는 변수 목록들입니다. 참고로 요청변수는 API 서비스의 종류에 따라 다 다릅니다. [그림 6-14]를 보면 요청변수로는 `startmonth`, `endmonth`, `region`, `tradingtype`이 있는데, 데이터를 요청할 때 이 변수들도 함께 전달해 주어야 합니다.

API를 사용하는데 왜 요청변수까지 전달해야 할까요? '부동산 거래 건수 조회' 항목의 요청변수를 살펴봅시다. 이 조회 항목의 요청변수에는 '월 단위 조사 시작기간(`startmonth`)'과 '월 단위 조사 종료기간(`endmonth`)'과 같은 날짜 요청변수가 있습니다. 만약 요청변수로 특정 날짜를 지정하지 않고 API에 데이터를 요청한다면, 요청할 때마다 전체 기간의 데이터를 가져오게 됩니다. 전체 기간이 짧으면 상관없겠지만 기간이 길다면, 전체 데이터를 가져오는 데 많은 부하가 걸리게 됩니다. 따라서 시스템에 무리를 주지 않으면서 사용자의 요구에 맞는 데이터를 제공하기 위해, 각각의 API마다 요청변수를 따로 만들어둡니다. 이것은 [그림 6-14]와 같이 다양한 식당 메뉴에서 우리가 원하는 메뉴만을 특정해 주문하는 것과 비슷한 원리입니다.

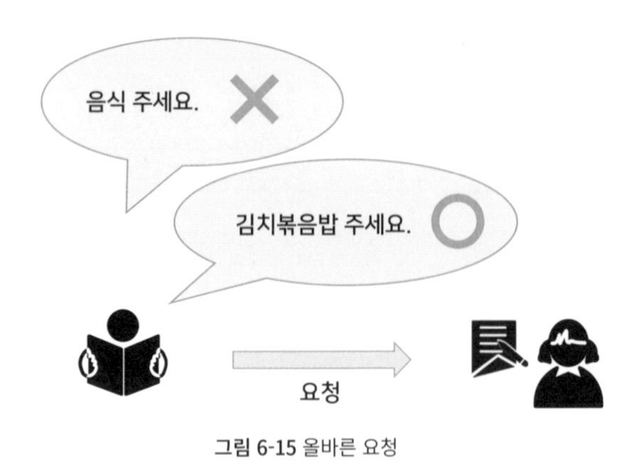

그림 6-15 올바른 요청

[그림 6-14]에 있는 '요청변수' 항목 하단의 〈미리보기〉 버튼을 클릭합니다.

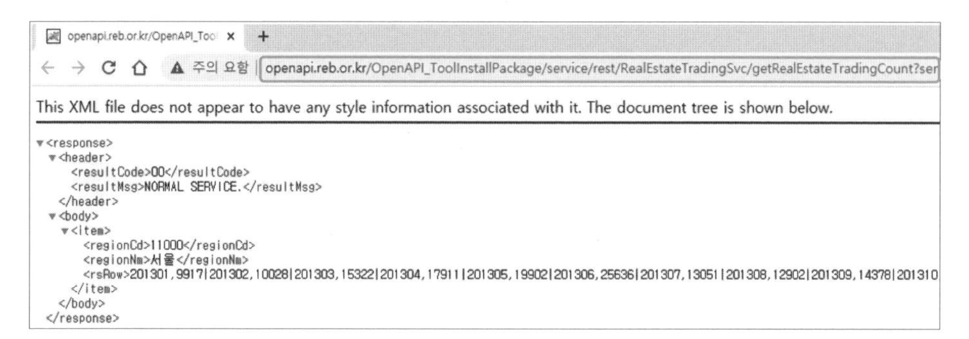
openapi.reb.or.kr/OpenAPI_Too
주의 요함
openapi.reb.or.kr/OpenAPI_ToolInstallPackage/service/rest/RealEstateTradingSvc/getRealEstateTradingCount?ser
This XML file does not appear to have any style information associated with it. The document tree is shown below.
<response>
<header>
<resultCode>00</resultCode>
<resultMsg>NORMAL SERVICE.</resultMsg>
</header>
<body>
<item>
<regionCd>11000</regionCd>
<regionNm>서울</regionNm>
<rsRow>201301,9917|201302,10028|201303,15322|201304,17911|201305,19902|201306,25636|201307,13051|201308,12902|201309,14378|201310
</item>
</body>
</response>

그림 6-16 미리보기 페이지

'부동산 거래 건수 조회' API 서비스의 미리보기 페이지를 보여줍니다. 미리보기 페이지만으로도 이 API 서비스가 어떤 데이터 정보를 서비스하는지 알 수 있습니다.

현재 크롬 웹 브라우저 주소표시줄에 있는 URL이 우리가 API에 요청할 내용입니다. 그리고 본문에 나와 있는 내용이 API에게 받게 될 응답 내용입니다. 응답 내용을 보면 어떤 정보가 포함되어 있는지 짐작할 수 있습니다. 여러분도 요청변수에 맞게 데이터가 나왔는지 확인해보길 바랍니다. 참고로 이 페이지에서 정상적인 데이터가 나오지 않으면 아직 서비스 신청이 승인되지 않았을 가능성이 높습니다. 그때는 166 쪽의 [잠시 멈춤]을 참고해 문제를 해결해야 합니다.

현재 크롬 주소표시줄에 있는 URL은 꽤 긴 문자열입니다. 그렇다면 주소표시줄에 있는 URL 주소에는 어떤 규칙이 있을까요? 이를 알아보기 위해 해당 URL을 복사해 메모장에 붙여 넣겠습니다. [그림 6-17]은 요청 URL을 복사해 메모장에 붙여 넣은 결과입니다. 가독성을 위해 줄바꿈하여 구분했습니다.

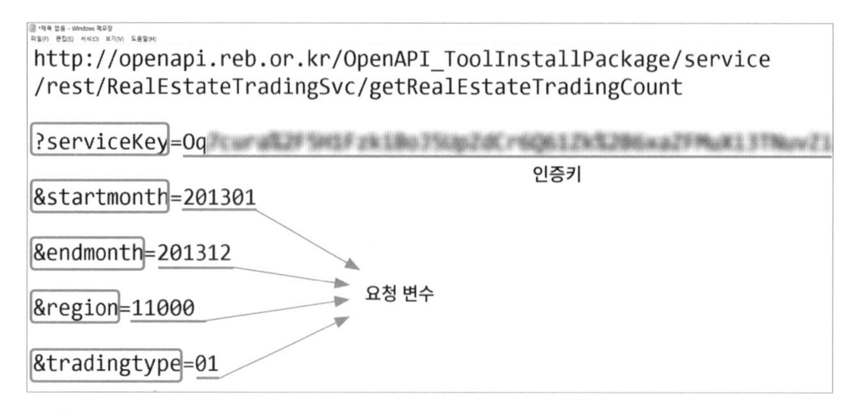

그림 6-17 요청 URL

[그림 6-17]은 꽤 복잡해 보이지만, API 서비스를 요청할 때 필요한 정보가 모두 포함되어 있습니다.

먼저 'http://~~'로 시작하는 URL은 해당 서비스를 제공하는 웹 페이지 주소입니다. 그리고 serviceKey 항목은 인증키를 입력하는 곳입니다. 앞서 API를 요청한 후 받은 인증키를 여기에 삽입합니다. 그리고 바로 아래 startmonth, endmonth, region, tradingtype과 같은 API 요청변수들이 보입니다. API마다 서로 다른 요청변수를 요구합니다. 따라서 API를 사용하기에 앞서 어떤 요청변수가 있는지 확인하는 게 중요합니다. 그리고 인증키를 나타내는 serviceKey 앞에는 ? 기호가 있는데 반해, 네 가지 요청변수 앞에는 특수문자 &가 붙는다는 것에 주의하길 바랍니다.

API 테스트 2 – 파이썬으로 확인하기

공공 포털 사이트에서 제공하는 미리보기 서비스를 통해 어떻게 API를 이용하는지 간단하게 살펴보았습니다. 이제 동일한 서비스 내용을 파이썬으로도 불러올 수 있는지 직접 테스트해 보겠습니다.

주피터 노트북을 실행한 후 먼저 필요한 라이브러리를 불러옵니다.

```
from bs4 import BeautifulSoup
from urllib.request import urlopen
```

파이썬으로 URL을 불러올 때 앞서 복사한 브라우저의 URL을 통째로 불러오는 방법도 있습니다. 그러나 URL을 통째로 복사할 경우, 요청변수 변경이 어려우므로 URL을 여러 부분으로 나누어 설정하겠습니다.

```
endpoint="http://openapi.reb.or.kr/OpenAPI_ToolInstallPackage/
service/rest/RealEstateTradingSvc/getRealEstateTradingCount"    ❶
serviceKey="(발급받은 인증키를 입력하세요)"    ❷
startmonth = "201301"    ❸
endmonth = "201312"    ❹
region = "11000"    ❺
tradingtype="01"    ❻
```

❶ 코드를 통해 URL에 들어 있는 정보를 다시 한번 살펴보겠습니다. 먼저 endpoint 변수입니다. endpoint 변수는 사용자가 최종적으로 도달한 웹의 경로를 의미합니다. 즉 전체 URL의 시작 지점부터 요청변수가 출현하기 전까지로, 웹 페이지의 주소를 가리킵니다.

❷ 인증키 변수입니다. API를 신청할 때 요청해서 받은 자신의 인증키를 입력합니다.

❸, ❹, ❺, ❻ API 요청변수입니다. 요청변수가 각각 무엇을 의미하는지는 다음 절에서 좀 더 자세히 설명하겠습니다.

앞서 만든 변수들을 모두 합쳐 다음 코드와 같이 문자열을 만들고, 변수 url에 저장합니다.

```
url = endpoint + "?" \
    "serviceKey=" + serviceKey + \
```

```
    "&" + "startmonth=" + startmonth + \
    "&" + "endmonth=" + endmonth + \
    "&" + "region=" + region + \
    "&" + "tradingtype=" + tradingtype
```

참고로 특수문자 \(윈도우 사용자는 ₩를 입력)는 긴 문자열을 여러 줄로 나누어 입력할 때 사용합니다. 이때 주의할 점은 각각의 요청변수는 특수문자 "&"로 이어지고, 요청변수를 입력할 때는 '='까지 함께 입력해야 합니다.

이제 완성된 url을 출력해 보겠습니다.

```
print(url)
```

```
http://openapi.reb.or.kr/OpenAPI_ToolInstallPackage/service/rest/
RealEstateTradingSvc/getRealEstateTradingCount?serviceKey=0q7cura...
(중략)
```

앞서 실습했던 url과 일치한다는 것을 알 수 있습니다. 완성된 url을 직접 브라우저 주소표시줄에 입력해 [그림 6-15]의 미리보기 페이지가 나오면 url을 제대로 만든 것입니다.

계속해서 다음 코드를 입력합니다.

```
html = urlopen(url)                                  ❶
bs_obj = BeautifulSoup(html, "html.parser")          ❷
```

❶ urlopen 함수를 이용해 url을 오픈해 웹 페이지를 불러옵니다.

❷ BeautifulSoup을 이용해 변수 html을 파싱한 후 객체로 저장합니다.

결과를 출력해 보겠습니다.

```
print(bs_obj)
-----------------------------------------------------------------
<?xml version="1.0" encoding="UTF-8" standalone="yes"?><response>
<header><resultcode>00</resultcode><resultmsg>NORMAL SERVICE.
</resultmsg></header><body><item><regioncd>11000</regioncd>
<regionnm>서울</regionnm><rsrow>201301,9917|201302,10028|201303,15322|
201304,17911|201305,19902|201306,25636|201307,13051|201308,12902|201
309,14378|201310,20262|201311,19293|201312,21605</rsrow></item>
</body></response>
```

[그림 6-16]의 미리보기 페이지에서 살펴보았던 결괏값과 동일하다면, 파이썬으로 정상적으로 파싱한 것입니다.

전체 코드

```
from bs4 import BeautifulSoup
from urllib.request import urlopen

endpoint="http://openapi.reb.or.kr/OpenAPI_ToolInstallPackage/
service/rest/RealEstateTradingSvc/getRealEstateTradingCount"
serviceKey="발급받은 인증키를 입력하세요"

startmonth = "201301"
endmonth = "201312"
region = "11000"
tradingtype="01"

url = endpoint + "?" \
    "serviceKey=" + serviceKey + \
    "&" + "startmonth=" + startmonth + \
    "&" + "endmonth=" + endmonth + \
    "&" + "region=" + region + \
    "&" + "tradingtype=" + tradingtype
```

```
html = urlopen(url)
bs_obj = BeautifulSoup(html, "html.parser")
print(bs_obj)
```

숙지해야 할 API 활용 가이드

지금까지 작업한 내용을 다시 요약해 보겠습니다. 먼저 공공 데이터 포털 사이트에서 회원 가입을 합니다. 그리고 우리가 원하는 정보를 얻기 위해 API를 신청하고 인증키를 받았습니다. 그리고 공공 데이터 포털 사이트가 제공하는 미리보기 서비스를 테스트했고, 파이썬으로 API가 실제로 이용 가능한지 테스트해 보았습니다. 그러나 요청변수 각각의 의미와 결괏값이 무엇을 뜻하는지는 아직 정확히 알지 못합니다. 이번에는 API를 좀 더 정확히 사용하기 위해 요청변수에는 어떤 것이 있고, 결괏값은 또 어떻게 해석하는지 알아보겠습니다.

앞서 다운로드받은 '기술문서 부동산 거래 통계 조회 서비스.docx' 파일을 실행합니다.

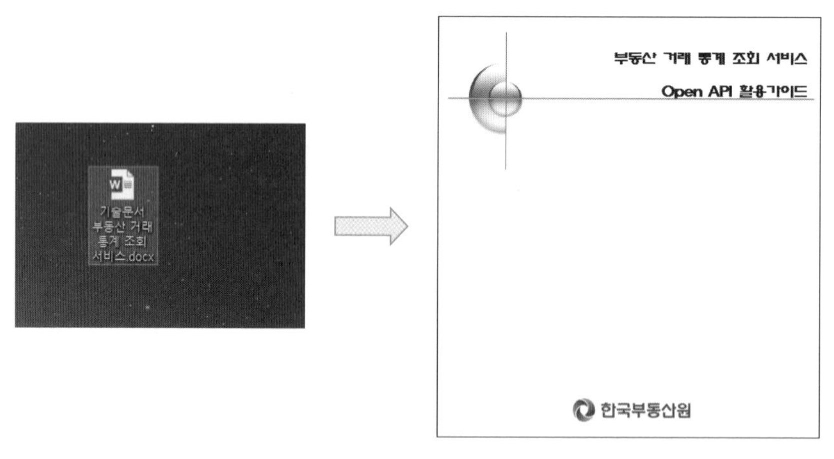

그림 6-18 기술문서 실행

기술문서 파일을 실행하면 [그림 6-18]의 오른쪽 그림과 같이 한국부동산원에서 제공하는 'Open API 활용 가이드' 문서가 나옵니다. 해당 문서에서 아래로 스크롤하면 [그림 6-19]와 같이 지역코드 정보가 있습니다.

◢ 코드 명세

1) 지역코드

a) 월별 지역코드

순번	지역코드	지역명	순번	지역코드	지역명	순번	지역코드	지역명
1	A1000	전국	103	41210	광명시	205	45210	김제시
2	11000	서울	104	41220	평택시	206	45710	완주군
3	11110	종로구	105	41250	동두천시	207	45720	진안군
4	11140	중구	106	41270	안산시	208	45730	무주군

그림 6-19 지역코드 확인

[그림 6-19]는 API에서 사용하는 요청변수 중 하나인 '지역코드'입니다. 여러분이 원하는 지역의 지역코드를 확인하고, 이 코드를 API 요청변수에 입력하면 됩니다. 예컨대 여러분이 '종로구'의 데이터를 확인하고 싶다면, 지역코드의 요청변수인 `region`에 `11110`을 입력하면 됩니다. 주피터 노트북에서는 `region="11110"`이라고 입력합니다.

다시 가이드 문서에서 아래로 스크롤하면 다음과 같은 '거래유형코드' 정보가 나옵니다.

2) 거래유형코드

순번	거래유형	코드
1	토지거래	01
2	순수토지거래	02
3	건축물거래	03
4	주택거래	04
5	아파트거래	05

그림 6-20 거래유형코드

[그림 6-20]은 거래유형 코드입니다. 원하는 거래유형을 선택할 수 있습니다. 거래유형에 해당하는 코드를 확인하고, `tradingtype` 요청변수에 입력합니다. 예를 들어, 아파트 거래 데이터를 확인하고 싶다면, 주피터 노트북에서 `tradingtype="05"`라고 입력하면 됩니다.

다음에는 '상세기능' 정보를 살펴보겠습니다. 우리가 사용할 API 항목은 '부동산 거래 건수 조회'입니다. 아래로 스크롤하여 해당 정보로 이동합니다.

1) 부동산 거래 건수 조회 상세기능 명세

a) 상세기능 정보

상세기능 번호	1	상세기능 유형	조회
상세기능명(국문)	부동산 거래 건수 조회		
상세기능 설명	지역코드와 기간, 거래유형코드를 이용하여 해당기간, 해당지역, 해당 거래 건수 정보를 제공		
Call Back URL	N/A		
최대 메시지 사이즈	[1000K bytes]		
평균 응답 시간	[500] ms	초당 최대 트랙잭션	[30] tps

그림 6-21 상세기능 정보

[그림 6-21]과 같이 '부동산 거래 건수 조회 서비스'의 상세기능 명세를 확인할 수 있습니다.

좀 더 아래로 스크롤하면 '요청 메시지 명세' 정보가 나옵니다.

b) 요청 메시지 명세

항목명(영문)	항목명(국문)	항목크기	항목구분	샘플데이터	항목설명
startmonth	조사 시작기간	6	1	201301	월 단위 조사 시작기간
endmonth	조사 종료기간	6	1	201312	월 단위 조사 종료기간
region	지역코드	10	1	11000	각 지역별 코드
tradingtype	거래유형코드	2	1	01	거래유형코드

※ 항목구분 : 필수(1), 옵션(0), 1 건 이상 복수건(1..n), 0 건 또는 복수건(0..n)

그림 6-22 요청 메시지 명세

[그림 6-22]는 '요청 메시지 명세' 정보입니다. 요청변수 항목이 있습니다. `startmonth`, `endmonth`는 API를 활용해 확인하고 싶은 기간의 시작 월(month)과 종료 월을 각각 의미하는 요청변수입니다. 그리고 앞에서 살펴본 요청변수 `region`은 지역코드를, `tradingtype`은 거래유형 코드입니다.

계속해서 아래로 스크롤하면 '응답 메시지 명세' 정보가 나옵니다.

◢ c) 응답 메시지 명세

항목명(영문)	항목명(국문)	항목크기	항목구분	샘플데이터	항목설명
resultCode	결과코드	2	1	00	결과코드
resultMsg	결과메세지	50	1	Normal Service	결과메세지
regionCd	지역코드	10	1	11000	지역코드
regionNm	지역이름	10	1	서울	지역이름
rsRow	조사월별 부동산 거래 건수	1..n	1	201402,19974|201403,24273	조사 월별 부동산거래 건수 이며 조사월의 개수에 따라 항목크기가 바뀐다. 각 조사월은 | 로 구분되며 조사월,

그림 6-23 응답 메시지 명세

[그림 6-23]은 '응답 메시지 명세' 정보입니다. 응답 메시지 명세를 보면 우리가 요청한 후 받은 응답 메시지를 어떻게 해석해야 할지 알 수 있습니다. [그림 6-23]의 마지막 항목을 보면 '조사월별 부동산 거래 건수'로 표기되며, 월별 데이터는 특수문자 '|'로 구분되어 있습니다.

이처럼 모든 API는 활용하기 전에 명세서를 확인해야 합니다. '요청 메시지 명세'로 어떤 방법으로 데이터를 요청하는지 확인하고, '응답 메시지 명세'로 결과를 어떻게 해석하는지 확인하면 됩니다.

3편

웹 크롤링과 데이터 분석, 활용

1편과 2편을 거치면서 우리는 웹 크롤링이 무엇인지 그리고 파이썬을 이용해 어떻게 웹 페이지로부터 데이터를 추출하는지 배웠습니다. 지금까지 잘 따라왔다면 이제 여러분은 웹에 존재하는 수많은 정보를 대하는 관점이 조금은 달라졌으리라 생각합니다.

3편에서는 지금까지 배운 내용을 좀 더 차원 높은 실습으로 복습하면서 크롤링 기술을 다지게 될 겁니다. 그리고 한 단계 나아가 크롤링으로 모은 정보를 데이터베이스에 저장하거나 시각화하여 보다 유의미한 정보로 가공하는 기술까지 습득합니다.

자! 웹 크롤링의 대미를 장식할 데이터 분석을 위해 한 걸음 더 나아갈까요?

CHAPTER 07

부동산 웹 크롤링과 데이터 분석 도구

- 웹 크롤링한 데이터를 pandas를 이용해 데이터 프레임으로 저장합니다.
- 파이썬 라이브러리인 matplotlib을 이용해 데이터를 시각화합니다.
- 웹 크롤링한 데이터를 CSV 파일이나 엑셀 파일 형태로 저장합니다.

웹 크롤링한 데이터를 활용하기 위해서는 데이터를 가공, 정제하는 경우가 많습니다. 크롤링한 데이터는 눈으로 바로 확인할 수 있지만, 이것을 가공하고 시각화하는 과정은 크롤링과는 또 다른 문제라서 입문자에게는 약간 어렵게 느껴질 수 있습니다. 이번 장에서는 웹 크롤링한 데이터를 판다스(`pandas`) 라이브러리를 이용해 데이터 프레임으로 저장하고, 맷플롯립(`matplotlib`) 라이브러리를 이용해 시각화해 보겠습니다. 그리고 크롤링 결과를 여러 형태의 파일로 저장해 보겠습니다.

pandas로 한눈에 알아보는 데이터 만들기

6장과 마찬가지로 7장에서도 부동산 데이터를 다룹니다. 이번에는 원하는 기간, 거래유형, 지역 등을 직접 우리가 지정해, 부동산 정보 API에 요청하고 데이터도 확인해 보겠습니다.

[그림 7-1]은 7장에서 오픈 API를 활용해 부동산 데이터를 크롤링하고, 데이터를 분석하는 프로세스를 시각적으로 보여주고 있습니다.

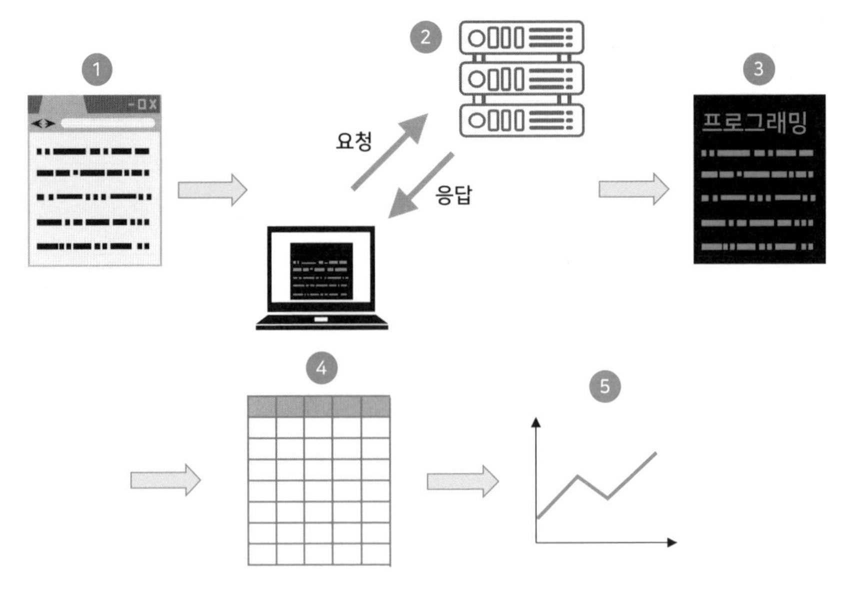

그림 7-1 부동산 데이터 크롤링 과정

❶ API를 제공하는 웹 사이트에 접속합니다.

❷ 제공받은 API를 이용해 파이썬으로 부동산 데이터를 불러옵니다.

❸ 불러온 데이터에서 우리가 원하는 데이터를 추출합니다.

❹ 추출한 데이터를 좀 더 알아보기 쉬운 데이터 프레임 형태로 저장합니다.

❺ 파이썬 시각화 라이브러리를 이용해 데이터를 시각화합니다.

API를 활용한 아파트 거래 건수 확인

공공 데이터 포털 사이트에 접속해 6장에서 신청한 API 서비스 '한국부동산원_부동산 거래 통계 조회 서비스'를 활성화합니다. 계속해서 주피터 노트북을 실행하고, 다음 코드를 입력해 필요한 함수를 불러옵니다.

```
from bs4 import BeautifulSoup
from urllib.request import urlopen
```

URL을 다음 변수로 각각 분리해 저장합니다.

```
endpoint = "http://openapi.reb.or.kr/OpenAPI_ToolInstallPackage/
service/rest/RealEstateTradingSvc/getRealEstateTradingCount"    ❶
serviceKey = "(발급받은 인증키를 입력하세요)"                        ❷
startmonth = "201901"                                            ❸
endmonth = "202012"                                              ❹
region = "11110"                                                 ❺
tradingtype="05"                                                 ❻
```

❶, ❷ 6장의 API 테스트와 동일합니다. 동일한 이유는 사용하는 API가 동일하고, 인증키 또한 사용하는 사람이 변하지 않았기 때문입니다.

❸, ❹ 원하는 날짜를 입력합니다. 여기서는 2019년 1월부터 2020년 12월까지의 데이터를 확인해 보겠습니다.

❺ 지역코드를 입력합니다. '종로구'에 대한 지역 코드 `region="11110"`을 입력합니다. 지역코드는 다운로드한 명세서에서 확인할 수 있습니다.

❻ 마지막으로 거래유형 코드를 지정합니다. 아파트 거래 건수를 확인하기 위해서는 `tradingtype="05"`를 입력해야 합니다.

앞서 설정한 변수를 조합해 최종적으로 변수 `url`을 만든 다음, urlopen 함수로 응답 페이지를 불러옵니다. `BeautifulSoup`으로 불러온 페이지를 파싱하고 출력합니다.

```
url = endpoint + "?" \
     "serviceKey=" + serviceKey + \
     "&" + "startmonth=" + startmonth + \
     "&" + "endmonth=" + endmonth + \
     "&" + "region=" + region + \
     "&" + "tradingtype=" + tradingtype

html = urlopen(url)
bs_obj = BeautifulSoup(html, "html.parser")
```

```
print(bs_obj)
--------------------------------------------------------------------
<?xml version="1.0" encoding="UTF-8" standalone="yes"?><response>
<header><resultcode>00</resultcode><resultmsg>NORMAL SERVICE.
</resultmsg></header><body><item><regioncd>11110</regioncd>
<regionnm>종로구</regionnm><rsrow>201901,51|201902,56|201903,78|
201904,64|201905,43|201906,55|201907,75|201908,83|201909,63|201910,
79|201911,115|201912,204|202001,194|202002,91|202003,104|202004,55|
202005,68|202006,106|202007,173|202008,80|202009,57|202010,51|
202011,100|202012,102</rsrow></item></body></response>
```

출력 결과를 보면 <regioncd> 태그는 지역코드를, <regionnm> 태그는 지역명을 나타내고 있습니다. 그리고 <rsrow> 태그로 요청한 데이터를 불러옵니다. 예를 들어 |201901, 51|이라는 항목은 2019년 01월에 종로구에서 51건의 아파트 거래가 있었다는 것을 의미합니다.

크롤링 데이터를 데이터 프레임으로

앞서 API 서비스를 이용해 특정 지역의 아파트 거래 건수 데이터를 불러왔습니다. 하지만 결과를 좀 더 한눈에 들어오게 만들 수는 없을까요? 불러온 결괏값만으로는 시간에 따른 아파트 거래 건수의 추이를 명확히 파악하기 어렵습니다. 따라서 API 응답 데이터를 정리해 데이터 프레임으로 변환한 후, 이를 시각화하면 데이터의 변화 추이를 한눈에 파악할 수 있어 매우 유용합니다.

데이터 프레임(Data Frame)이란 pandas 라이브러리에서 제공하는 자료형으로, 엑셀처럼 데이터를 행(Row)과 열(Column)이라는 2차원 데이터의 형태로 표현합니다. 데이터 프레임을 활용하면 입문자도 쉽게 큰 데이터를 다룰 수 있습니다. 데이터 프레임은 데이터를 [그림 7-2]의 오른쪽 그림과 같은 형태로 표현합니다.

```
<?xml version="1.0"
encoding="UTF-8" standalone="yes"?>
<response><header><resultcode>00</resultcode>
<resultmsg>NORMAL SERVICE.</resultmsg>
</header><body><item><regioncd>11110</regioncd>
<regionnm>종로구</regionnm>
<rsrow>
201901,51|201902,56|201903,78|201904,64|
201905,43|201906,55|201907,75|201908,83|
201909,63|201910,79|201911,115|201912,204|
202001,194|202002,91|202003,104|202004,55|
202005,68|202006,106|202007,173|202008,80|
202009,57|202010,51|202011,100|202012,102
</rsrow></item></body></response>
```

지역	날짜	거래건수
종로구	201901	51
종로구	201902	56
종로구	201903	78
...	...	...
종로구	201910	51
종로구	201911	100
종로구	201912	102

그림 7-2 결괏값을 데이터 프레임으로 변환

데이터를 리스트 형태로 만들기

지금까지 크롤링을 통해 추출한 데이터를 데이터 프레임으로 바꾸겠습니다. 그런데 데이터 프레임으로 바꾸기 전에 해야 할 일이 있습니다. 바로 앞서 구한 지역별, 날짜별 거래 건수를 `[종로구, 201901, 51]` 형태의 리스트로 변환하는 일입니다. 본격적으로 데이터 분석에 들어가기 전에 데이터를 정리하는 작업을 데이터 분석에서는 데이터 전처리라고 합니다. 데이터에 대한 전처리 과정을 먼저 거친 다음 데이터 프레임 형태로 바꾸는 게 좋습니다.

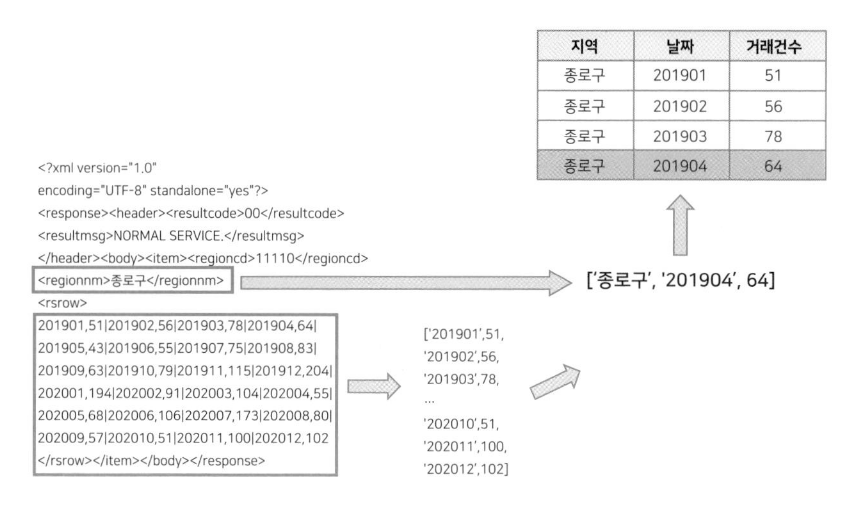

그림 7-3 데이터 프레임 변환

[그림 7-3]은 [그림 7-2]의 과정을 더 자세하게 보여주고 있습니다. 크롤링 결괏값을 데이터 프레임으로 바꾸기 전에, 먼저 결괏값의 날짜, 거래 건수를 리스트(List) 형태로 바꿉니다. 그리고 지역명과 결합해 데이터 프레임의 행으로 바꿉니다.

지금부터 단계별 실습 과정을 통해 이 과정을 코드로 구현하겠습니다. 먼저 크롤링 결괏값에서 지역 정보를 확인하겠습니다. 다음 코드를 입력합니다.

```
regi = bs_obj.find("regionnm").text
print(regi)
-----------------------------------
종로구
```

<regionnm> 태그의 값을 출력하면, 지역명이 '종로구'라는 것을 알 수 있습니다. 이 지역명을 regi라는 변수에 저장합니다.

이번에는 날짜와 거래 건수를 확인하겠습니다. <rsrow> 태그의 값을 확인해 날짜와 거래 건수를 확인합니다.

```
trade = bs_obj.find("rsrow").text
print(trade)
----------------------------------------------------------------------
'201901,51|201902,56|201903,78|201904,64|201905,43|201906,55|201907,
75|201908,83|201909,63|201910,79|201911,115|201912,204|202001,194|20
2002,91|202003,104|202004,55|202005,68|202006,106|202007,173|202008,
80|202009,57|202010,51|202011,100|202012,102'
```

날짜와 거래 건수는 '날짜, 거래 건수' 형식으로 표현되어 있으며, 각각의 요소는 구분자 '|'로 나누어져 있습니다. 데이터는 trade 변수에 저장합니다.

[그림 7-4]와 같이 날짜, 거래 건수 데이터를 리스트 형태로 변환하겠습니다.

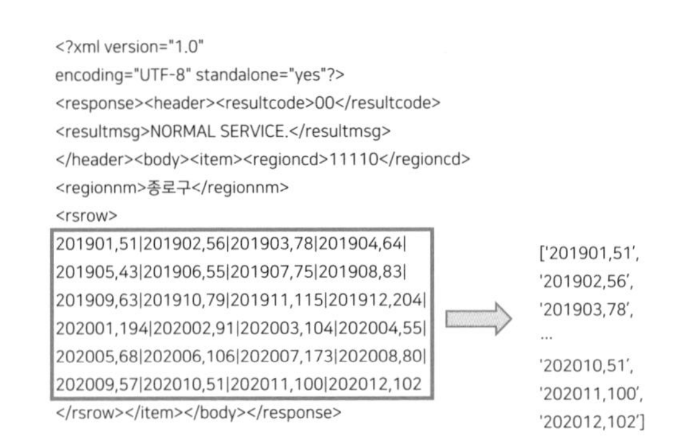

그림 7-4 날짜, 거래 건수 데이터를 리스트로 변환

이를 위해 trade에 저장된 문자열을 구분자 |를 기준으로 나누어 보겠습니다.

```
data = trade.split('|')
print(data)
-----------------------
['201901,51',
'201902,56',
...(중략)
'202011,100',
'202012,102']
```

문자열을 나누는 메서드인 split을 이용해 문자열을 나누고, data 변수에 저장합니다. 결과를 확인하면 |를 기준으로 나누어졌던 문자열이, 콤마(,)로 구분된 리스트 자료형으로 변경되었습니다.

현재 data에 저장된 리스트 각각의 요소는 다시 콤마(,)를 기준으로 구분되어 있습니다. 이것을 날짜, 거래 건수 데이터로 또 다시 분리하겠습니다.

'201901, 51', ⇨ '201901', '51'

그림 7-5 콤마 기준 분리

[그림 7-5]는 콤마(,)를 기준으로 데이터를 분리하는 과정입니다. [그림 7-5]에서 왼쪽 데이터 201901, 51은 작은따옴표('') 안에 있습니다. 따라서 지금은 201901, 51을 날짜와 거래 건수 데이터로 각각 인식하는 게 아니라 하나의 문자열로 인식합니다. 반면 오른쪽 데이터는 작은따옴표 두 쌍이 존재하므로, 첫 번째 작은따옴표의 201901과 두 번째 작은따옴표의 51은 별개의 데이터입니다. 그리고 왼쪽 데이터의 두 문자열은 콤마를 기준으로 나누어져 있는데, 이때의 콤마는 문자열의 일부입니다. 반면 오른쪽 데이터의 콤마는 리스트의 요소 구분자입니다.

리스트 data의 첫 번째 날짜, 거래 건수 데이터를 콤마를 기준으로 나누겠습니다. split 메서드에서 나누려는 구분자(,)를 입력하면 됩니다.

```
value = data[0].split(',')
print(value)
--------------------------
['201901', '51']
```

결과를 보면, 리스트 data의 첫 번째 인덱스 data[0]가 [날짜, 거래 건수] 형태로 구분되어 있습니다.

계속해서 리스트 value에 저장한 날짜, 거래 건수 데이터와 앞서 구한 지역명 변수 regi를 하나의 행으로 결합하겠습니다.

```
row = [regi, value[0], int(value[1])]
print(row)
-------------------------------------
['종로구', '201901', 51]
```

먼저 리스트에 지역명인 regi 변수를 넣습니다. 다음으로 value의 첫 번째 데이터가 날짜 정보이므로 value[0]을 입력합니다. 그러고 나서 거래 건수를 입력해야 하는데, 거래 건수는 숫자이므로 정수형(int)으로 변환해야 합니다. int(value[1])은 value 리스트의 두 번째 요소를 정수형으로 바꾸는 코드로, 여기서 int는 형변환 함수입니다.

리스트 데이터를 데이터 프레임으로

다음 단계로 [그림 7-6]과 같이 앞서 만들었던 행을 데이터 프레임 형태로 만들겠습니다. 이를 위해 먼저 데이터 프레임을 생성해야 합니다.

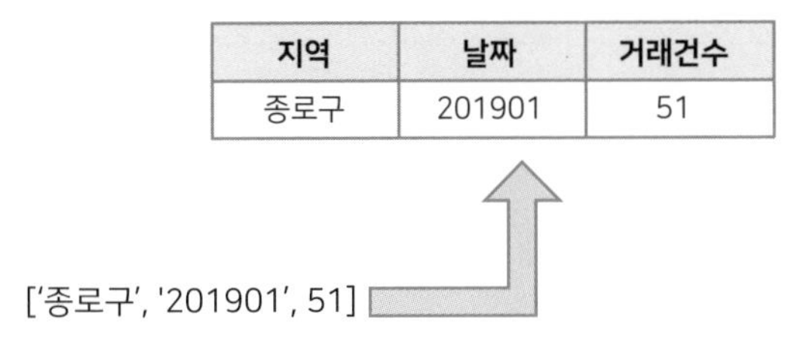

그림 7-6 데이터 프레임 행 추가

데이터 프레임을 만들기 위해서는 pandas 라이브러리를 이용해야 합니다.

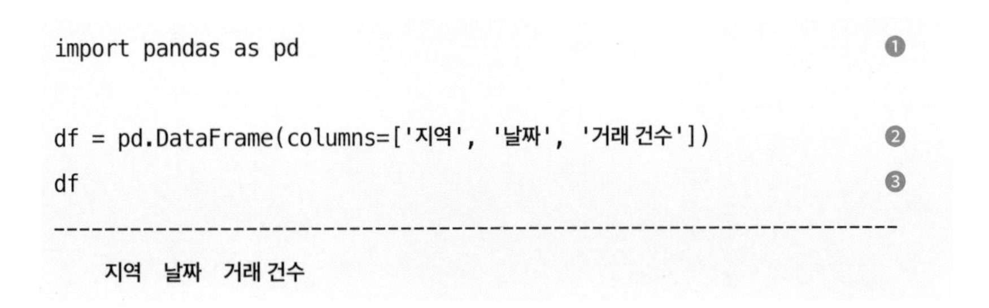

```
import pandas as pd                                              ❶

df = pd.DataFrame(columns=['지역', '날짜', '거래 건수'])          ❷
df                                                               ❸
------------------------------------------------------------------
    지역  날짜  거래 건수
```

❶ 데이터 프레임 생성을 위해 필요한 pandas 라이브러리를 불러옵니다. as는 별칭을 만드는 파이썬 예약어로, 이 예약어를 이용하면 코드에서 pandas를 pd로 줄여 사용할 수 있습니다.

❷ DataFrame 메서드를 이용해 빈 데이터 프레임을 생성합니다. columns는 각 열(Column)의 이름입니다. 열 이름을 지정하고 데이터 프레임 객체를 df 변수에 저장합니다.

❸ 결괏값을 확인하면 빈 데이터 프레임이 하나 생성되었습니다. 지금부터 비어 있는 데이터 프레임에 값을 채워 넣겠습니다.

앞서 생성한 데이터 프레임의 열 이름을 확인해 봅시다.

```
col = df.columns
print(col)
-----------------------------------------------
Index(['지역', '날짜', '거래 건수'], dtype='object')
```

columns 메서드를 이용하면 데이터 프레임의 열 이름을 알 수 있습니다. 데이터 프레임의 열 이름을 변수 col로 저장한 다음 출력합니다.

다음은 행을 데이터 프레임에 추가해야 합니다. 다음 코드를 입력합니다.

```
df_row = pd.Series(row, index=col)
df_row
----------------------------------
지역          종로구
날짜          201901
거래 건수         51
dtype: object
```

결괏값 리스트 row를 데이터 프레임에 추가하기 위해서는 기존의 리스트를 Series 형태로 변경해야 합니다. Series는 pandas에서 데이터 프레임의 열을 표시할 때 사용하는 자료형입니다. 옵션으로 index가 있는데, index는 생성한 데이터 프레임의 열 이름에 해당합니다.

결과를 보면 리스트 row 각각의 값이 해당 열에 대응되고 있습니다. 즉, **지역** 열에 **종로구**, **날짜**는 201912, **거래 건수**는 51입니다. 이제 데이터 프레임에 추가할 수 있는 형태라는 것을 알 수 있습니다.

데이터 프레임의 append 메서드를 이용하면 행을 추가할 수 있습니다.

```
df.append(df_row, ignore_index=True)
-------------------------------------
        지역    날짜     거래 건수
0       종로구  201901   51
```

ignore_index 옵션을 True라고 지정하면 인덱스 번호를 출력합니다. 결과를 확인하면 비어 있던 데이터 프레임에 데이터가 추가되었습니다.

이와 같은 방법으로 API를 통해 얻은 결괏값을 데이터 프레임에 추가합니다. 결괏값은 하나가 아니고 여러 개이므로, 결괏값을 하나하나 추가하는 것보다는 반복문을 이용해 한꺼번에 추가하는 것이 효율적입니다.

```
n = len(data)                                              ❶
for i in range(0, n):                                      ❷
   value = data[i].split(',')                              ❸
   row = [regi, value[0], int(value[1])]
   df_row = pd.Series(row, index=col)
   df = df.append(df_row, ignore_index=True)
print(df)                                                  ❹

---------------------------------------------------------------
       지역    날짜     거래 건수
0      종로구  201901   51
1      종로구  201902   56
2      종로구  201903   78
3      종로구  201904   64
         •
```

```
        .
        .
21      종로구  202010   51
22      종로구  202011  100
23      종로구  202012  102
```

❶ 코드는 앞에서 진행했던 전처리 과정을 반복문으로 자동화한 것입니다. 리스트 전체 data의 길이를 n으로 설정합니다.

❷ for 문을 이용해 0부터 리스트 길이인 n의 값 하나 전(n-1)까지 반복하는 반복문입니다.

❸ 리스트의 i번째 요소를 데이터 프레임에 추가하기 위한 전처리 과정을 보여주고 있습니다. 모두 앞에서 실습해본 것들입니다.

❹ 출력 결과를 보여주고 있습니다.

matplotlib으로 데이터 시각화

데이터 시각화란 데이터의 분석 결과를 사용자가 쉽게 이해할 수 있도록 시각적으로 표현해 전달하는 과정을 말합니다. 지금까지 html 코드 형태의 데이터를 리스트로, 리스트 형태의 데이터를 행, 열로 이루어진 데이터 프레임으로 변경했습니다. 그런데 시각화 도구를 이용해 그래프 형태로 표현하면, 데이터에 담긴 의미가 무엇인지 좀 더 깊이 있게 이해할 수 있습니다.

그럼 앞에서 만든 종로구 데이터 프레임을 시각화해 보겠습니다. 주피터 노트북에서 다음 코드를 입력합니다.

```
import matplotlib.pyplot as plt                                       ❶

plt.figure(figsize=(20, 10))                                          ❷
plt.plot(df['날짜'], df['거래 건수'], color='b', marker='o')          ❸
plt.show()                                                            ❹
```

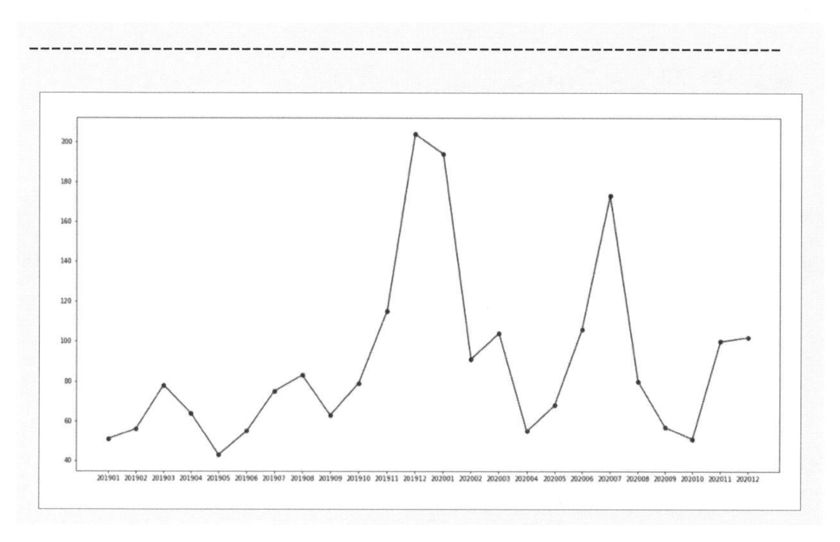

그림 7-7 종로구 아파트 거래 건수 추이

❶ 데이터를 시각화하기 위해 `matplotlib` 라이브러리를 불러옵니다. `as` 예약어로 앞으로 `matplotlib`은 `plt`로 줄여 사용합니다.

❷ `figure` 메서드를 이용해 플롯의 크기를 결정합니다. 플롯은 일반적으로 변수 간의 관계를 표현할 때 사용하는 그래픽 기술입니다. 플롯의 크기는 화면의 크기로 이해하면 쉽습니다. 플롯의 크기는 `figsize=(`**가로 길이**`,` **세로 길이**`)` 형식으로 지정합니다.

❸ `plot` 메서드를 이용해 플롯을 그리는데, 옵션으로 가로축과 세로축을 지정할 수 있습니다. 가로축은 데이터 프레임의 날짜 열(Column)이므로 `df['`**날짜**`']` 형식으로, 세로축은 거래 건수이므로 `df['`**거래 건수**`']` 형식으로 입력합니다. 또한 `color`는 선(Line)의 색깔을 지정하는 옵션으로, `'b'`는 파란색(Blue)을 의미합니다. 그리고 `marker`는 직선의 종류를 지정하는 옵션으로, `'o'`는 표식이 있는 직선입니다.

❹ 결과를 확인하면 데이터가 꺾은선 그래프 형태로 시각화된 것을 볼 수 있습니다.

! 잠시 멈춤 **데이터 시각화가 어려워요**

파이썬은 다양한 라이브러리를 제공합니다. 그중에서 데이터 분석과 밀접한 관련이 있는 대표적인 라이브러리로 numpy, pandas, matplotlib이 있습니다. numpy는 주로 수학 관련 계산을 목적으로 할 때 사용하며, pandas는 데이터 프레임을 이용해 데이터를 관리할 때 사용합니다. 그리고 matplotlib은 데이터를 시각화할 때 사용합니다. 파이썬의 matplotlib은 가장 기본적인 시각화 라이브러리이며, seaborn과 같은 다른 시각화 라이브러리도 있습니다.

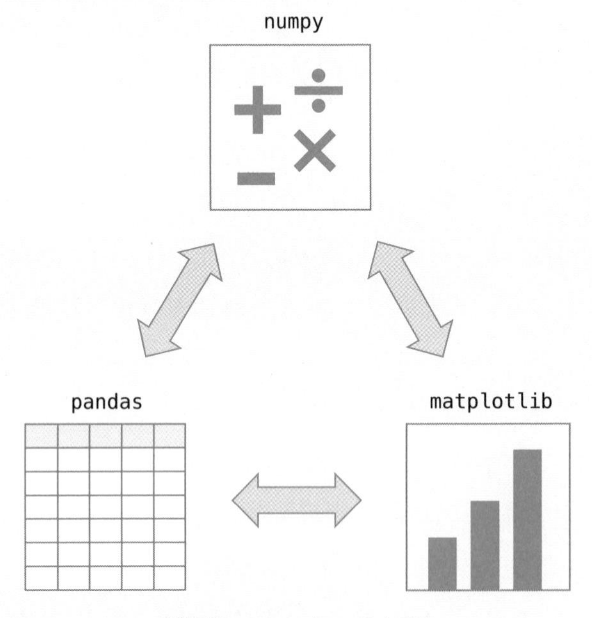

그림 7-8 numpy, pandas, matplotlib

[그림 7-8]과 같이 세 가지 라이브러리는 서로 밀접한 연관이 있습니다. 따라서 데이터 시각화에 관심이 있다면 matplotlib과 같은 시각화 라이브러리를 익히는 것도 중요하지만, 못지 않게 numpy, pandas 학습도 병행하는 것이 좋습니다.

전체 코드

```
from bs4 import BeautifulSoup
from urllib.request import urlopen
import pandas as pd
import matplotlib.pyplot as plt

endpoint="http://openapi.reb.or.kr/OpenAPI_ToolInstallPackage/
service/rest/RealEstateTradingSvc/getRealEstateTradingCount"
serviceKey="(발급받은 인증키를 입력하세요)"

startmonth = "201901"
endmonth = "202012"
region = "11110"
tradingtype="05"

url = endpoint + "?" \
     "serviceKey=" + serviceKey + \
     "&" + "startmonth=" + startmonth + \
     "&" + "endmonth=" + endmonth + \
     "&" + "region=" + region + \
     "&" + "tradingtype=" + tradingtype

html = urlopen(url)
bs_obj = BeautifulSoup(html, "html.parser")
print(bs_obj)

regi = bs_obj.find("regionnm").text
print(regi)

trade = bs_obj.find("rsrow").text
data = trade.split('|')

df = pd.DataFrame(columns=['지역', '날짜', '거래 건수'])
col = df.columns
```

```
print(col)

n = len(data)
for i in range(0, n):
    value = data[i].split(',')
    row = [regi, value[0], int(value[1])]
    df_row = pd.Series(row, index=col)
    df = df.append(df_row, ignore_index=True)

plt.figure(figsize=(20, 10))
plt.plot(df['날짜'], df['거래 건수'], color='b', marker='o')
plt.show()
```

pandas와 matplotlib을 활용한 심화 실습

이번 실습에서는 여러 지역의 아파트 거래 건수를 서로 비교해 보겠습니다. 비교할 지역은 '종로구', '광진구', '관악구'입니다.

먼저 실습에 필요한 라이브러리 및 함수를 불러옵니다.

```
from bs4 import BeautifulSoup
from urllib.request import urlopen
import pandas as pd
import matplotlib.pyplot as plt
```

API 요청을 위한 URL 및 요청변수를 설정합니다.

```
endpoint="http://openapi.reb.or.kr/OpenAPI_ToolInstallPackage/
service/rest/RealEstateTradingSvc/getRealEstateTradingCount"      ❶
serviceKey="(발급받은 인증키를 입력하세요)"                          ❷

startmonth = "201901"                                             ❸
endmonth = "202012"                                               ❹
```

```
region = ["11110", "11215", "11620"]     ❺
tradingtype="05"                          ❻
```

❶ ❷ endpoint와 인증키 입력은 이전 실습과 동일합니다.

❸ ❹ 원하는 데이터의 시작 날짜와 종료 날짜를 지정해 줍니다.

❺ 지역코드를 설정합니다. 앞선 예제에서는 하나의 지역만 실습했기 때문에 문자열 형태로 지정했지만, 이번에는 세 지역의 데이터를 구해야 하므로 리스트 형태로 저장합니다. 지역 코드는 종로구 11110, 광진구 11215, 관악구 11620입니다.

❻ 거래유형은 아파트 거래를 의미하는 05로 입력합니다.

다음은 반복문에 필요한 값을 설정하는 단계입니다.

```
m = len(region)                                          ❶
df = pd.DataFrame(columns=['지역', '날짜', '거래 건수'])  ❷
col = df.columns                                         ❸
```

❶ 지역코드의 수를 계산합니다. 정보를 가져올 지역이 총 3개이므로 리스트의 길이를 구하면 m 값은 3입니다. 따라서 이후 수행할 반복문은 3회 반복됩니다.

❷ 빈 데이터 프레임을 생성합니다. 생성하는 방법은 앞선 실습과 동일합니다.

❸ 데이터 프레임의 열 이름을 저장합니다.

다음 코드를 입력합니다.

```
for j in range(0, m):                     ❶
    url = endpoint + "?" \
```

```
        "serviceKey=" + serviceKey + \
        "&" + "startmonth=" + startmonth + \
        "&" + "endmonth=" + endmonth + \
        "&" + "region=" + region[j] + \                    ❷
        "&" + "tradingtype=" + tradingtype


    html = urlopen(url)                                    ❸
    bs_obj = BeautifulSoup(html, "html.parser")            ❹

    regi = bs_obj.find("regionnm").text                    ❺
    trade = bs_obj.find("rsrow").text                      ❻
    data = trade.split('|')                                ❼

    n = len(data)                                          ❽
    for i in range(0, n):                                  ❾
        value = data[i].split(',')                         ❿
        row = [regi, value[0], int(value[1])]              ⓫
        df_row = pd.Series(row, index=col)                 ⓬
        df = df.append(df_row, ignore_index=True)          ⓭
print(df)                                                  ⓮
-----------------------------------------------------------------
지역    날짜      거래 건수
0   종로구    201901     51
1   종로구    201902     56
2   종로구    201903     78
3   종로구    201904     64
4   종로구    201905     43
…   …  …      …
67  관악구    202008    275
68  관악구    202009    404
69  관악구    202010    227
70  관악구    202011    195
71  관악구    202012    368
72 rows × 3 columns
```

❶ 반복문을 수행합니다. 반복문은 지역코드의 개수만큼 반복됩니다. 우리가 설정한 지역은 '종로구', '광진구', '관악구' 세 곳이므로 반복문은 3회 반복됩니다.

❷ URL을 설정하는 부분입니다. 지역별로 반복문이 수행되므로, `region[j]`와 같이 j번째 `region` 값을 넣어야 반복문이 제대로 작동합니다.

❸, ❹ 변수 `url`을 오픈한 다음, `BeautifulSoup`를 이용해 파싱하고 객체로 저장합니다.

❺ 지역명을 저장합니다.

❻ 날짜별 거래 건수를 저장합니다.

❼ 날짜별로 거래 건수 데이터를 구분자 |를 기준으로 나눕니다.

❽ 결괏값의 개수를 저장합니다. 2년간의 데이터를 저장하므로 24개의 데이터가 저장됩니다.

❾ 결괏값의 각 행을 데이터 프레임에 저장하는 반복문입니다. 반복문은 총 24번 반복됩니다.

❿ 변수 `data`의 결괏값을 콤마를 기준으로 날짜, 거래 건수로 다시 분리합니다.

⓫ [지역명, 날짜, 거래 건수] 형태로 리스트를 저장합니다. 거래 건수는 숫자이므로 정수형(`int`)으로 변환해 저장해야 합니다.

⓬ 기존 리스트 형태의 결괏값을 `pd.Series` 형태로 변환합니다. `index` 옵션은 열 이름에 해당합니다.

⓭ 결괏값을 데이터 프레임에 저장합니다.

⓮ 결과를 확인합니다.

계속해서 지금까지 반복문을 이용해 전처리한 데이터 프레임을 시각화해 보겠습니다. 다음 코드를 입력합니다.

```
df01 = df[df['지역']=='종로구']                                    ❶
df02 = df[df['지역']=='광진구']                                    ❷
df03 = df[df['지역']=='관악구']                                    ❸

plt.figure(figsize=(20, 10))                                       ❹
plt.plot(df01['날짜'], df01['거래 건수'], color='b',                ❺
    marker='o', linestyle='-', label='Jongro')
plt.plot(df02['날짜'], df02['거래 건수'], color='r',                ❻
    marker='^', linestyle='--', label='Gwangjin')
plt.plot(df03['날짜'], df03['거래 건수'], color='g',                ❼
    marker='s', linestyle='-.', label='Gwanak')
plt.legend(fontsize=20)                                            ❽
plt.show()                                                         ❾
```

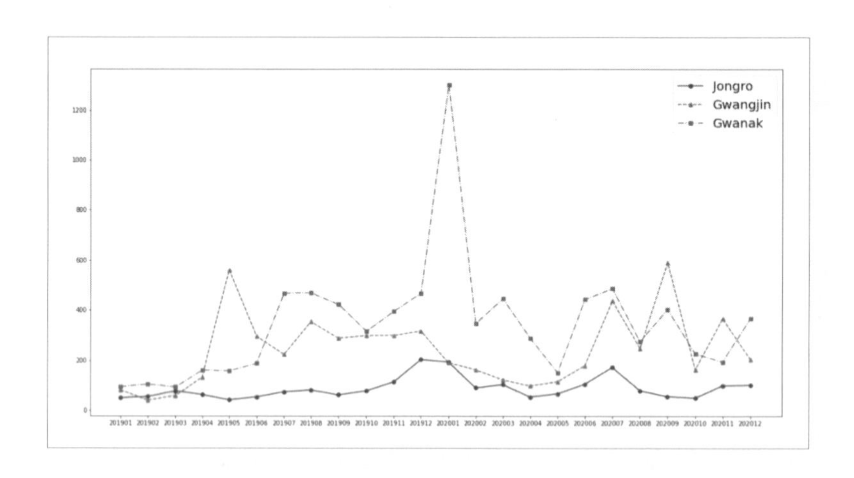

그림 7-9 데이터 시각화

❶ 각각의 지역으로 데이터 프레임을 분류합니다. 기존 데이터 프레임에서 종로구에 해당하는 데이터만 추출해 새로운 데이터 프레임 df01로 설정합니다.

❷ 광진구에 해당하는 데이터만 추출해 새로운 데이터 프레임 df02로 설정합니다.

❸ 관악구에 해당하는 데이터만 추출해 새로운 데이터 프레임 df03으로 설정합니다.

❹ 화면의 크기를 지정합니다. figsize=(가로 길이, 세로 길이) 형태로 값을 입력합니다.

❺ 종로구 데이터를 플롯으로 추가합니다. 데이터의 날짜를 가로축으로, 거래 건수를 세로축으로 설정합니다. color='b'는 직선을 파란색으로 설정한다는 의미이며, marker='o' 옵션은 표식이 있는 플롯이라는 의미입니다. 그리고 linestyle='-'은 직선을 그리겠다는 뜻입니다. label='Jongro' 옵션은 해당 직선 범례의 레이블이 Jongro(종로)라는 뜻입니다.

❻, ❼ 같은 방법으로 광진구와 관악구 데이터를 플롯으로 각각 추가합니다.

❽ legend 메서드를 이용하면 플롯에 범례를 추가할 수 있습니다. fontsize 옵션으로 범례의 글꼴 크기를 지정합니다.

❾ 결과를 확인합니다.

시각화된 데이터를 보면 관악구의 2020년 1월 거래 건수가 다른 데이터에 비해 급증하고 있다는 것을 확인할 수 있습니다.

전체 코드

```
from bs4 import BeautifulSoup
from urllib.request import urlopen
import pandas as pd
import matplotlib.pyplot as plt

endpoint="http://openapi.reb.or.kr/OpenAPI_ToolInstallPackage/
service/rest/RealEstateTradingSvc/getRealEstateTradingCount"
serviceKey="(발급받은 인증키를 입력하세요)"

startmonth = "201901"
endmonth = "202012"
```

```
region = ["11110", "11215", "11620"]
tradingtype="05"

m = len(region)
df = pd.DataFrame(columns=['지역', '날짜', '거래 건수'])
col = df.columns
for j in range(0, m):
   url = endpoint + "?" \
        "serviceKey=" + serviceKey + \
        "&" + "startmonth=" + startmonth + \
        "&" + "endmonth=" + endmonth + \
        "&" + "region=" + region[j] + \
        "&" + "tradingtype=" + tradingtype

   html = urlopen(url)
   bs_obj = BeautifulSoup(html, "html.parser")

   regi = bs_obj.find("regionnm").text
   trade = bs_obj.find("rsrow").text
   data = trade.split('|')

   n = len(data)
   for i in range(0, n):
       value = data[i].split(',')
       row = [regi, value[0], int(value[1])]
       df_row = pd.Series(row, index=col)
       df = df.append(df_row, ignore_index=True)

df01 = df[df['지역']=='종로구']
df02 = df[df['지역']=='광진구']
df03 = df[df['지역']=='관악구']

plt.figure(figsize=(20, 10))
plt.plot(df01['날짜'], df01['거래 건수'], color='b', marker='o',
```

```
linestyle='-', label='Jongro')
plt.plot(df02['날짜'], df02['거래 건수'], color='r', marker='^',
linestyle='--', label='Gwangjin')
plt.plot(df03['날짜'], df03['거래 건수'], color='g', marker='s',
linestyle='-.', label='Gwanak')
plt.legend(fontsize=20)
plt.show()
```

파이썬으로 CSV 파일 다루기

지금까지 파이썬에서 제공하는 pandas 라이브러리를 이용해 데이터 프레임 형태로 데이터를 확인했습니다. 그런데 데이터 프레임 형태의 데이터는 파이썬을 실행해야 볼 수 있습니다. 물론 파이썬을 실행해 데이터를 확인하는 것도 좋지만, 파이썬을 실행하지 않아도 데이터를 확인할 수 있다면 더 편리할 것 같습니다. 그렇다면 데이터 프레임을 별도의 파일로 저장할 수는 없을까요? 데이터 프레임을 별도의 파일로 저장한다면, 파이썬의 실행 여부와 상관없이 언제든지 데이터를 보관하고 확인할 수 있어 유용할 것입니다.

CSV란 무엇인가요?

CSV란 Comma-Separated Values의 약자로, 콤마(,)로 구분한 텍스트 데이터 또는 파일을 의미합니다. csv 파일의 확장자는 .csv입니다. CSV와 비슷한 개념으로 TSV가 있습니다. TSV는 Tab-Separated Values의 약자로 Tab 으로 구분한 텍스트 데이터 또는 파일을 의미합니다. 이때, 탭으로 구분한다는 말은 키보드의 tab 키를 이용해 텍스트를 구분한다는 뜻입니다.

[그림 7-10]은 csv 파일과 tsv 파일 간의 차이를 보여주고 있습니다.

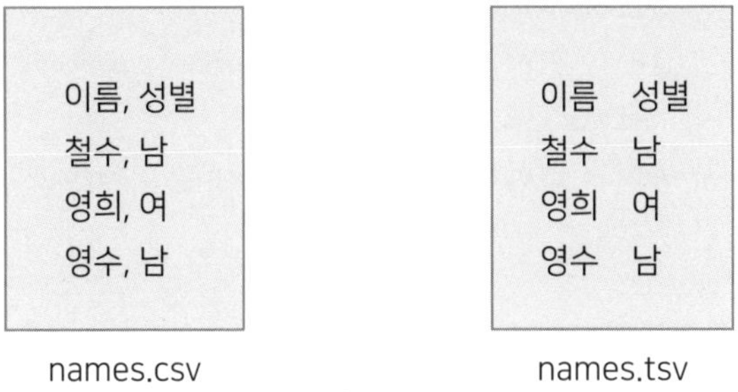

이름, 성별
철수, 남
영희, 여
영수, 남

names.csv

이름	성별
철수	남
영희	여
영수	남

names.tsv

그림 7-10 csv 파일과 tsv 파일

csv 파일은 텍스트 구분자로 콤마(,)를 사용하며 확장자는 .csv입니다. 반면, tsv 파일은 텍스트 구분자로 키보드 tab 키를 사용하며, 확장자로 .tsv를 사용합니다.

크롤링 결과를 CSV 파일로 저장

본격적으로 데이터 프레임을 csv 파일로 저장하겠습니다. 앞선 실습에서 만들었던 데이터 프레임을 다시 확인해 보겠습니다.

```
df
------------------------------
지역    날짜      거래 건수
0   종로구   201901     51
1   종로구   201902     56
2   종로구   201903     78
3   종로구   201904     64
4   종로구   201905     43
…   …  …        …
67  관악구   202008    275
68  관악구   202009    404
69  관악구   202010    227
70  관악구   202011    195
71  관악구   202012    368
72 rows × 3 columns
```

df를 출력해 데이터 프레임을 확인하였습니다. 이제 데이터 프레임 df를 csv 파일로 저장하겠습니다.

```
df.to_csv("./trade01.csv")
```

데이터 프레임을 csv 파일로 만드는 방법은 간단합니다. 코드처럼 데이터 프레임에 to_csv 메서드를 활용하면 csv 파일로 바로 저장할 수 있습니다. to_csv 메서드 소괄호 안에는 저장하려는 위치의 경로와 파일명을 입력합니다.

! 잠시 멈춤 **경로를 확인하세요.**

df.to_csv("./trade01.csv")로 df를 csv 파일로 저장할 경우, 파일이 저장되는 경로는 주피터 노트북을 실행하는 폴더입니다. 사용자마다 주피터 노트북을 실행하는 폴더가 다를 수 있으므로 주의하길 바랍니다.

변환한 csv 파일을 특정 폴더에 저장하려 한다면, 예컨대 우리의 실습 폴더인 source_code 폴더에 저장하려 한다면 다음과 같이 경로명을 입력하면 됩니다.

```
df.to_csv("C:/Users/Cheolwon/Documents/source_code/trade01.csv")
```

코드를 입력했다면 저장한 폴더로 이동해 trade01.csv 파일을 실행합니다.

	A	B	C
1		叓???좊쭙	嫄곗옩嫄댁닔
2	0	醫낃줎援?201901	51
3	1	醫낃줎援?201902	56
4	2	醫낃줎援?201903	78
5	3	醫낃줎援?201904	64
6	4	醫낃줎援?201905	43
7	5	醫낃줎援?201906	55
8	6	醫낃줎援?201907	75
9	7	醫낃줎援?201908	83
10	8	醫낃줎援?201909	63
11	9	醫낃줎援?201910	79
12	10	醫낃줎援?201911	115

그림 7-11 trade01 파일 확인

결과를 확인해보니 한글이 제대로 출력되지 않습니다. 이 문제를 인코딩 문제라고 합니다.

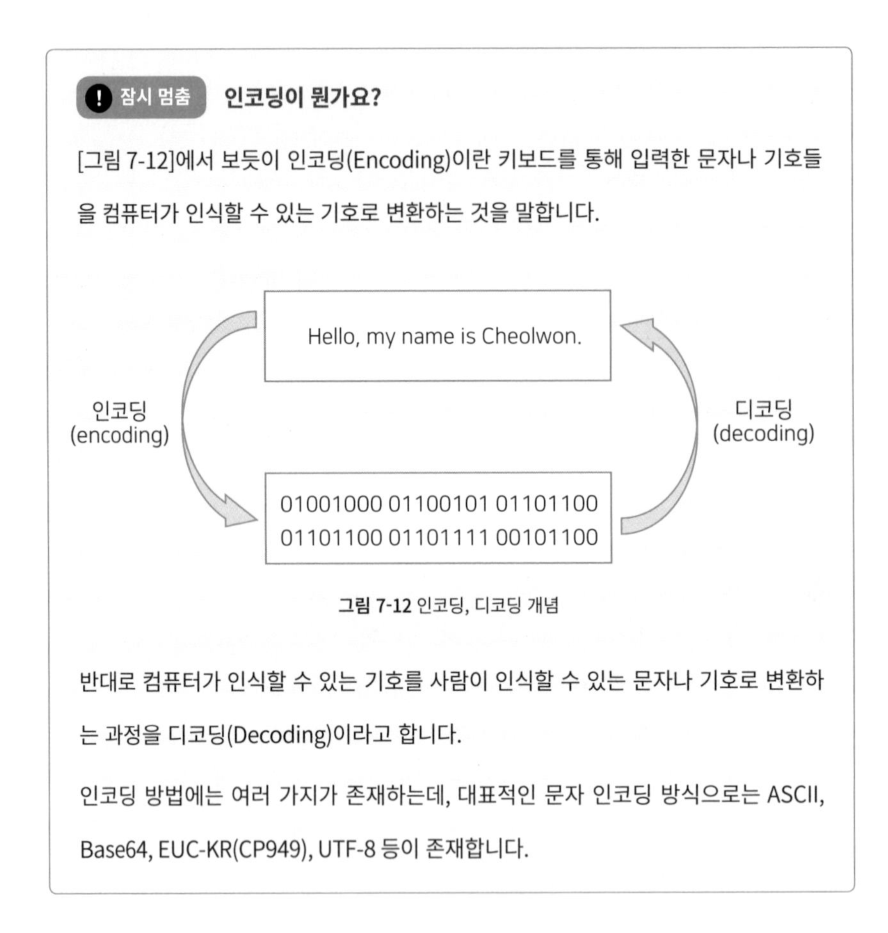

잠시 멈춤 인코딩이 뭔가요?

[그림 7-12]에서 보듯이 인코딩(Encoding)이란 키보드를 통해 입력한 문자나 기호들을 컴퓨터가 인식할 수 있는 기호로 변환하는 것을 말합니다.

그림 7-12 인코딩, 디코딩 개념

반대로 컴퓨터가 인식할 수 있는 기호를 사람이 인식할 수 있는 문자나 기호로 변환하는 과정을 디코딩(Decoding)이라고 합니다.

인코딩 방법에는 여러 가지가 존재하는데, 대표적인 문자 인코딩 방식으로는 ASCII, Base64, EUC-KR(CP949), UTF-8 등이 존재합니다.

주피터 노트북으로 돌아가 다음 코드를 입력합니다.

```
df.to_csv("./trade02.csv", encoding='CP949')
```

앞서 csv 파일로 저장할 때의 코드와는 달리 이번에는 `encoding`이라는 옵션이 추가되었습니다. 파일을 저장할 때 인코딩하는 방식을 `'CP949'`로 바꾸는 것입니다. CP949는 한글을 표현할 때 자주 사용하는 인코딩 방식입니다. 코드를 입력한 후 생성된 trade02.csv 파일을 실행해 확인합니다.

	A	B	C	D
1		지역	날짜	거래건수
2	0	종로구	201901	51
3	1	종로구	201902	56
4	2	종로구	201903	78
5	3	종로구	201904	64
6	4	종로구	201905	43
7	5	종로구	201906	55
8	6	종로구	201907	75
9	7	종로구	201908	83
10	8	종로구	201909	63
11	9	종로구	201910	79
12	10	종로구	201911	115

그림 7-13 trade02 파일 확인

앞선 trade01.csv 파일과는 달리 한글이 제대로 출력되고 있습니다.

그런데 trade02 파일의 A열을 보면 데이터 프레임의 인덱스 번호도 함께 저장된다는 것을 알 수 있습니다. 좀 더 깔끔한 저장을 위해 인덱스 번호는 저장하지 않도록 하는 방법이 있을까요?

이를 위해 다시 주피터 노트북으로 돌아가 다음과 같이 코드를 입력합니다.

```
df.to_csv("./trade03.csv", encoding='CP949', index=False)
```

주피터 노트북으로 돌아가서 다시 한번 to_csv 메서드로 csv 파일을 저장합니다. 이번에는 앞선 코드와 달리 index 옵션을 추가합니다. index 옵션은 데이터 프레임의 인덱스 번호를 저장할지 여부를 지정하는 옵션입니다. 우리는 인덱스 번호를 저장하지 않을 것이므로 index=False라고 입력합니다.

새로 생성한 파일 trade03.csv 파일을 확인합니다.

	A	B	C
1	지역	날짜	거래건수
2	종로구	201901	51
3	종로구	201902	56
4	종로구	201903	78
5	종로구	201904	64
6	종로구	201905	43
7	종로구	201906	55
8	종로구	201907	75
9	종로구	201908	83
10	종로구	201909	63

그림 7-14 trade03 파일 확인

우리가 원했던 대로 한글 저장도 잘 되었고, 인덱스 번호도 저장되지 않았습니다.

CSV 파일, 파이썬으로 불러오기

파이썬에서 사용하는 데이터 프레임을 파이썬 외부에서도 사용할 수 있도록 csv 파일로 저장했습니다. 이번에는 반대로 외부에 있는 csv 파일을 파이썬으로 불러옵시다.

```
data = pd.read_csv("./trade03.csv", encoding='CP949')
data
------------------------------------------------------
지역    날짜       거래 건수
0   종로구    201901      51
1   종로구    201902      56
2   종로구    201903      78
3   종로구    201904      64
4   종로구    201905      43
...  ...  ...       ...
67  관악구    202008     275
68  관악구    202009     404
69  관악구    202010     227
70  관악구    202011     195
```

```
71  관악구        202012       368
72 rows × 3 columns
```

코드는 파이썬에서 외부 csv 파일을 불러오는 방법입니다. 즉, pandas 라이브러리의 read_csv 함수를 이용하면 csv 파일을 불러올 수 있습니다. 사용 방법은 파일이 있는 경로와 파일 이름, 인코딩 방식을 입력하면 됩니다. 앞에서 데이터 프레임을 csv 파일로 저장할 때 인코딩 방식을 CP949로 설정했으므로, 반대로 csv 파일을 불러올 때도 인코딩 방식을 CP949 형식으로 지정해 불러옵니다. 데이터 프레임을 정상적으로 불러옵니다.

파이썬으로 엑셀 파일 다루기

앞서 다루었던 내용은 파이썬의 데이터 프레임과 csv 파일에 관한 내용이었습니다. 그렇다면 파이썬의 데이터 프레임을 csv 파일이 아닌 엑셀 파일로 저장할 수는 없을까요? 이번 절에서는 데이터 프레임을 엑셀 데이터로 저장해 보겠습니다.

크롤링 결과를 엑셀 파일로 저장

데이터 프레임을 엑셀로 저장하는 방법은 다음 코드와 같습니다.

```
df.to_excel("./trade04.xlsx", encoding='CP949', index=False)
```

앞서 csv 파일로 저장할 때는 to_csv 메서드를 사용했다면, 엑셀 파일로 저장할 때는 to_excel 메서드를 사용합니다. 파일 이름을 저장할 때도 확장자 .csv를 사용하는 것이 아니라 엑셀 데이터의 확장자인 .xlsx로 저장합니다.

코드로 데이터 프레임을 엑셀 파일로 저장했다면 해당 파일을 확인합니다. 저장한 경로로 이동해 파일을 더블클릭해 실행합니다.

	A	B	C
1	지역	날짜	거래건수
2	종로구	201901	51
3	종로구	201902	56
4	종로구	201903	78
5	종로구	201904	64
6	종로구	201905	43
7	종로구	201906	55
8	종로구	201907	75
9	종로구	201908	83
10	종로구	201909	63

그림 7-15 엑셀 데이터로 저장

[그림 7-15]는 데이터 프레임을 엑셀 데이터로 저장한 trade04.xlsx입니다. 데이터가 엑셀 형태로 잘 저장되어 있습니다.

파이썬으로 엑셀 파일 불러오기

앞서 csv 파일을 불러온 것처럼 이번에는 파이썬을 활용해 엑셀 파일을 불러오겠습니다.

```
data = pd.read_excel("./trade04.xlsx", engine='openpyxl')
data
------------------------------------------------------------
지역    날짜        거래 건수
0    종로구    201901        51
1    종로구    201902        56
2    종로구    201903        78
3    종로구    201904        64
4    종로구    201905        43
...  ...  ...        ...
67   관악구    202008       275
68   관악구    202009       404
69   관악구    202010       227
70   관악구    202011       195
```

```
71  관악구        202012       368
72 rows × 3 columns
```

엑셀 데이터를 불러올 때는 read_excel 함수를 사용합니다. 그리고 함수 내부에 있는 engine 옵션을 사용해야 하는데, 엑셀 데이터를 불러오기 위해서는 openpyxl을 입력해야 합니다. 결과를 살펴보면 엑셀 파일을 정상적으로 불러옵니다.

CHAPTER 08

주식 데이터 웹 크롤링과 데이터베이스 다루기

- 웹 크롤링할 주식 사이트를 확인하고 데이터를 크롤링합니다.
- MySQL 프로그램으로 주식 데이터를 데이터베이스에 저장합니다.
- 웹 크롤링과 데이터베이스를 활용해 다양한 자동화 기법과 문제해결 능력을 키웁니다.

8장에서는 주식 데이터를 웹 크롤링합니다. 주식은 웹 크롤링과 밀접한 분야이며 실제로 많은 사람이 웹 크롤링을 배우려는 목적이 주식인 경우가 많습니다. 그러나 주식 데이터는 매우 까다롭습니다. 매일 변할 뿐만 아니라, 데이터를 제대로 활용하기 위해서는 현재 데이터뿐만 아니라 과거 데이터까지도 참고해야 합니다. 따라서 이번 장에서는 주식 데이터를 웹 크롤링하는 것은 물론 크롤링한 데이터를 데이터베이스에 저장하고 이를 자동화하는 과정까지 실습해 보겠습니다.

주식 데이터 웹 크롤링은 어떻게 할까?

이번 장에서는 주식 데이터를 웹 크롤링합니다. 그리고 크롤링한 데이터를 MySQL을 이용해 데이터베이스에 저장합니다.

[그림 8-1]은 이번 장에서 다루게 될 주식 데이터 웹 크롤링 과정을 한눈에 보여주고 있습니다.

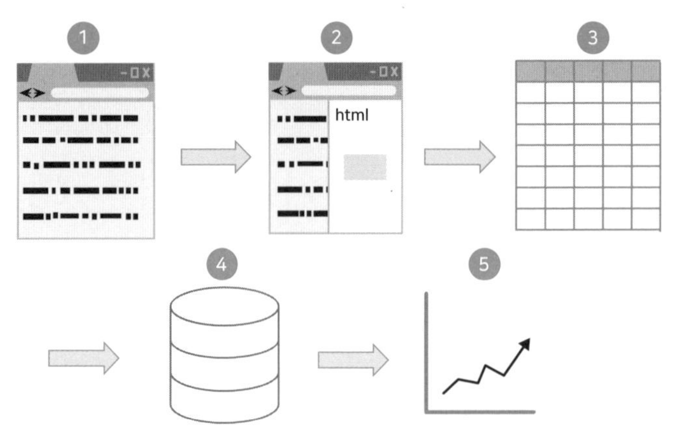

그림 8-1 주식 데이터 웹 크롤링 과정

❶ 주식 사이트에 접속해 데이터 추출이 필요한 영역을 검색합니다.

❷ 해당 영역이 어떤 태그와 속성으로 이루어졌는지 파악합니다.

❸ 파이썬을 이용해 데이터를 추출하고 전처리합니다.

❹ MySQL을 이용해 데이터베이스에 테이블 형태로 저장합니다.

❺ 데이터베이스에 저장된 데이터를 불러와 유의미한 정보로 가공하고 시각화합니다.

주식 사이트에 접속하기

주식 사이트에서 원하는 데이터를 웹 크롤링하기 위해 웹 사이트에 접속합니다.

http://comp.fnguide.com

우리가 접속한 CompanyGuide라는 사이트는 주식 정보를 제공하는 웹 사이트입니다. 메인 페이지의 오른쪽 상단 검색란에서 원하는 종목을 입력하고 검색하면 해당 종목의 주가 정보를 확인할 수 있습니다. CompanyGuide 사이트는 기본 정보 외에도 주식과 관련해 매우 상세한 정보를 제공하는 사이트로 잘 알려져 있습니다.

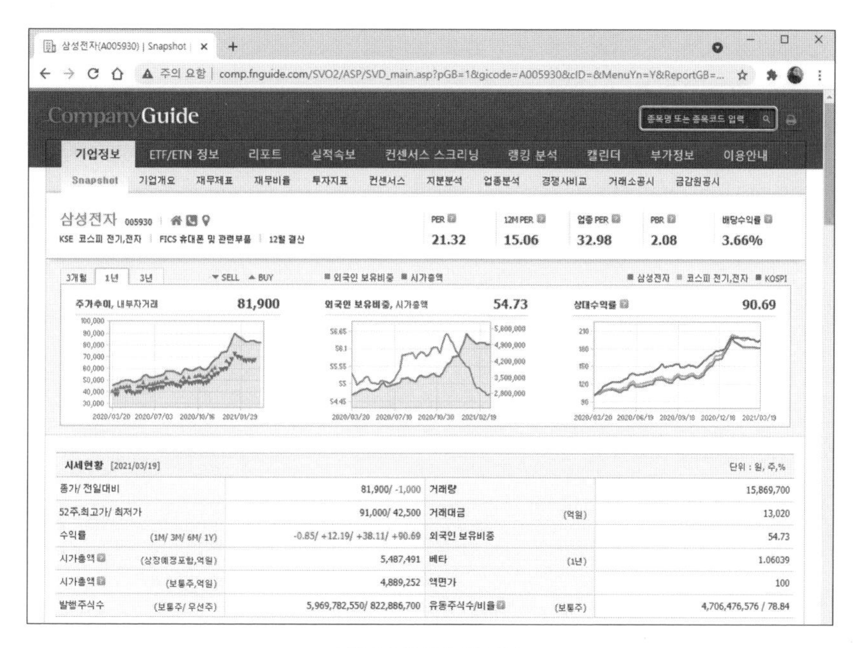

그림 8-2 주식 사이트 접속

주가는 매일 변합니다. 이 사이트의 주가 정보도 매일 변합니다. 따라서 매일 달라지는 주가 정보를 이후 데이터 분석 과정에서 활용하려면, 크롤링한 데이터를 어딘가에 저장해야 합니다. 이 점을 기억하면서 다음 과정으로 넘어가겠습니다.

주식 데이터 크롤링

접속한 CompanyGuide 사이트에서 필요한 정보를 가져오겠습니다. 사이트에서 다양한 정보를 제공하고 있어, 크롤링할 것이 제법 많습니다. 차근차근 크롤링해 보겠습니다.

기본 정보 웹 크롤링

메인 페이지에 있는 삼성전자 정보를 활용하겠습니다. 현재 웹 페이지가 삼성전자 주식 정보가 아닐 경우, 페이지 우측 상단에 있는 검색란에서 '삼성전자'라고 입력해 삼성전자 주식 정보를 불러옵니다.

먼저 웹 크롤링을 위한 라이브러리와 함수를 불러옵니다.

```
from urllib.request import urlopen
from bs4 import BeautifulSoup
```

계속해서 다음 코드를 입력합니다.

```
url = "http://comp.fnguide.com/SVO2/ASP/SVD_main.asp?pGB=1&gicode=A0
05930&cID=&MenuYn=Y&ReportGB=&NewMenuID=11&stkGb=&strResearchYN="
html = urlopen(url)
bs_obj = BeautifulSoup(html, "html.parser")
bs_obj
-------------------------------------------------------------------
<!DOCTYPE html>

<html lang="ko">
<head>
<link href="../css/compeach.css?ver3" rel="stylesheet"/>
<meta content="IE=edge" http-equiv="X-UA-Compatible"/>
<meta charset="utf-8"/>
...(중략)
```

삼성전자 주식 정보 웹 페이지의 URL(현재 크롬 브라우저 주소표시줄에 표시됨)을 복사해 url 변수에 저장합니다. urlopen 함수로 해당 웹 페이지를 열고, 변수 html에 저장합니다. 그리고 BeautifulSoup 함수를 이용해 html의 내용을 파싱합니다. 파싱한 결과가 위와 같다면 정상적으로 파싱된 것입니다.

날짜

[그림 8-3]과 같이 '시세현황'에 있는 날짜 정보를 추출하겠습니다. F12 키를 눌러 개발자 도구 창을 엽니다. 웹 페이지의 '시세현황' 오른쪽에 있는 날짜

정보를 선택하고, 이 정보의 html 코드가 어떤 것인지 개발자 도구 창에서 확인합니다.

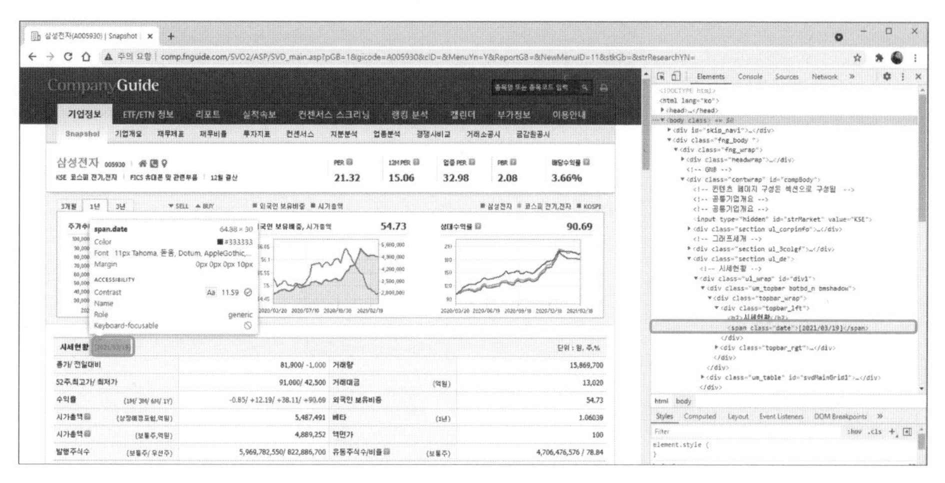

그림 8-3 날짜 정보 검색

개발자 도구 창을 보면 날짜 정보는 <span> 태그를 사용하며, class 속성에 date라는 속성값도 함께 지정되어 있습니다. 따라서 해당 단어를 찾아 text 메서드로 내용을 확인하면 접속한 당일의 날짜(필자는 [2021/03/19]에 이 웹 페이지에 접속함) 데이터를 결괏값으로 구할 수 있습니다.

다음 코드를 입력합니다.

```
date1 = bs_obj.find("span", {"class":"date"})
print(date1.text)
--------------------------------------------
[2021/03/19]
```

출력 결과를 그대로 데이터베이스에 저장해도 되지만, 기존 날짜 형식([2021/03/19])을 새로운 날짜 형식(2021-03-19)으로 바꿔보겠습니다. 파이썬에서 제공하는 replace 메서드를 이용하면 날짜 형식을 원하는 형식으로 변경할 수 있습니다.

```
date2 = date1.text
date = date2.replace('[','').replace(']','').replace('/','-')
print(date)
--------------------------------------------------------------
2021-03-19
```

먼저 기존 날짜 형식 텍스트를 새로운 변수 date2에 저장하였습니다. 그리고 replace 메서드로 date2 데이터를 새로운 날짜 형식으로 바꾸고, date 변수에 저장합니다. 이때 특수문자인 대괄호 [,]는 필요 없기 때문에 공백('')으로, 특수문자 /는 -로 각각 변경합니다. 결괏값으로 새로운 날짜 형식 2021-03-19을 얻었습니다.

종목 이름

다음은 [그림 8-4]와 같이 종목 이름 정보를 추출하겠습니다.

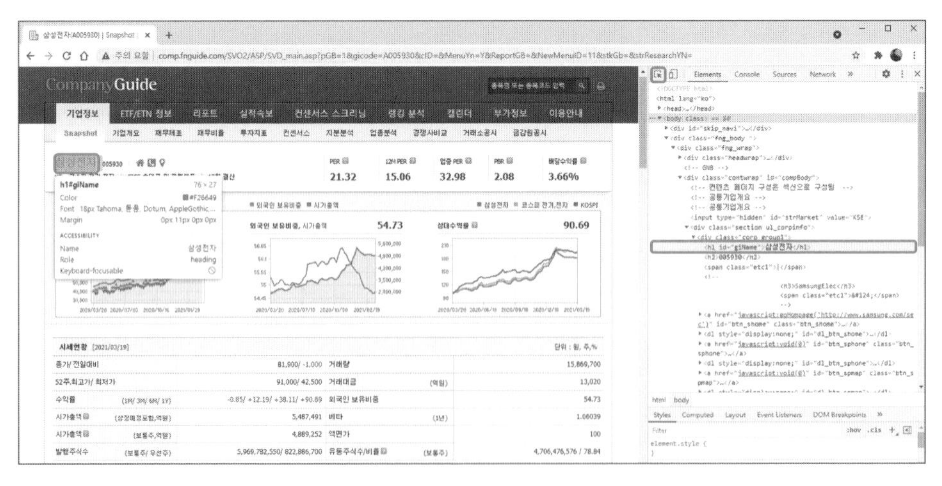

그림 8-4 종목 이름 검색

[그림 8-4]와 같이 개발자 도구 창에서 종목 이름은 <h1> 태그를 사용하며, id 속성에 giName이라는 속성값도 함께 지정되어 있습니다.

다음 코드를 입력합니다.

```
corp_name1 = bs_obj.find_all("h1", {"id":"giName"})
print(corp_name1)
--------------------------------------------------
[<h1 id="giName">삼성전자</h1>]
```

find_all 메서드를 이용해 해당 조건에 맞는 정보를 찾으면, 종목 이름을 불러와 리스트 자료형으로 만듭니다.

```
corp_name = corp_name1[0].text
print(corp_name)
------------------------------
삼성전자
```

종목 이름에서 text 메서드를 사용하면, 앞뒤 태그 문자를 제외하고 원하는 텍스트만 추출합니다.

종목 코드

다음은 [그림 8-5]와 같이 종목 코드 정보를 추출하겠습니다.

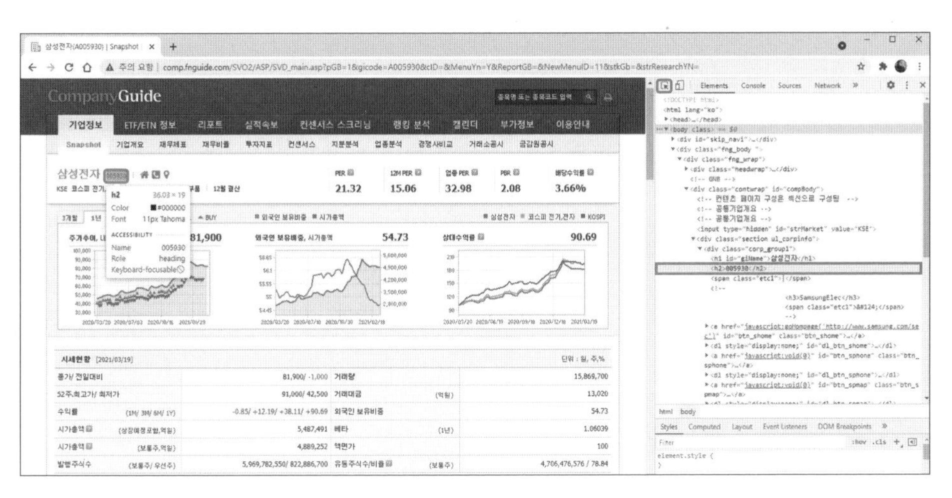

그림 8-5 종목 코드 검색

[그림 8-5]와 같이 개발자 도구 창에서 종목 코드는 상위 태그로 <div> 태그를 사용하고, class 속성에 corp_group1이라는 속성값도 함께 지정되어 있습니다. 추출한 결과에서 다시 <h2> 태그로 검색하면 종목 코드 데이터만 불러올 수 있습니다.

```
code1 = bs_obj.find_all("div", {"class":"corp_group1"})
code2 = code1[0].find("h2")
code = code2.text
print(code)
--------------------------------------------------------
005930
```

text 메서드를 사용해 태그를 제외하고 텍스트 데이터만 추출하였습니다. 결과를 확인하면 종목 코드가 제대로 추출되었습니다. 여기서는 종목 코드 데이터를 가져오기 위해 두 번의 추출 과정을 거칩니다. 중간 결과값 등을 보고 싶다면 print 함수를 이용해 code1, code2, code 등을 출력해 보길 바랍니다.

주가

이번에는 [그림 8-6]과 같이 현 시점의 삼성전자 주가 정보를 추출하겠습니다.

그림 8-6 주가 정보 검색

개발자 도구 창에서 주가 정보는 <span> 태그를 사용하며, id 속성에 svdMainChartTxt11이라는 속성값도 함께 지정되어 있습니다.

```
stock_price1 = bs_obj.find("span", {"id":"svdMainChartTxt11"})
print(stock_price1)
---------------------------------------------------------------
<span id="svdMainChartTxt11">81,900</span>
```

결과를 확인하면 주가 데이터가 정상적으로 추출됩니다.

주가 텍스트만 추출하기 위해 text 메서드를 사용합니다. 그리고 온전히 숫자만 추출하려면 한 가지 작업을 추가해야 합니다.

```
stock_price2 = stock_price1.text
stock_price = int(stock_price2.replace(',', '').strip())
print(stock_price)
--------------------------------------------------------
81900
```

앞에서 출력한 값에는 81,900과 같이 숫자 중간에 콤마(,)가 있습니다. 일상에서는 숫자를 천 단위마다 콤마(,)를 찍어 구분하지만, 프로그래밍에서는 숫자 중간에 특수문자가 포함되면 숫자가 아닌 문자로 인식합니다. 따라서 숫자 중간에 있는 콤마를 제거하기 위해 replace 메서드를 사용했습니다. 그리고 strip 메서드를 사용하면 문자열의 앞뒤 공백을 제거합니다. 끝으로 int 함수를 사용해 해당 문자열을 정수로 변환합니다. 결과를 확인하면 주가 데이터를 원하는 형식으로 추출하고 있습니다.

외국인 보유 비중

이번에는 [그림 8-7]과 같이 외국인 보유 비중 정보를 추출하겠습니다.

그림 8-7 외국인 보유 비중 검색

개발자 도구 창에서 외국인 보유 비중 정보는 <span> 태그를 사용하며, id 속성에 svdMainChartTxt12 속성값도 함께 지정되어 있습니다.

```
fgn_own_ratio1 = bs_obj.find("span", {"id":"svdMainChartTxt12"})
print(fgn_own_ratio1)
----------------------------------------------------------------
<span id="svdMainChartTxt12">54.73</span>
```

외국인 보유 비중 데이터를 제대로 추출했습니다.

외국인 보유 비중 데이터는 실숫값(float)입니다. 따라서 text 메서드를 사용해 얻은 문자열을 실수형으로 변환해야 합니다. float 함수를 이용해 자료형을 변환합니다.

```
fgn_own_ratio = float(fgn_own_ratio1.text)
print(fgn_own_ratio)
----------------------------------------
54.73
```

결과를 확인하면 외국인 보유 비중 데이터가 실수 데이터로 변환되었습니다.

상대 수익률

이번에는 [그림 8-8]처럼 상대수익률 정보를 추출하겠습니다.

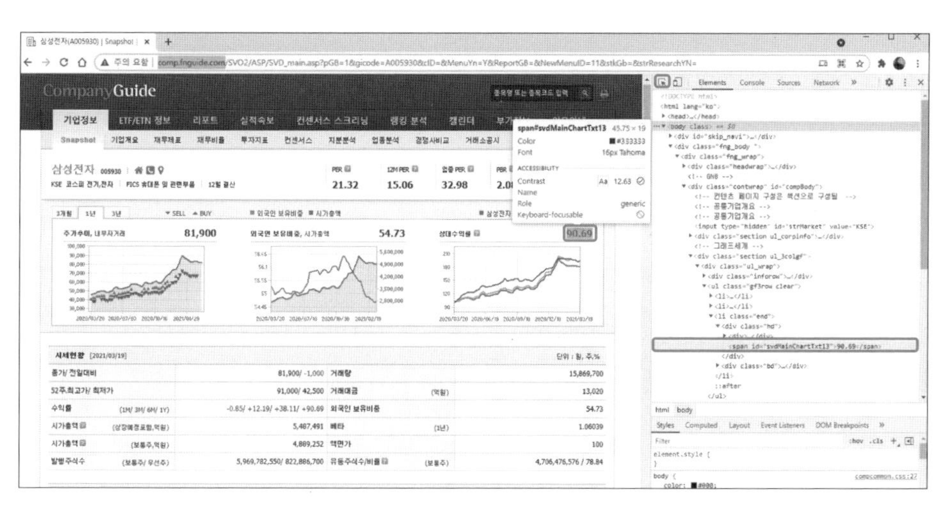

그림 8-8 상대수익률 검색

개발자 도구 창에서 상대수익률 정보는 <span> 태그를 사용하며, id 속성에 svdMainChartTxt13이라는 속성값도 함께 지정되어 있습니다.

```
rel_return1 = bs_obj.find("span", {"id":"svdMainChartTxt13"})
print(rel_return1)
----------------------------------------------------------------
<span id="svdMainChartTxt13">90.69</span>
```

상대 수익률 데이터가 제대로 추출되었습니다.

외국인 보유 비중 결과와 마찬가지로 상대 수익률 또한 실숫값입니다. 따라서 text 메서드를 사용해 추출한 결과를 실수형으로 변환합니다.

```
rel_return = float(rel_return1.text)
print(rel_return)
--------------------------------------
90.69
```

상대 수익률 데이터가 실숫값으로 제대로 변환되었습니다.

상단 테이블 웹 크롤링

이번에는 [그림 8-9]처럼 삼성전자 페이지 상단 테이블에 있는 정보들을 추출하겠습니다. 상단 테이블에는 'PER', '12M PER', '업종 PER', 'PBR', '배당수익률'과 같은 정보가 한데 묶여 있습니다. 이 정보들을 개발자 도구 창에서 찾아보겠습니다. 해당 테이블에 있는 코드를 하나 선택하고 개발자 도구 창을 스크롤해 찾으면, 해당 테이블 전체를 감싸는 코드를 찾을 수 있습니다.

그림 8-9 상단 테이블 검색

[그림 8-9]와 같이 상단 테이블은 개발자 도구 창에서 <div> 태그를 사용하며, class 속성, corp_group2라는 속성값도 함께 지정되어 있습니다.

```
up_list = bs_obj.find("div", {"class":"corp_group2"})
print(up_list)
----------------------------------------------------
<div class="corp_group2" id="corp_group2">
<dl>
<dt>
<dl style="display:none;"><dt>PER(Price Earning Ratio)</dt><dd>전일자
보통주 수정주가 / 최근 결산 EPS(주당순이익) <br/>* EPS = 당기순이익 / 수정평균발행주
식수<br/>* 최근결산은 2020/12 (연간) 기준임.</dd></dl>
<a class="tip_in" href="javascript:void(0)" id="h_per">PER</a>
… (중략)
```

불러온 데이터를 자세히 살펴보면 낯선 태그들이 제법 보입니다. <dl> 태그는 Definition List의 약자로 용어의 목록을 만드는 태그입니다. <dt> 태그는 Definition Term의 약자로 용어나 이름을 나타낼 때 사용하며, <dd> 태그는 Definition Description의 약자로 해당 용어를 설명할 때 사용합니다.

우리가 원하는 정보만 추출하려면, 추출한 데이터에서 <dd> 태그를 사용한 데이터만 다시 추출해야 합니다

```
dd = up_list.find_all("dd")
print(dd)
---------------------------------------------------------------------
[<dd>전일자 보통주 수정주가 / 최근 결산 EPS(주당순이익) <br/>* EPS = 당기순이익
/ 수정평균발행주식수<br/>* 최근결산은 2020/12 (연간) 기준임.</dd>, <dd>21.32</
dd>, <dd>전일자 보통주 수정주가 / 12개월 Forward EPS</dd>, <dd>15.06</
dd>, <dd>시장대표업종||SUM(구성종목 시가총액)/SUM(구성종목 당기순이익)<br/>* 전일
자 보통주 시가총액 기준<br/>* 당기순이익은  최근결산 2020/12 (연간) 기준임.</dd>,
<dd>32.98</dd>, <dd>전일자 보통주 수정주가 / 최근 결산기 BPS(주당순자산) <br/>*
BPS=(지배주주지분-자기주식) / 무상조정기말주식수(우선주 및 자사주 포함) <br/>* 최근
결산은 2020/12 (연간) 기준임.</dd>, <dd>2.08</dd>, <dd>{최근 결산기 보통주
DPS(현금, 무상조정) / 전일자 보통주 수정주가} *100<br/>* 최근결산은 2020/12 (연
간) 기준임.</dd>, <dd>3.66%</dd>]
```

결과 데이터를 보면 우리가 원하는 정보에 근접했다는 것을 알 수 있습니다.

PER

앞서 상단 테이블을 크롤링해 불러온 결과 리스트(dd)를 바탕으로, [그림 8-10]과 같이 PER 데이터를 추출해 보겠습니다. PER(Price Earning Ratio)는 주가수익비율을 뜻합니다.

그림 8-10 PER 검색

PER 데이터는 앞서 크롤링한 리스트에서 인덱스 번호 1에 해당하는 요소입니다. 이 요소를 text 메서드와 float 함수를 이용해 원하는 형식으로 변환합니다.

```
per = float(dd[1].text)
print(per)
------------------------
21.32
```

리스트 자료형은 콤마로 구분된다는 것을 기억하길 바랍니다. dd[1]은 불러온 결괏값 리스트의 두 번째 요소를 가리킵니다. 출력 결과를 보면 원하는 PER 데이터를 추출했습니다.

12M PER

이번에는 [그림 8-11]과 같이 12M PER 값을 추출하겠습니다. 12M PER는 12개월 뒤의 예상 주가수익비율을 의미합니다.

그림 8-11 12M PER 검색

상단 테이블 결과 리스트에서 12M PER 데이터는 인덱스 번호 3에 해당하는 요소입니다. 해당 요소에 text 메서드와 float 함수를 적용해 실수형 데이터를 추출합니다.

```
per_12m = float(dd[3].text)
print(per_12m)
---------------------------
15.06
```

12M PER 데이터를 제대로 추출했습니다.

업종 PER

이번에는 [그림 8-12]와 같이 업종 PER 정보를 추출하겠습니다. 업종 PER는 해당 업종의 PER를 의미합니다.

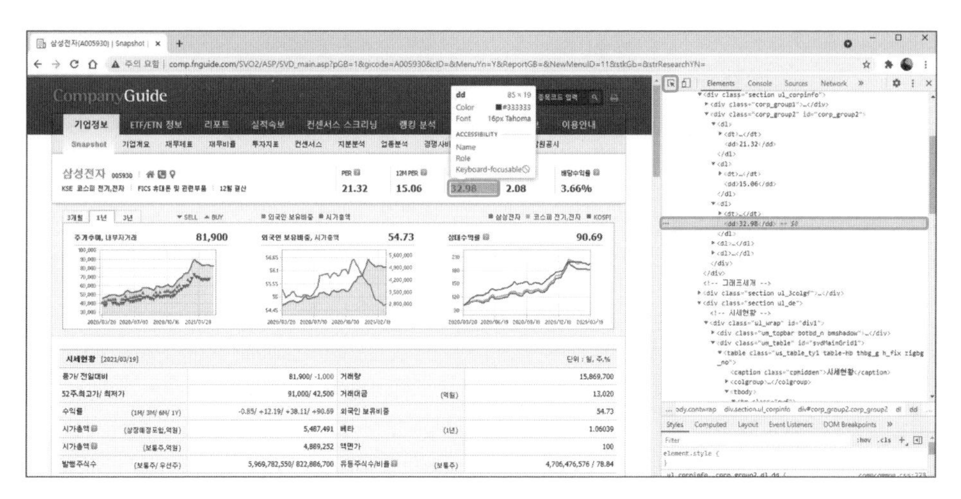

그림 8-12 업종 PER 검색

상단 테이블 리스트에서 업종 PER 데이터는 인덱스 번호 5에 해당하는 요소입니다. 해당 요소에 text 메서드와 float 함수를 적용해 실수형 데이터를 추출합니다

```
per_ind = float(dd[5].text)
print(per_ind)
----------------------------
32.98
```

결과를 확인하면 업종 PER 데이터를 제대로 추출했습니다.

PBR

이번에는 [그림 8-13]처럼 PBR 정보를 추출하겠습니다. PBR(Price to Book Ratio)은 주가순자산비율로, 이는 주가를 주당순자산으로 나눈 것입니다.

그림 8-13 PBR 검색

상단 테이블 결과 리스트에서 PBR 데이터는 인덱스 번호 7에 해당하는 요소입니다. 마찬가지로 해당 요소에 text 메서드와 float 함수를 적용해 실수형 데이터를 추출합니다.

```
pbr = float(dd[7].text)
print(pbr)
----------------------
2.08
```

결과를 확인하면 PBR 데이터를 제대로 추출했습니다.

배당수익률

이번에는 [그림 8-14]처럼 배당수익률 정보를 추출하겠습니다.

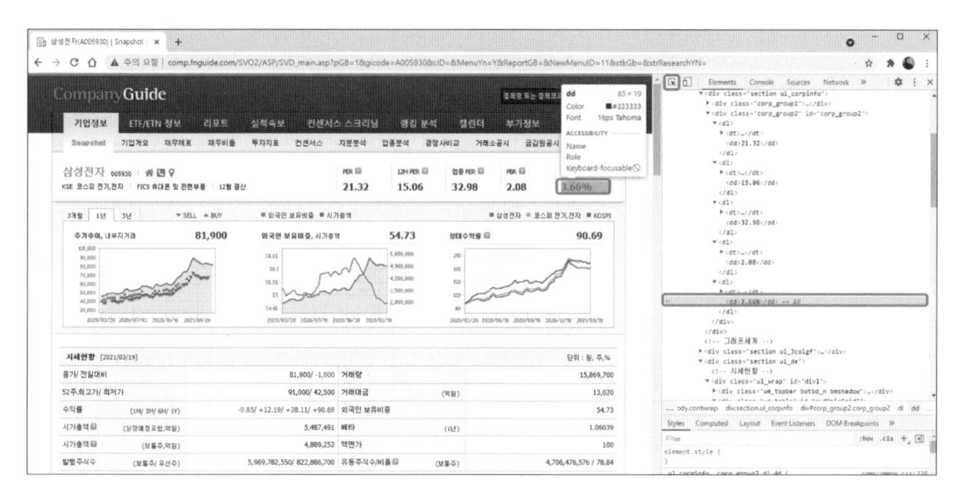

그림 8-14 배당 수익률 검색

상단 테이블 결과 리스트에서 배당수익률 데이터는 인덱스 번호 9에 해당하는 요소입니다. 해당 요소에 text 메서드를 적용하면 배당수익률 데이터를 추출할 수 있습니다.

```
div_yid1 = dd[9].text
print(div_yid1)
---------------------
3.66%
```

출력 결과를 보면 추출한 숫자 끝에 특수문자 %가 붙어 있습니다. 이처럼 데이터에 특수문자가 포함되면, 데이터는 숫자가 아니라 문자로 인식됩니다. replace 메서드를 사용하여 특수문자 %를 삭제합니다.

```
div_yid2 = div_yid1.replace('%','')
print(div_yid2)
-----------------------------------
3.66
```

특수문자 %는 삭제했지만, 여전히 3.66은 숫자가 아닌 문자열입니다. 이 데이터를 실수형으로 바꾸기 위해 float 함수를 적용합니다.

```
div_yid = float(div_yid2)
print(div_yid)
-------------------------
3.66
```

시세현황 테이블 웹 크롤링

이번에는 [그림 8-15]와 같이 웹 페이지 하단에 있는 시세현황 테이블을 크롤링해 보겠습니다. 웹 페이지에 있는 시세현황 테이블을 클릭한 다음, 개발자 도구 창에서 스크롤하여 테이블 전체를 감싸는 태그 코드를 찾아 이 테이블 코드의 속성과 속성값을 확인합니다.

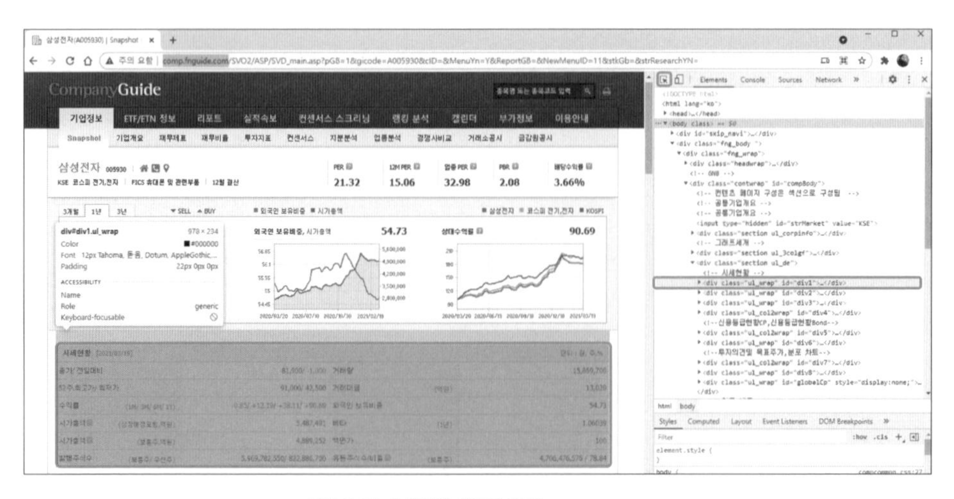

그림 8-15 시세현황 테이블 검색

시세현황 테이블에서 우리가 추출하려는 데이터는 주로 <td> 태그에 있는 수치 데이터들입니다. 개발자 도구 창에서 태그들을 클릭해 <td> 태그에 어떤 값이 있는지 확인해 보고 다음 코드를 입력합니다.

```
table1 = bs_obj.find("div", {"id":"div1"})
table2 = table1.find_all("td")
print(table2)
-----------------------------------------------------------------
[<td class="r">81,900/ <span class="tcb">-1,000</span></td>, <td
class="cle r"> 15,869,700</td>, <td class="r">91,000/ 42,500</
td>, <td class="cle r"> 13,020</td>, <td class="r"><span
class="tcb">-0.85</span>/ <span class="tcr">+12.19</span>/ <span
class="tcr">+38.11</span>/ <span class="tcr">+90.69</span>
<input id="c3M" type="hidden" value="12.19"/><input id="c1Y"
type="hidden" value="90.69"/><input id="c3Y" type="hidden"
value="61.41"/></td>, <td class="cle r">54.73</td>, <td
class="r">5,487,491</td>, <td class="cle r">1.06039</td>, <td
class="r">4,889,252</td>, <td class="cle r">100</td>, <td
class="r">5,969,782,550/ 822,886,700</td>, <td class="cle
r">4,706,476,576 / 78.84</td>]
```

시세현황 테이블은 <div> 태그로 이루어져 있고, id 속성과 div1 속성값을 사용합니다. 따라서 find 메서드를 이용해 해당 부분을 찾아 table1이라고 저장합니다. 그리고 table1에서 find_all 메서드를 적용해 <td> 태그의 내용을 모두 찾아 리스트 table2에 저장합니다. 결과를 확인하면 시세현황 테이블의 정보가 모두 추출되었습니다.

거래량

시세현황 테이블에서 [그림 8-16]에 해당하는 거래량만 추출하겠습니다.

그림 8-16 거래량 검색

거래량은 앞서 추출한 결과 리스트(table2)에서 인덱스 번호 1에 해당하는 요소입니다. 따라서 해당 요소에 text 메서드를 적용하면 텍스트를 추출할 수 있습니다. 그런데 우리가 원하는 데이터를 추출하기 위해서는 몇 가지 추가 작업이 필요합니다. 다음 코드를 입력합니다.

```
volume1 = table2[1].text
volume = int(volume1.replace(',', '').strip())
print(volume)
----------------------------------------------
15869700
```

replace 메서드를 이용해 천 단위에 사용되는 콤마(,)를 공백으로 바꾸고, strip 메서드를 이용해 문자열의 앞뒤 공백도 삭제합니다. 정숫값으로 저장하기 위해 int 함수로 자료형을 변경합니다. 결과를 확인하면 우리가 원하는 데이터가 추출되었습니다.

거래대금

이번에는 [그림 8-17]에서 거래대금 정보를 추출하겠습니다.

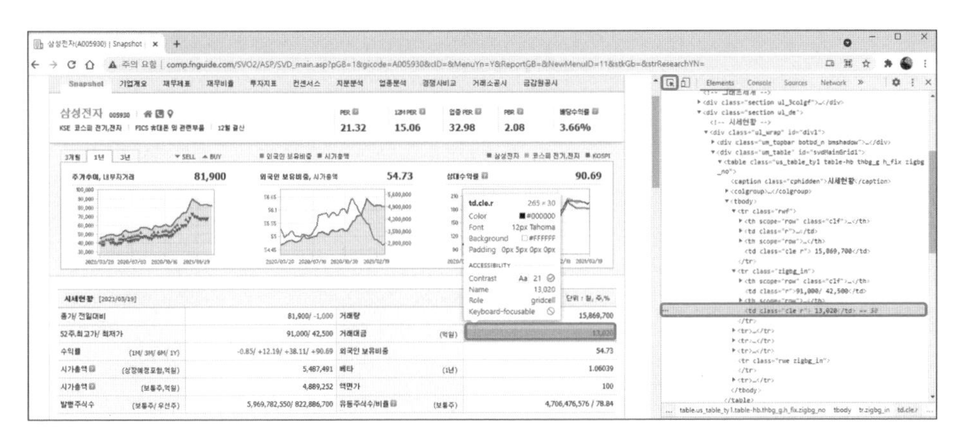

그림 8-17 거래 대금 검색

거래대금은 앞서 추출한 결과 리스트에서 인덱스 번호 3에 해당하는 요소입니다. 따라서 해당 요소에 text 메서드를 적용해 원하는 텍스트를 추출합니다. 그리고 거래량처럼 추출한 데이터를 정수형으로 변경합니다.

```
trans_price1 = table2[3].text
trans_price = int(trans_price1.replace(',', '').strip())
print(trans_price)
----------------------------------------------------------
13020
```

결과를 보면 거래대금 데이터가 정상적으로 추출되었습니다.

시가총액(우선주 포함)

이번에는 [그림 8-18]과 같이 시가총액(우선주 포함) 정보를 추출하겠습니다.

그림 8-18 시가총액(우선주 포함) 검색

시가총액(우선주 포함) 데이터는 앞서 추출한 결과 리스트의 인덱스 번호 6에 해당하는 요소입니다. 데이터 추출 방법은 이전과 동일합니다.

```
mk_cpt_pfr1 = table2[6].text
mk_cpt_pfr = int(mk_cpt_pfr1.replace(',', '').strip())
print(mk_cpt_pfr)
------------------------------------------------------
5487491
```

replace 메서드를 이용해 콤마(,)를 없애고, strip 메서드를 이용해 문자열의 앞뒤 공백을 없앴습니다. 그리고 int 함수를 적용해 정수형으로 자료형을 변경했습니다. 결과를 살펴보면 시가총액(우선주 포함)이 제대로 추출되었습니다.

시가총액(보통주)

이번에는 [그림 8-19]와 같이 시가총액(보통주) 정보를 추출하겠습니다.

그림 8-19 시가총액(보통주) 검색

시가총액(보통주) 정보는 앞서 추출한 결과 리스트의 인덱스 번호 8에 해당하는 요소입니다.

```
mk_cpt_cm1 = table2[8].text
mk_cpt_cm = int(mk_cpt_cm1.replace(',', '').strip())
print(mk_cpt_cm)
-----------------------------------------------------
4889252
```

replace 메서드를 이용해 해당 값에서 콤마(,)를 없애고, strip 메서드를 이용해 문자열의 앞뒤 공백을 없앴습니다. int 함수를 사용해 정수형으로 자료형을 변경합니다. 결과를 보면 시가총액(보통주) 데이터가 정상적으로 추출되었습니다.

결과 모음

지금까지 크롤링을 통해 구한 주식 관련 데이터를 한데 모아, res라는 이름의 리스트로 저장하겠습니다.

```
res = [date, corp_name, code, stock_price, fgn_own_ratio, rel_
return,per, per_12m, per_ind, pbr, div_yid, volume, trans_price, mk_
cpt_pfr, mk_cpt_cm]
print(res)
------------------------------------------------------------------------
['2021-03-19', '삼성전자', '005930', 81900, 54.73, 90.69, 21.32, 15.06,
32.98, 2.08, 3.66, 15869700, 13020, 5487491, 4889252]
```

지금까지 추출한 데이터가 정상적으로 출력되었습니다.

MySQL 기초

다음 실습 과정은 지금까지 추출한 결과 리스트를 MySQL을 이용해 데이터베이스에 저장하는 작업입니다. 데이터를 데이터베이스에 저장하면 어떤 이점이 있을까요? 앞선 장에서 배운 것처럼 엑셀 파일로 저장해도 충분하지 않을까요?

데이터의 양이 적을 때는 엑셀로 저장해도 충분합니다. 그러나 주식 데이터는 시시각각 데이터가 변하기 때문에 매일매일 저장해야 합니다. 따라서 주식 데이터처럼 데이터의 양이 점점 커지는 시스템에서는 엑셀 파일보다는 대용량 저장 관리에 용이한 데이터베이스를 이용하는 것이 효율적입니다. 그럼 데이터베이스로 널리 사용되는 MySQL에 대해 알아보겠습니다.

데이터베이스와 MySQL

우리는 일상에서 '데이터'라는 단어를 자주 사용합니다. 점심 메뉴, 가격, 친구한테 받은 카카오톡 메시지 등 우리는 온통 데이터에 둘러싸여 있습니다.

그렇다면 데이터베이스란 무엇일까요? 데이터베이스(Database)란 데이터의 집합을 말합니다. 데이터베이스(Database)를 흔히 줄여서 DB라고도 부릅니다.

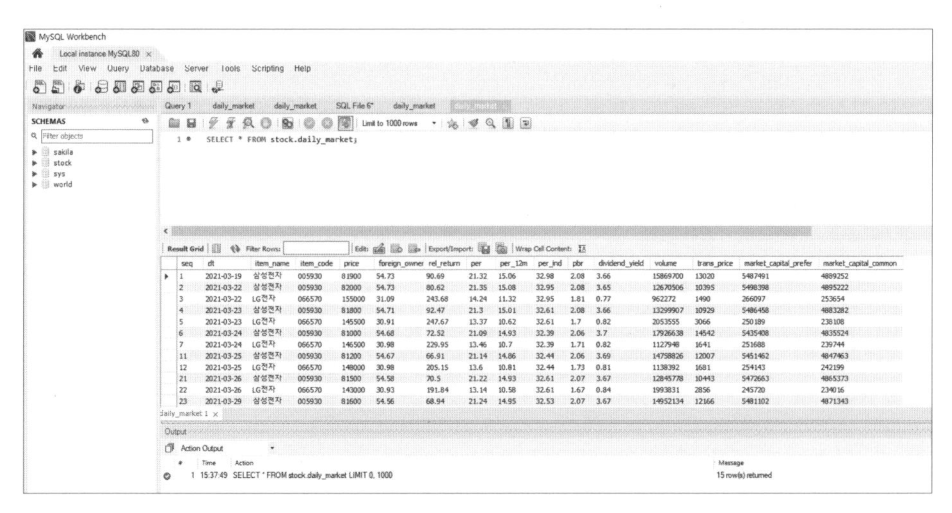

그림 8-20 MySQL을 이용한 데이터 관리

데이터베이스를 관리하는 프로그램을 데이터베이스 관리 시스템, 즉 DBMS(DataBase Management System)라고 부릅니다. DBMS를 이용하면 데이터베이스를 생성, 수정, 삭제하기 편리합니다. DBMS의 종류에는 오라클(Oracle), MySQL, MongoDB 등 여러 가지가 있습니다. 이 책에서는 MySQL을 사용하겠습니다. MySQL을 사용해 데이터를 저장하면 [그림 8-20]처럼 엑셀 워크시트와 같은 형태로 이루어진 데이터를 저장할 수 있습니다.

MySQL 다운로드

다음 주소를 입력해 MySQL 홈페이지에 접속합니다.

https://mysql.com

MySQL 홈페이지가 나오면 페이지 상단에서 [DOWNLOADS] 탭을 클릭합니다.

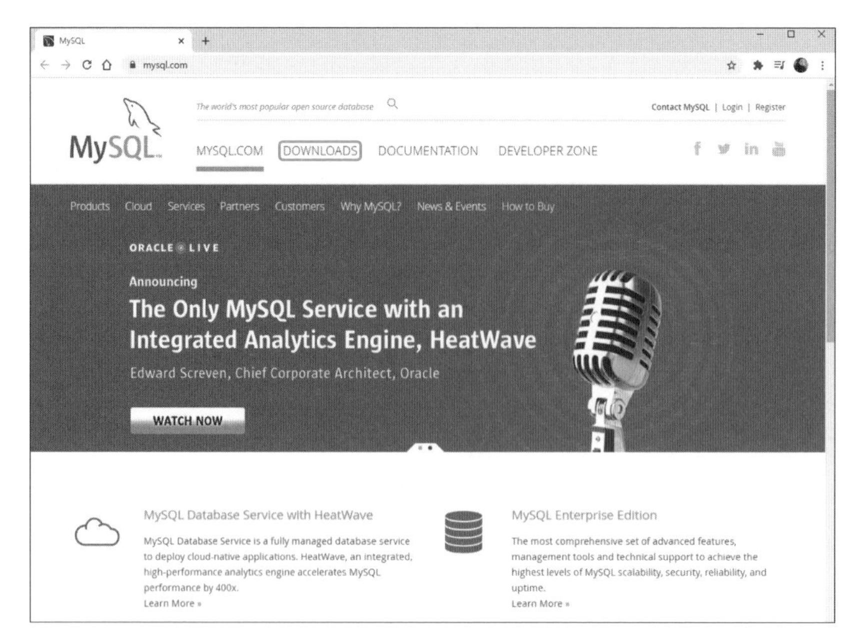

그림 8-21 MySQL 홈페이지 접속

DOWNLOADS 페이지에서 아래로 스크롤하면 [그림 8-22]와 같이 'MySQL Community(GPL) Downloads'라는 링크가 나옵니다. 이 링크를 클릭합니다.

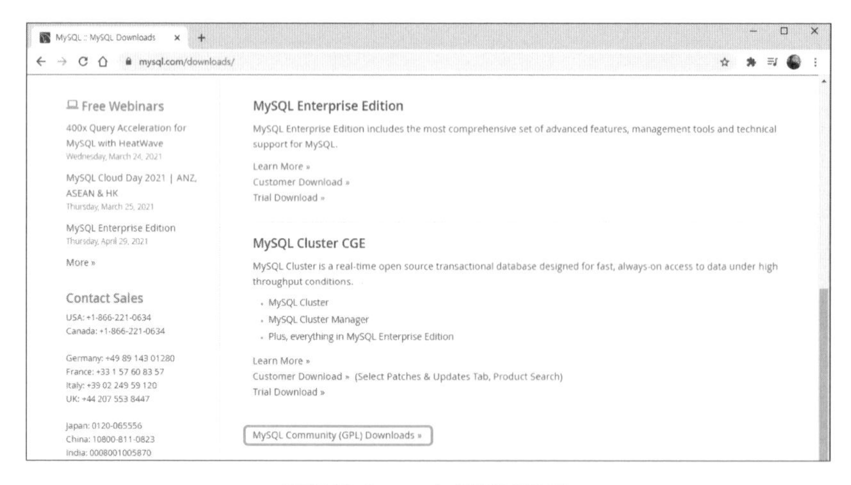

그림 8-22 Community(GPL) 다운로드

MySQL Community Downloads 페이지가 나옵니다. [그림 8-23]과 같이 'MySQL Community Server'를 클릭합니다. 해당 버전을 다운로드하면 MySQL을 무료로 사용할 수 있습니다.

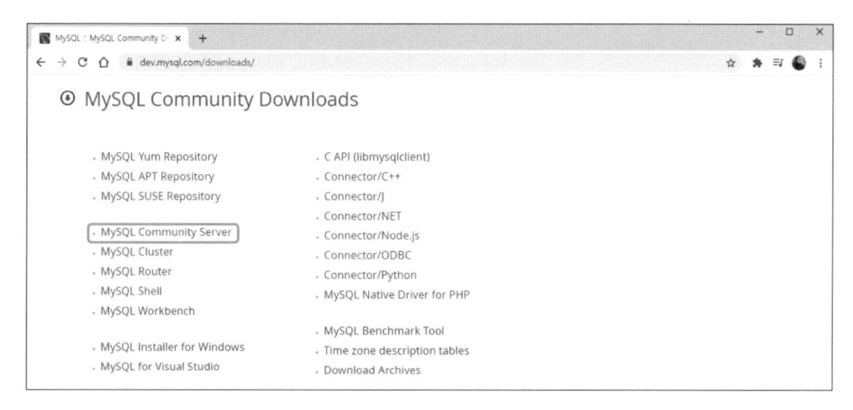

그림 8-23 MySQL Community Server

[그림 8-24]에서 〈Go to Download Page〉 버튼을 클릭합니다.

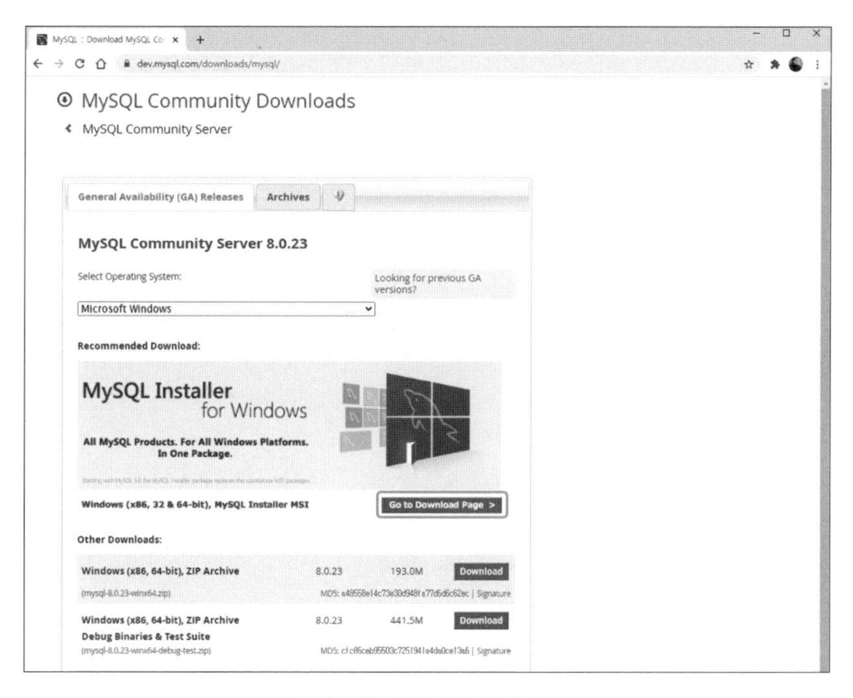

그림 8-24 Go to Download Page

[그림 8-25]에서 용량이 좀 더 큰 아래쪽 파일을 선택합니다. 〈Download〉 버튼을 클릭합니다.

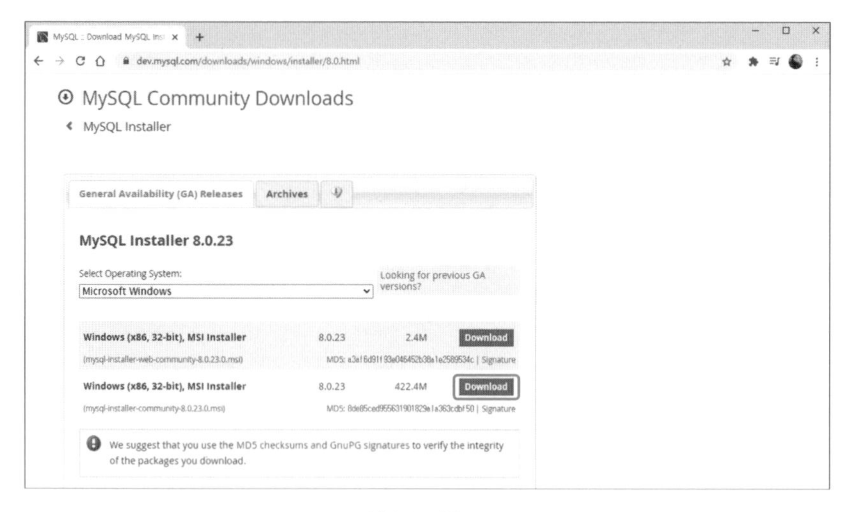

그림 8-25 다운로드

[그림 8-26]은 다운로드의 마지막 단계입니다. 로그인해서 다운로드하는 방법도 있고, 로그인 없이 다운로드하는 방법도 있습니다. 로그인하지 않고 다운로드하려면 [그림 8-26]처럼 'No thanks, just start my download'를 클릭하면 됩니다.

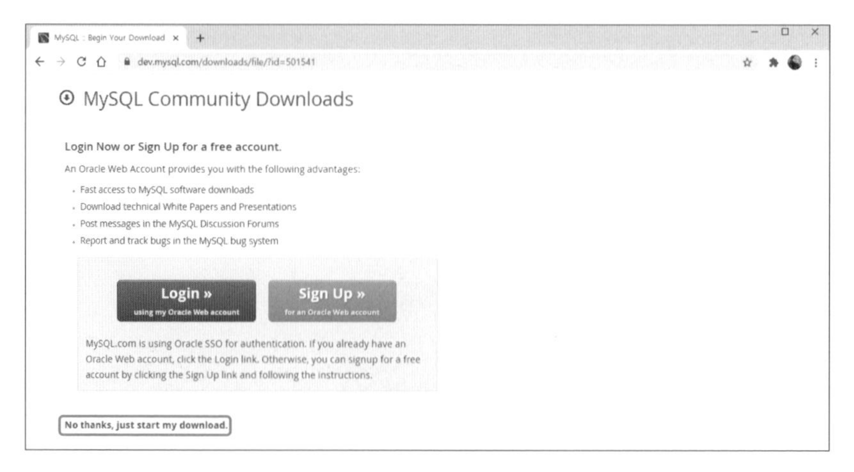

그림 8-26 다운로드 마지막 단계

MySQL 설치

MySQL을 정상적으로 다운로드했다면 설치 작업을 진행하겠습니다.

다운로드한 설치 파일을 실행하면 [그림 8-27]과 같이 MySQL Installer 대화상자가 나옵니다. 〈Next〉 버튼을 클릭합니다.

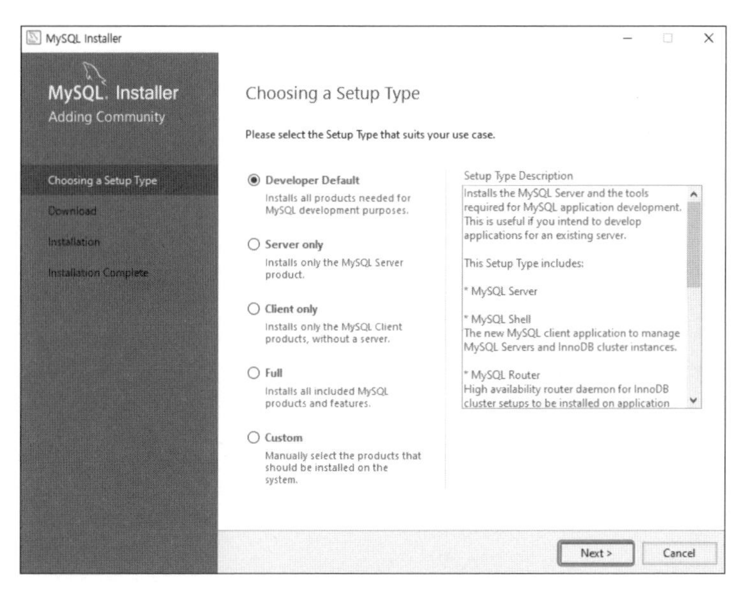

그림 8-27 MySQL Installer 대화상자

[그림 8-28]에서는 설치될 프로그램들이 나옵니다. 〈Execute〉 버튼을 누르면 설치가 시작됩니다.

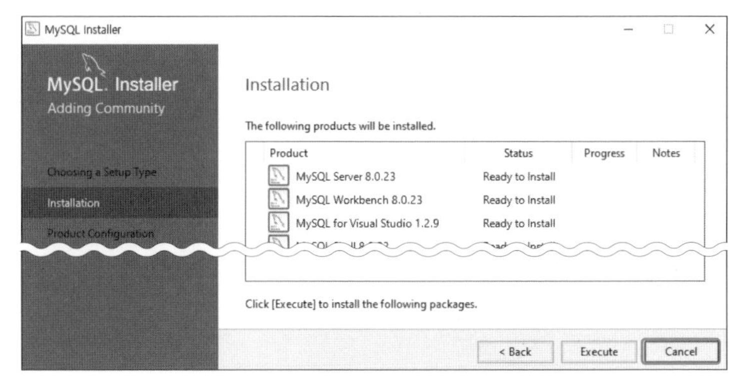

그림 8-28 MySQL 설치 실행

설치가 완료되면 [그림 8-29]와 같이 〈Next〉 버튼이 활성화됩니다. 〈Next〉를 클릭합니다.

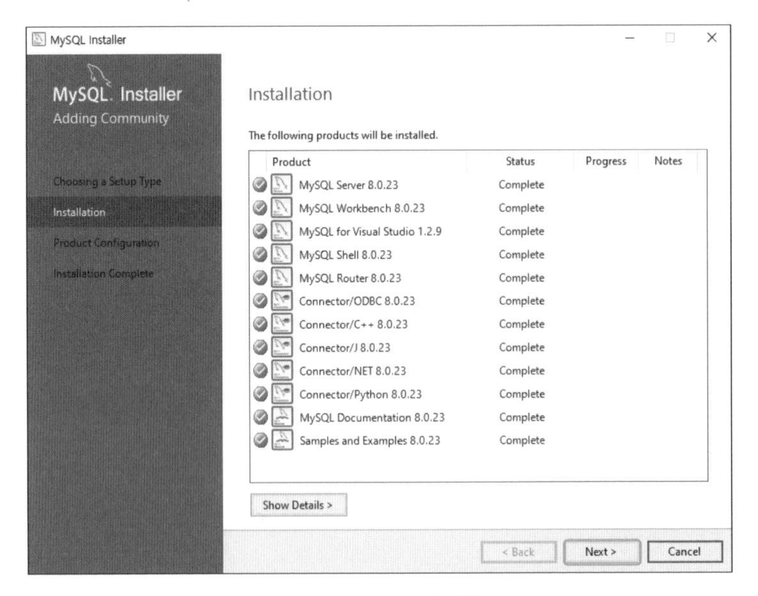

그림 8-29 MySQL 프로그램 설치 후 <Next>

[그림 8-30]은 환경 설정 대화상자입니다. 〈Next〉 버튼을 클릭합니다.

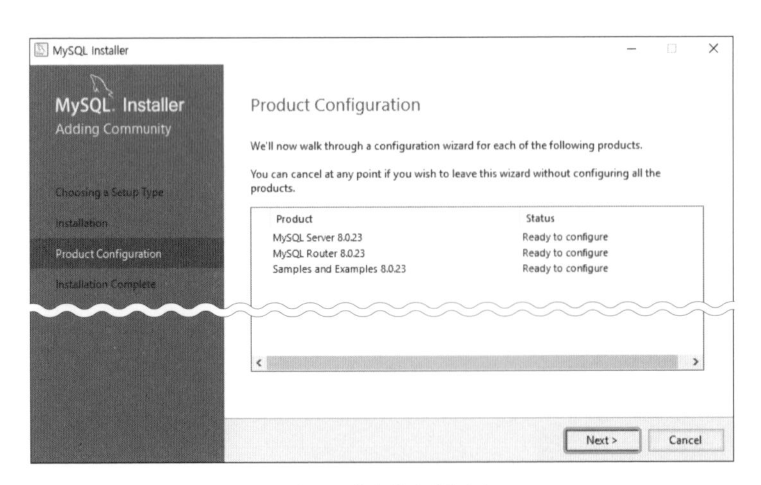

그림 8-30 환경 설정 대화상자

[그림 8-31]은 네트워크 설정 대화상자입니다. MySQL의 기본 포트가 3306으로 설정되어 있는데, 만약 변경하고 싶다면 해당 부분을 수정하면 됩니다. 여기서는 기본 포트 3306을 그대로 사용합니다. 〈Next〉 버튼을 클릭합니다.

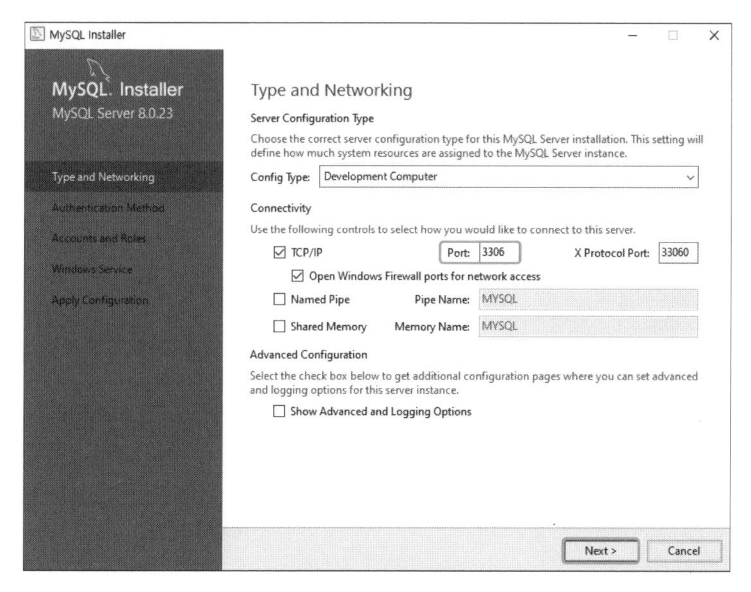

그림 8-31 네트워크 설정

[그림 8-32]는 인증 방법을 설정하는 단계입니다. 변동 없이 〈Next〉 버튼을 클릭합니다.

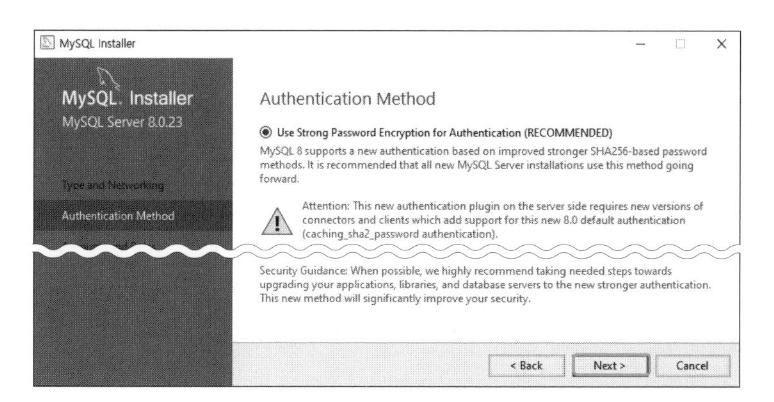

그림 8-32 인증 방법 설정

[그림 8-33]은 비밀번호를 설정하는 대화상자입니다. 비밀번호를 정하고 〈Next〉 버튼을 입력합니다. 실습을 위해 여기서는 '1234'로 비밀번호를 입력하겠습니다. 하지만 실무에서는 당연히 보안 문제를 고려해 적절한 비밀번호를 입력해야 합니다.

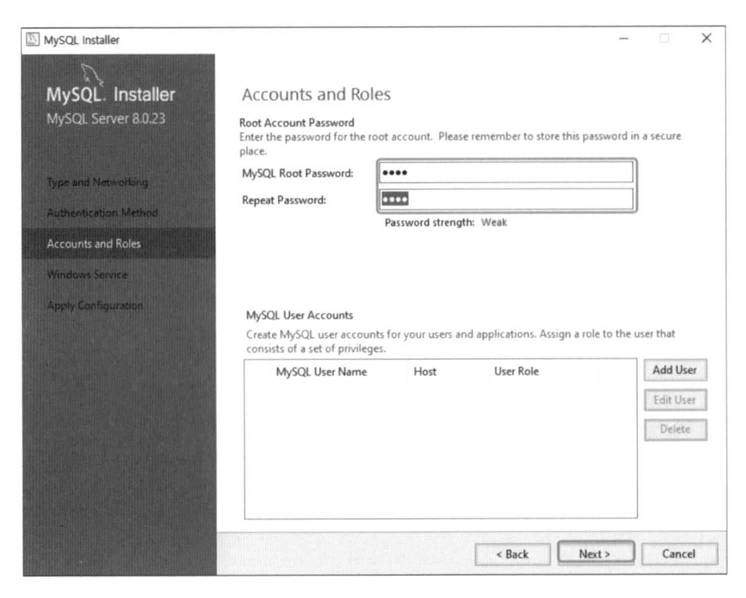

그림 8-33 비밀번호 설정

Windows Service 대화상자가 나옵니다. 따로 설정할 것이 없으므로 〈Next〉 버튼을 클릭합니다.

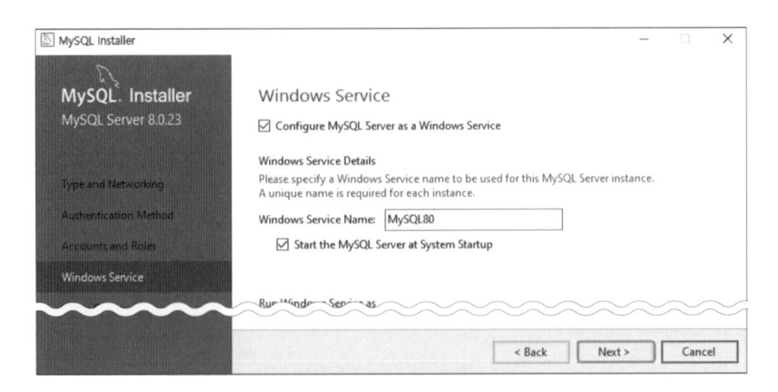

그림 8-34 Windows Service

설정을 적용하는 Apply Configuration 단계입니다. 〈Excecute〉 버튼을 클릭합니다.

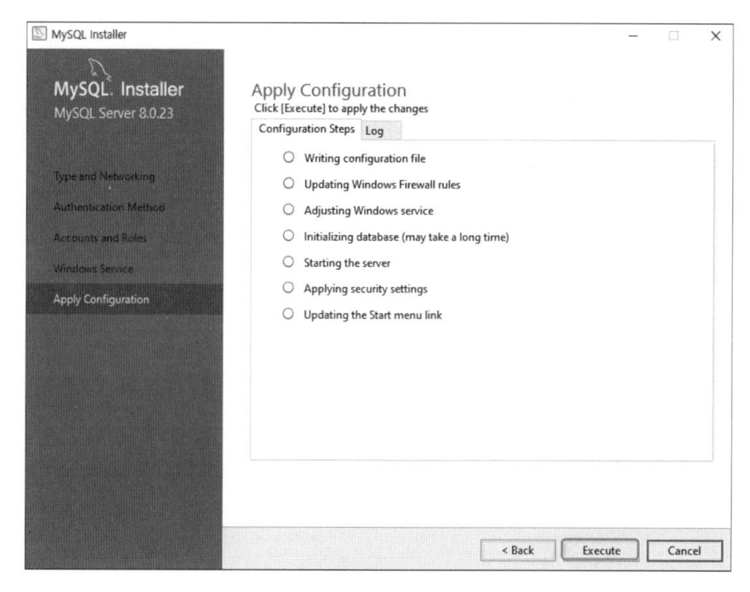

그림 8-35 Apply Configuration

설정 적용이 완료되면 [그림 8-36]과 같이 〈Finish〉 버튼이 활성화됩니다. 〈Finish〉 버튼을 클릭합니다.

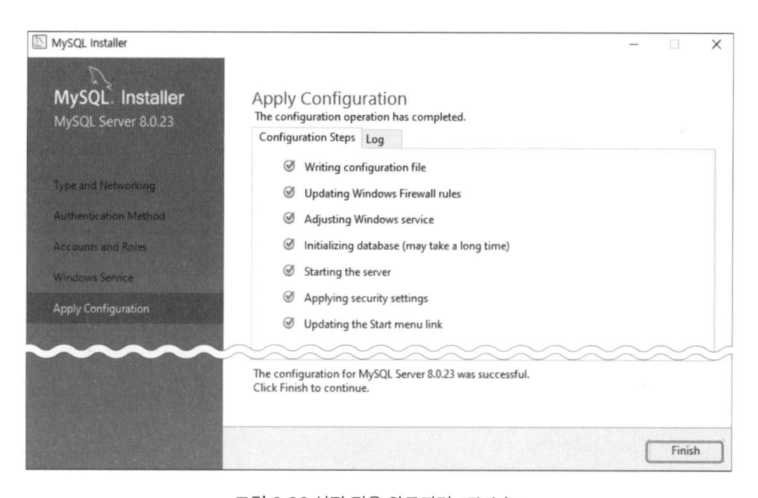

그림 8-36 설정 적용 완료되면 <Finish>

정상적으로 설치되었다면 [그림 8-37]과 같이 다시 환경 설정 대화상자로 돌아오게 됩니다. 〈Next〉 버튼을 클릭합니다.

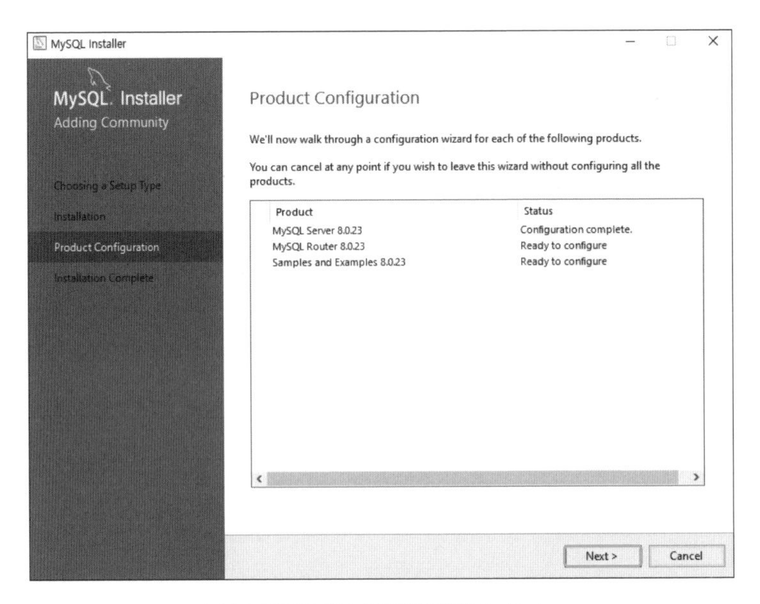

그림 8-37 다시 환경 설정 대화상자에서 <Next>

[그림 8-38]은 라우터 설정 대화상자이며, 따로 설정할 건 없습니다. 〈Finish〉 버튼을 클릭합니다.

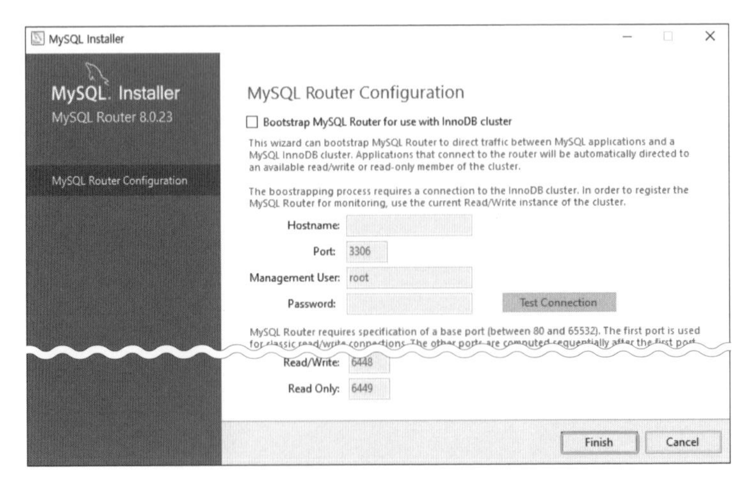

그림 8-38 라우터 설정 대화상자에서 <Finish>

라우터 설정을 마치면 [그림 8-39]처럼 다시 환경 설정 대화상자로 돌아옵니다. 다시 〈Next〉 버튼을 클릭합니다.

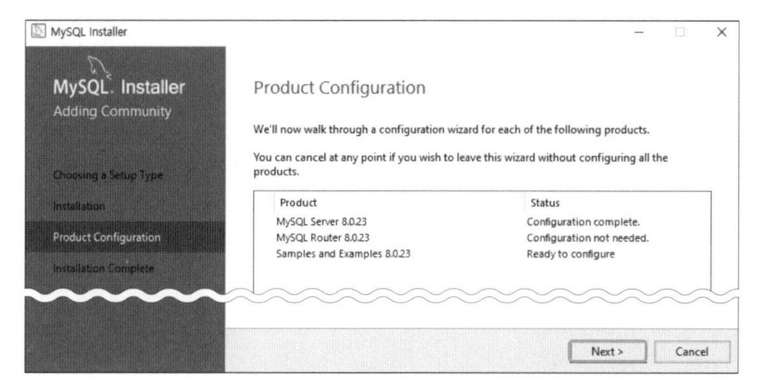

그림 8-39 다시 환경 설정 대화상자에서 <Next>

[그림 8-40]은 서버 연결 설정 부분입니다. 앞서 입력한 비밀번호를 입력하고, 〈Check〉 버튼을 클릭해 체크 표시합니다. 계속해서 〈Next〉 버튼을 클릭합니다.

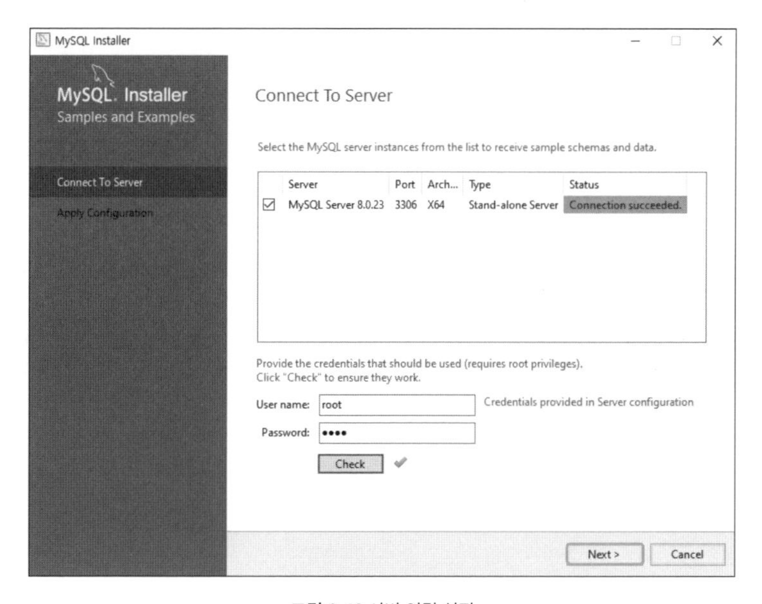

그림 8-40 서버 연결 설정

설정을 적용하는 Apply Configuration 대화상자가 나옵니다. 〈Execute〉 버튼을 클릭합니다.

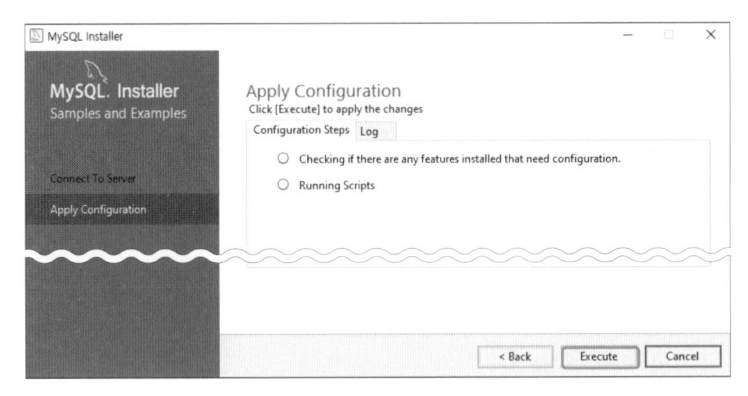

그림 8-41 Apply Configuration에서 <Execute>

[그림 8-42]와 같이 설정이 적용되면 〈Finish〉 버튼이 활성화됩니다. 〈Finish〉 버튼을 클릭합니다.

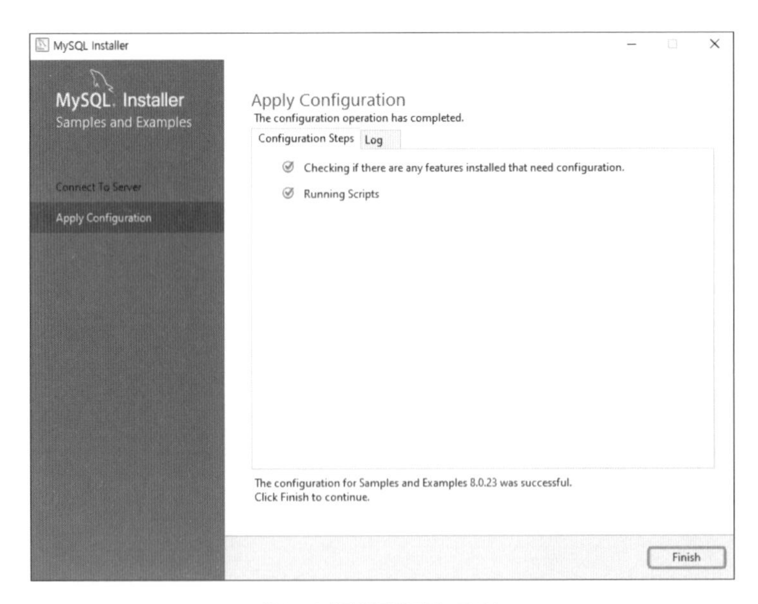

그림 8-42 설정이 적용되면 <Finish>

[그림 8-43]과 같이 환경 설정이 모두 끝났습니다. 〈Next〉 버튼을 클릭합니다.

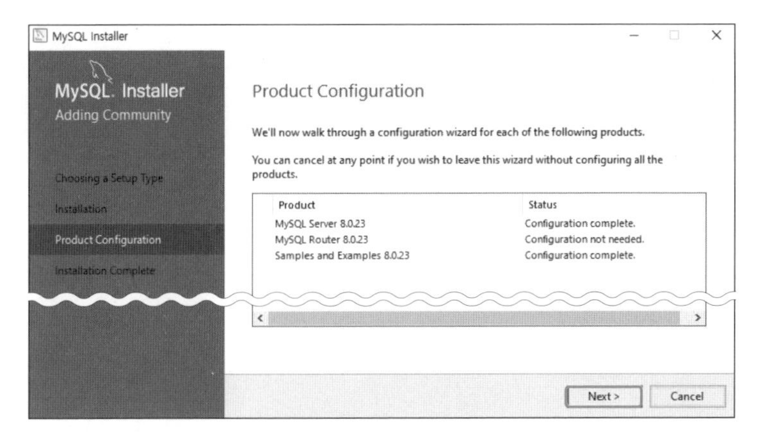

그림 8-43 환경 설정이 완료되면 <Next>

MySQL 설치의 마지막 단계입니다. [그림 8-44]에서 〈Finish〉 버튼을 클릭하면 MySQL 설치가 모두 끝나게 됩니다.

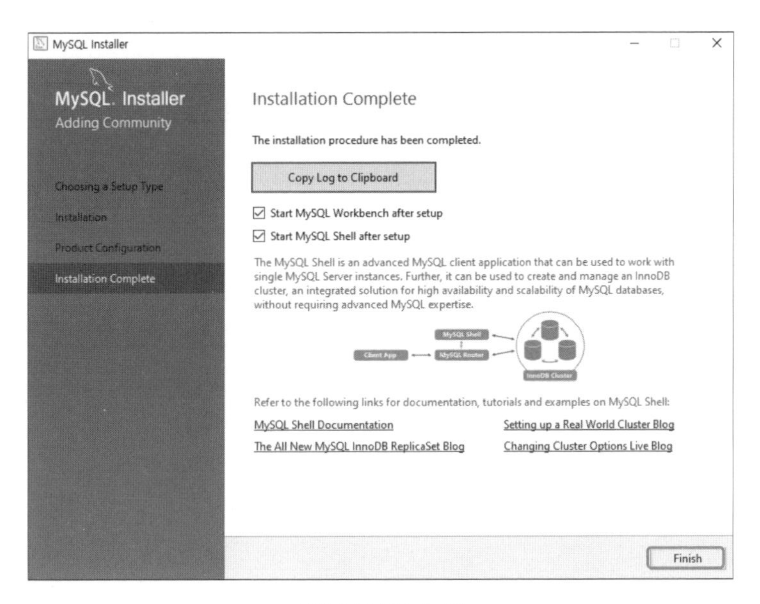

그림 8-44 설치 마무리

설치가 끝나면 [그림 8-45]와 같이 스크립트 창이 나타나는데 창을 닫아줍니다.

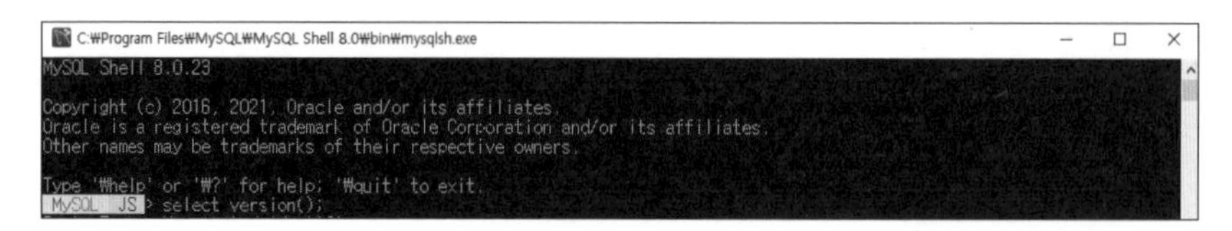

그림 8-45 스크립트 창

[그림 8-46]과 같이 MySQL Workbench 프로그램이 실행됩니다. MySQL Workbench 프로그램은 MySQL을 GUI(Graphical User Interface) 환경에서 좀 더 편하게 사용할 수 있게 만든 프로그램입니다. [그림 8-46]에서 페이지 하단 왼쪽에 있는 'Local instance MySQL80'을 클릭합니다. 나오는 서버 연결 대화상자에서 앞에서 입력한 비밀번호를 입력한 후 〈OK〉 버튼을 클릭합니다.

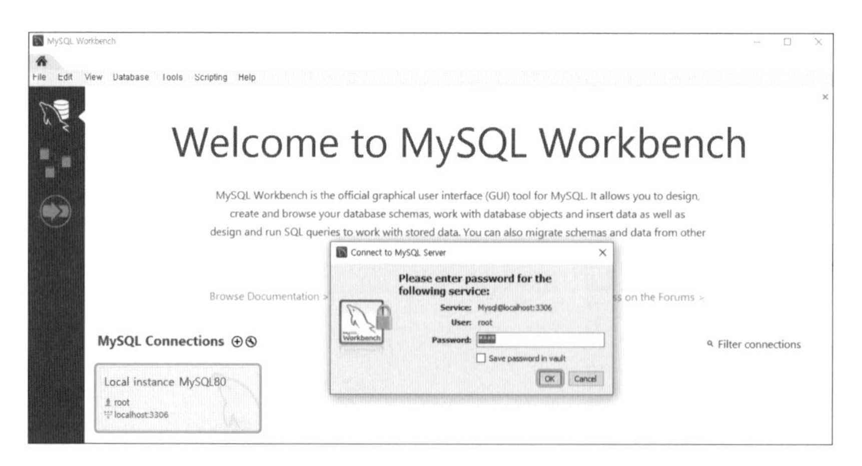

그림 8-46 MySQL Workbench에서 비밀번호 입력

[그림 8-47]과 같은 MySQL Workbench 초기 화면이 나온다면 성공적으로 설치된 것입니다.

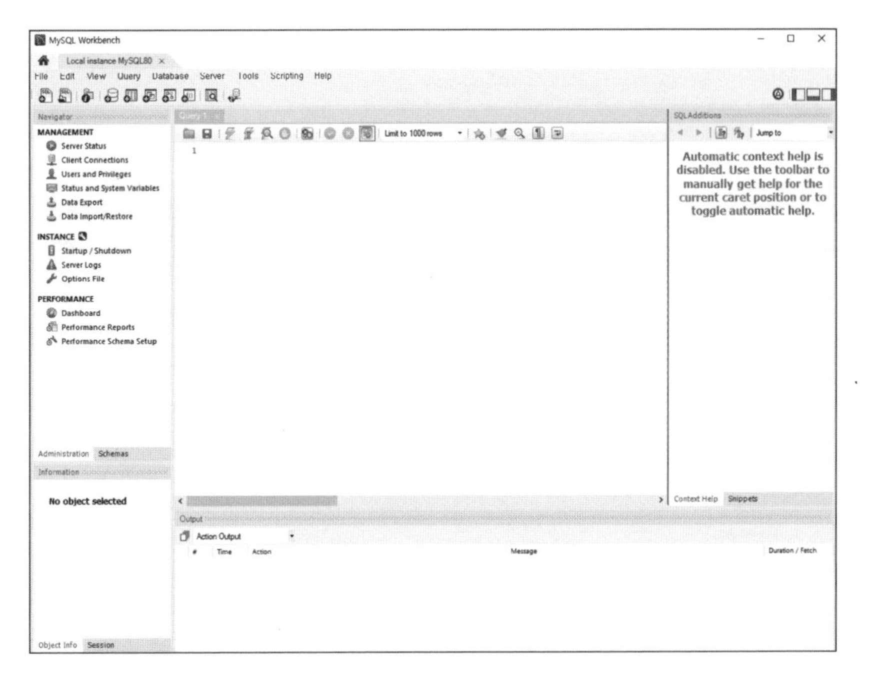

그림 8-47 MySQL Workbench 초기 화면

MySQL에서 데이터베이스 추가

이번에는 설치한 MySQL에서 데이터베이스와 테이블을 추가하겠습니다.

[그림 8-48]과 같이 MySQL Workbench를 실행합니다. 그리고 상단 메뉴 밑에 있는 데이터베이스 모양의 아이콘()을 클릭합니다. 계속해서 데이터베이스 이름을 'stock'으로 입력하고 〈Apply〉 버튼을 클릭합니다.

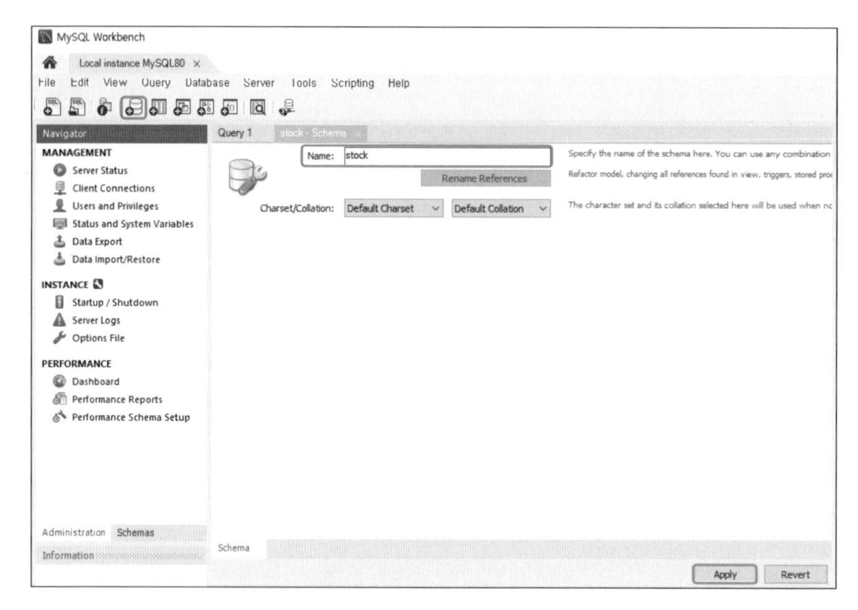

그림 8-48 데이터베이스 추가

[그림 8-49]처럼 CREATE SCHEMA ‘stock’;이라는 코드가 자동으로 입력된 대화상자가 나옵니다. 〈Apply〉 버튼을 클릭합니다.

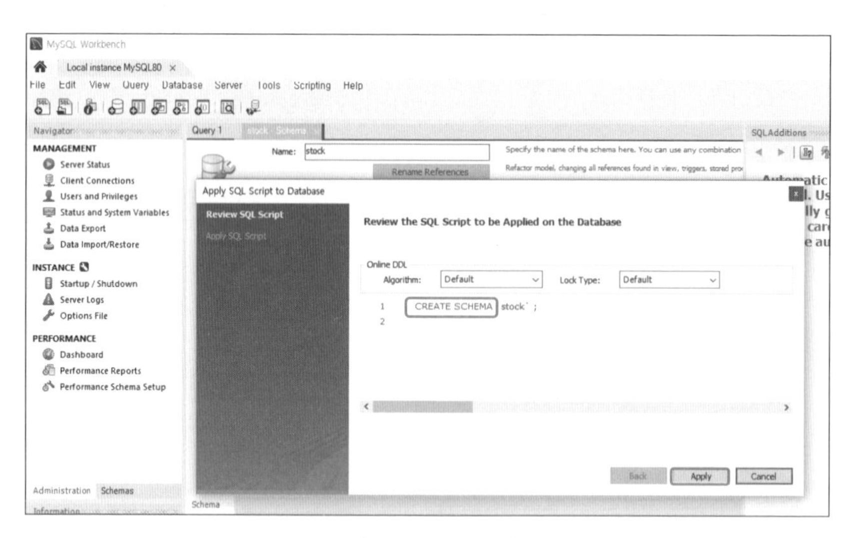

그림 8-49 <Apply> 클릭

[그림 8-50]처럼 데이터베이스를 생성했다는 메시지 대화상자가 나옵니다. 〈Finish〉 버튼을 클릭해 완료합니다.

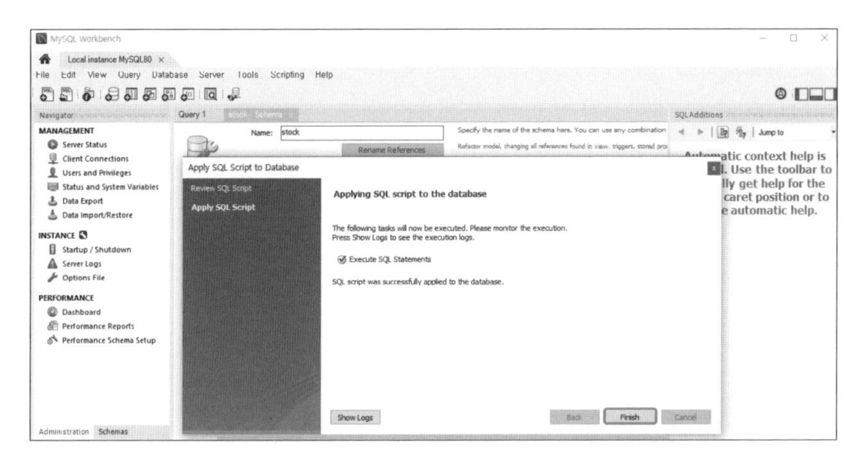

그림 8-50 Finish

데이터베이스가 잘 만들어졌는지 확인하기 위해 [그림 8-51]에서 왼쪽 SCHEMAS 창을 살펴보겠습니다. SCHEMAS 창에는 'stock' 데이터베이스가 생성되어 있는 것을 확인할 수 있습니다. stock 데이터베이스 왼쪽에 있는 삼각형(▶)을 누르면 테이블(Tables)을 볼 수 있습니다.

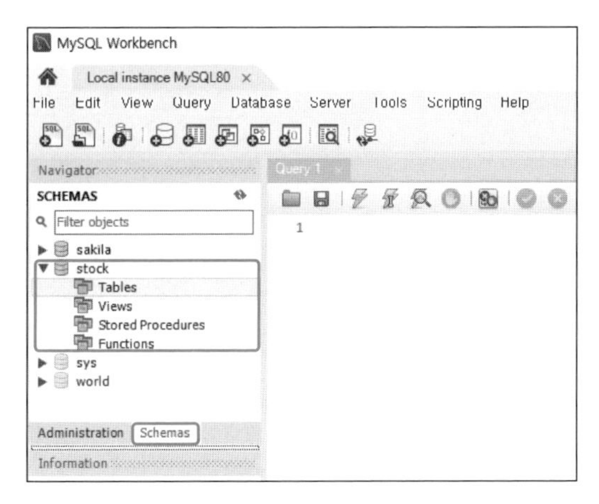

그림 8-51 데이터베이스 확인

'Tables'를 클릭하면 아직 테이블이 생성되지 않았기에 비어 있다는 것을 알 수 있습니다.

MySQL에서 테이블 추가

이제부터 주식 테이블을 만들어 보겠습니다. MySQL Workbench 프로그램을 열고 SCHEMAS 창 stock 데이터베이스의 Tables를 순서대로 클릭하면, 오른쪽 창에 [Query1]이라는 이름으로 쿼리 탭이 생성됩니다. [Query1] 탭에서 파이썬으로 크롤링한 주식 데이터를 저장할 테이블을 만들 예정입니다.

다음 SQL 코드를 [Qurery1] 탭에서 천천히 입력합니다.

```
create table stock.daily_market(                          ❶
   seq INT NOT NULL AUTO_INCREMENT,                       ❷
   dt date,                                               ❸
   item_name varchar(100),                                ❹
   item_code varchar(100),
   price bigint,                                          ❺
   foreign_ownership_ratio float,                         ❻
   rel_return float,
   per float,
   per_12m float,
   per_ind float,
   pbr float,
   dividend_yield float,
   volume bigint,
   trans_price bigint,
   market_capital_prefer bigint,
   market_capital_common bigint,
   primary key(seq)                                       ❼
)
```

❶ 데이터베이스에서 테이블을 생성할 때는 create 문을 사용합니다. create table은 테이블을 생성하는 SQL 코드입니다. stock.daily_market은 stock 데이터베이스에 daily_market이라는 이름으로 테이블을 하나 생성한다는 뜻입니다.

❷ 두 번째 줄부터 소괄호로 감싸는데, 소괄호 내부의 SQL 명령문들은 테이블 내의 열(Columns) 항목을 정의하고 있는 것입니다. 두 번째 줄에서 seq라는 이름의 열을 생성합니다. seq 열의 자료형은 정수형(int)이며, NOT NULL, 즉 널(null) 값을 허용하지 않습니다. 그리고 AUTO_INCREMENT는 자동으로 증가하는 열이라는 뜻입니다. 즉, seq 열의 값은 데이터가 추가될 때마다 1, 2, 3,…과 같이 자동으로 증가합니다.

❸ 날짜 열을 추가합니다. 열 이름을 dt라고 짓고 자료형은 날짜형을 지정하는 date로 설정합니다.

❹ item_name이라는 열을 추가했습니다. 자료형은 varchar(100)입니다. MySQL에서 varchar 자료형은 길이가 고정되지 않은 문자열을 뜻하며, 최대 크기로 100바이트까지 지정할 수 있습니다.

❺ price는 정수형입니다. 기존의 int 자료형보다 더 큰 데이터를 담을 수 있도록 자료형을 bigint로 설정했습니다.

❻ foreign_ownship_ratio라는 열은 실수형이므로, float 자료형으로 설정했습니다. 이후의 열들은 앞에서 추출한 주식 데이터의 자료형에 맞게 정의한 것입니다.

❼ primary key는 기본키에 해당하는 열을 지정하는 코드입니다. 기본키란 테이블 내에서 식별자 역할을 하는 열을 뜻합니다. 기본키로 첫 번째 열인 seq를 지정했습니다. 따라서 daily_market 테이블에 접근하기 위해서는 이 테이블을 유일하게 식별하는 키인 seq 열을 통해야 접근할 수 있습니다.

[그림 8-52]는 `create table` 문의 이해를 돕기 위한 그림입니다.

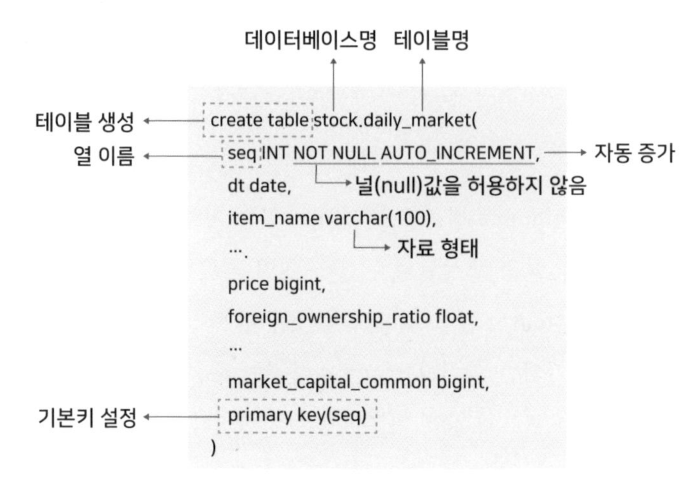

그림 8-52 create table 문을 이용한 테이블 생성

코드를 모두 입력했으면 ctrl+Enter 키를 눌러 코드를 실행합니다. 코드를 실행한 후, [그림 8-53]과 같이 Tables를 우클릭하여 나오는 단축 메뉴에서 [Refresh All]을 클릭하면, Tables 옆에 삼각형이 생기는 것을 볼 수 있습니다. 삼각형을 클릭하면 데이터베이스 내에 daily_market 테이블이 추가되어 있는 것을 확인할 수 있습니다.

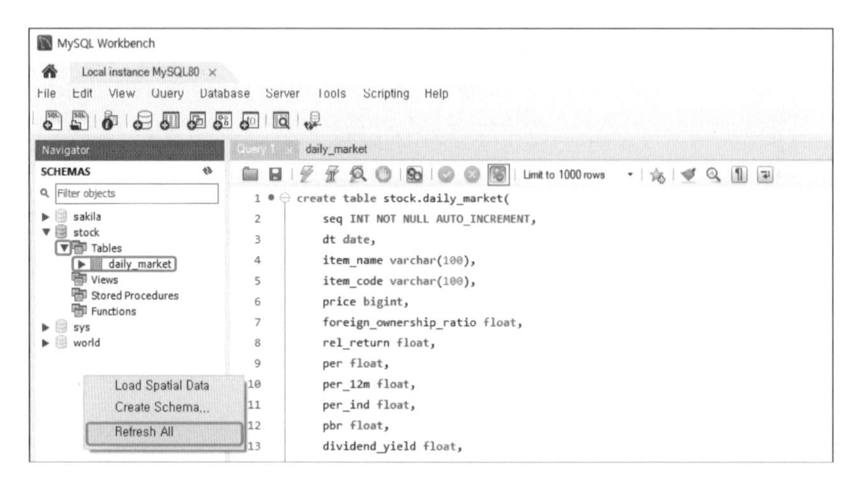

그림 8-53 테이블 추가

테이블을 하나 생성했으니 잘 만들어졌는지 알아보기 위해 데이터를 조회(쿼리, Query)해 보겠습니다. [그림 8-54]와 같이 새로 생성한 daily_market 테이블에서 마우스 오른쪽 버튼을 클릭한 후 나오는 단축 메뉴에서, [Select Rows - Limit 1000]을 선택하면 우측 하단에 테이블이 생성됩니다.

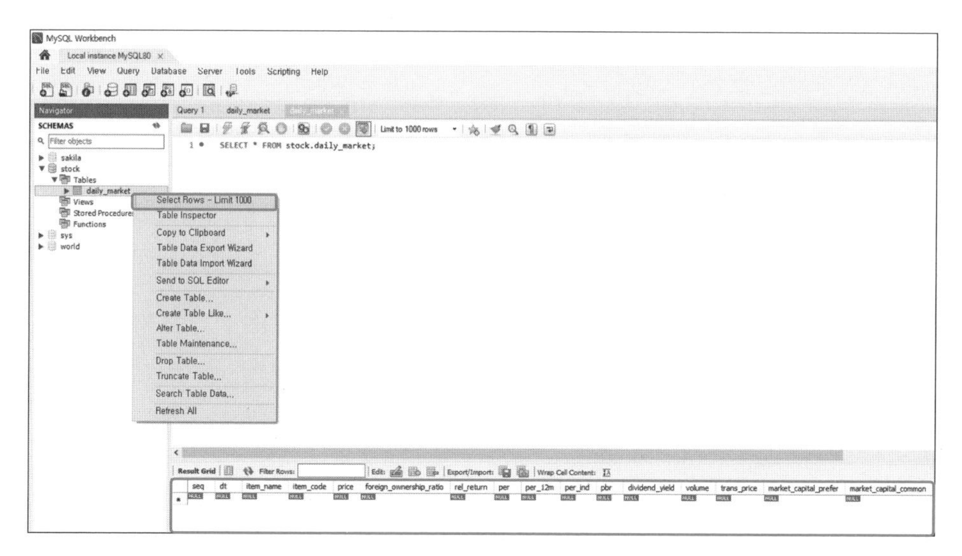

그림 8-54 생성한 테이블 확인

아직 테이블 내에 데이터가 존재하지 않으므로 빈 테이블 형태로 나타납니다.

잠시 멈춤 **SQL? 쿼리?**

쿼리(Query)란 데이터베이스에게 정보를 요청하는 행위입니다. Query를 영어 사전에서 찾아보면 문의, 의문, 질의라는 뜻으로 나오는데, 쉽게 말해 데이터베이스에 질의한다고 이해하면 됩니다. SQL은 Structured Query Language의 줄임말로 우리말로 하면 구조적 질의 언어입니다.

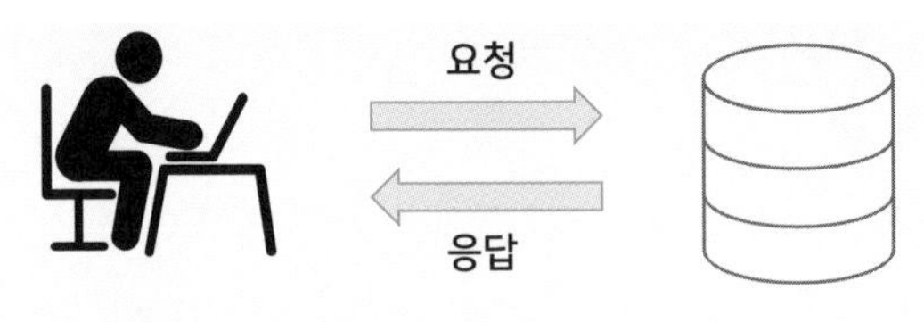

그림 8-55 SQL

SQL은 MySQL과 같은 DBMS에서 자료를 관리하기 위해 사용하는 언어입니다. 주요 문법은 다음과 같습니다. 테이블을 생성할 때는 create 문, 데이터를 추가할 때는 insert 문, 데이터를 수정할 때는 update 문, 데이터를 삭제할 때는 delete 문을 사용합니다. 그리고 데이터를 조회할 때는 select 문을 사용합니다. SQL은 SQL 자체만을 학습하는데도 시간이 오래걸리고 내용도 많습니다. 이 책에서는 크롤링을 사용할 수 있을 정도만의 기능을 다룰 예정입니다.

파이썬으로 MySQL에 데이터 추가하기

MySQL을 정상적으로 설치하고 데이터베이스와 테이블도 만들었다면, MySQL에서 만든 테이블에 앞선 실습에서 크롤링한 데이터를 추가하겠습니다.

먼저 MySQL을 파이썬으로 연동하기 위해서는 pymysql 라이브러리를 불러와야 합니다.

```
import pymysql
```

계속해서 pymysql 라이브러리의 connect 메서드를 사용해 MySQL과 연결합니다. 다음 코드를 입력합니다.

```
conn = pymysql.connect(host='localhost', user='root',
                       password='1234', db='stock', charset='utf8')
```

connect 메서드의 옵션을 살펴보겠습니다. 먼저 host는 데이터베이스 서버가 위치한 곳입니다. 우리는 자신의 컴퓨터에 설치했으므로, 'localhost'라고 적으면 됩니다. 만약 다른 장치에 설치했다면 해당 장치의 IP 주소를 적어야 합니다. 다음으로 user와 password는 MySQL에 로그인할 때 사용한 계정명과 비밀번호를 적어줍니다. 참고로 MySQL을 설치할 때 특별히 계정명을 따로 만들지 않았다면 root가 기본 계정명이 됩니다. 다음 옵션으로 MySQL에서 만든 데이터베이스의 이름을 적어줍니다. 우리는 주식 관련 데이터를 저장할 'stock' 데이터베이스에 접속할 예정입니다. 그리고 마지막으로 chartset은 문자 인코딩 방식을 의미합니다.

다음은 데이터베이스에 삽입할 쿼리문입니다. MySQL에서 쿼리를 삽입할 때는 INSERT INTO 문을 사용합니다. **INSERT INTO 데이터베이스명.테이블명(테이블 열 이름) VALUES (삽입하고 싶은 자료형)** 형식으로 작성하면 됩니다.

앞에서 파이썬으로 작성한 리스트 변수 res를 형변환 명령어인 tuple(res)을 이용해 튜플로 바꾼 후, sql_state 변수에 저장합니다.

```
sql_state = """INSERT INTO stock.daily_market(dt, item_name, item_
code, price, foreign_ownership_ratio, rel_return, per, per_12m,
per_ind, pbr, dividend_yield, volume, trans_price, market_capital_
prefer, market_capital_common) VALUES ('%s', '%s', '%s', %d, %f, %f,
%f, %f, %f, %f, %f, %d, %d, %d, %d)"""%(tuple(res))
print(sql_state)
----------------------------------------------------------------------
INSERT INTO stock.daily_market(dt, item_name, item_code, price,
foreign_ownership_ratio, rel_return, per, per_12m, per_ind, pbr,
dividend_yield, volume, trans_price, market_capital_prefer, market_
capital_common) VALUES ('2021-03-19', '삼성전자', '005930', 81900,
54.730000, 90.690000, 21.320000, 15.060000, 32.980000, 2.080000,
3.660000, 15869700, 13020, 5487491, 4889252)
```

결과를 확인하면 쿼리문이 잘 작성되었다는 것을 알 수 있습니다. 참고로 VALUES 문 다음에는 %s처럼 특수문자 % 뒤에 삽입하는 데이터의 자료형(s는 문자열을 뜻함)을 적어줍니다.

계속해서 다음 코드를 입력합니다.

```
db =  conn.cursor()              ❶
db.execute(sql_state)            ❷
conn.commit()                    ❸
conn.close()                     ❹
```

❶ 쿼리문을 작성했으면 이제 커서를 생성합니다. 커서(Cursor)란 쿼리문에 의해 반환되는 결괏값을 저장하는 메모리 공간을 의미합니다. 커서를 쿼리문의 결과를 저장하는 단위라고 생각하면 이해하기 편합니다. 즉, 하나의 커서에 하나의 쿼리문 수행 결과를 저장한다고 생각할 수 있습니다.

❷ 앞서 저장한 쿼리문을 execute 메서드를 이용해 실행합니다.

❸ 데이터베이스에서 데이터를 추가, 수정, 삭제 등의 작업을 수행한 후에는 commit 메서드를 실행해 주어야 합니다. 이는 데이터의 일관성을 유지하기 위해서입니다.

❹ 작업이 모두 끝났으면 close 메서드를 이용해 MySQL과의 연결을 종료합니다.

코드를 모두 작성했으면 MySQL을 실행해 데이터가 잘 추가되었는지 확인합니다. [그림 8-56]과 같이 daily_market 테이블에서 마우스 오른쪽 버튼을 클릭한 후, [Select Rows - Limit 1000]을 선택하면 데이터가 추가되어 있습니다.

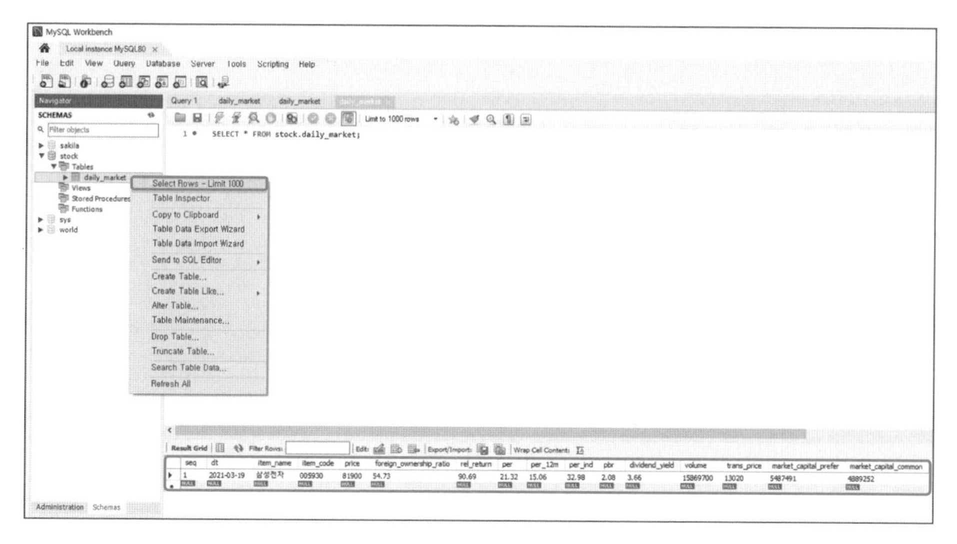

그림 8-56 테이블 INSERT 결과

윈도우 스케줄러를 이용한 자동화

지금까지 주식 사이트에서 필요한 정보를 크롤링하고, 크롤링한 데이터를 MySQL에 추가하는 작업까지 진행했습니다. 그런데 생각해보면 주식 데이터는 매일 변합니다. 따라서 주식 데이터를 저장하려면 주가 정보를 크롤링하는 코드를 매일 실행해야 하는데 이것이 너무 번거롭게 느껴집니다.

이런 번거로움을 피할 수 있게 매일 특정 시간에 파이썬 웹 크롤링 프로그램이 자동으로 실행되어 주식 데이터를 불러오고, 추출하고, 추출한 데이터를 MySQL 데이터베이스에 저장한다면 얼마나 좋을까요? 매번 신경 쓰지 않아도 되므로 데이터를 관리하기가 편할 것입니다. 윈도우 운영체제의 윈도우 스케줄러라는 프로그램을 이용하면 이런 기능을 자동으로 수행할 수 있습니다.

이번에는 윈도우 스케줄러를 이용해 특정 날짜와 시간에 파이썬 프로그램이 자동으로 실행되도록 설정해 보겠습니다.

스크립트 확인

자동화 스크립트는 삼성전자, LG전자 두 종목을 대상으로 수행하겠습니다. 다음 코드를 입력합니다.

```
from urllib.request import urlopen
from bs4 import BeautifulSoup
import pymysql
import time

def stock_crawling(item):
    url = "http://comp.fnguide.com/SVO2/ASP/SVD_main.asp?pGB=1&gicod
e=A"+item+"&cID=&MenuYn=Y&ReportGB=&NewMenuID=11&stkGb=&strResearch
YN="
    html = urlopen(url)
    bs_obj = BeautifulSoup(html, "html.parser")

    # 날짜
    date1 = bs_obj.find("span", {"class":"date"})
    date2 = date1.text
    date = date2.replace('[','').replace(']','').replace('/','-')

    # 기업 정보
    corp_name1 = bs_obj.find_all("h1", {"id":"giName"})
    corp_name = corp_name1[0].text

    # 종목 코드
    code1 = bs_obj.find_all("div", {"class":"corp_group1"})
    code2 = code1[0].find("h2")
    code = code2.text
```

```
# 주가
stock_price1 = bs_obj.find("span", {"id":"svdMainChartTxt11"})
stock_price2 = stock_price1.text
stock_price = int(stock_price2.replace(',', '').strip())

# 외국인 보유 비중
fgn_own_ratio1 = bs_obj.find("span", {"id":"svdMainChartTxt12"})
fgn_own_ratio = float(fgn_own_ratio1.text)

# 상대수익률
rel_return1 = bs_obj.find("span", {"id":"svdMainChartTxt13"})
rel_return = float(rel_return1.text)

# 상단 테이블
up_list = bs_obj.find("div", {"class":"corp_group2"})
dd = up_list.find_all("dd")

# PER
per = float(dd[1].text)

# 12M PER
per_12m = float(dd[3].text)

# 업종 PER
per_ind = float(dd[5].text)

# PBR
pbr = float(dd[7].text)

# 배당 수익률
div_yid1 = dd[9].text
div_yid2 = div_yid1.replace('%','')
div_yid = float(div_yid2)

# 시세현황 테이블
```

```
    table1 = bs_obj.find("div", {"id":"div1"})
    table2 = table1.find_all("td")

    # 거래량
    volume1 = table2[1].text
    volume = int(volume1.replace(',', '').strip())

    # 거래대금
    trans_price1 = table2[3].text
    trans_price = int(trans_price1.replace(',', '').strip())

    # 시가총액(우선주 포함)
    mk_cpt_pfr1 = table2[6].text
    mk_cpt_pfr = int(mk_cpt_pfr1.replace(',', '').strip())

    # 시가총액(보통주)
    mk_cpt_cm1 = table2[8].text
    mk_cpt_cm = int(mk_cpt_cm1.replace(',', '').strip())

    # 결과 모음 리스트
    # [날짜, 기업정보, 종목코드, 주가, 외국인 보유비중, 상대수익률,
    # per, 12m per, 업종per, pbr, 배당수익률
    # 테이블, 거래량, 거래대금, 시가총액(우선주포함), 시가총액(보통주)]
    res = [date, corp_name, code, stock_price, fgn_own_ratio, rel_
return,per, per_12m, per_ind, pbr, div_yid, volume, trans_price, mk_
cpt_pfr, mk_cpt_cm]

    return res

def db_insert(res):
    try:
        conn = pymysql.connect(host='localhost', user='root',
                               password='1234', db='stock',
                               charset='utf8')
        sql_state = """INSERT INTO stock.daily_market(dt, item_name,
```

```
item_code, price, foreign_ownership_ratio, rel_return, per, per_12m,
per_ind, pbr, dividend_yield, volume, trans_price, market_capital_
prefer, market_capital_common) VALUES ('%s', '%s', '%s', %d, %f, %f,
%f, %f, %f, %f, %f, %d, %d, %d, %d)"""%(tuple(res))
        db =  conn.cursor()
        db.execute(sql_state)
        conn.commit()
    except:
        token = "xoxb-1884011609779-1883945975650-
babfTvQLWSlRWP2aHhiKzOEG"
        channel = "#stock_alarm01"
        text = "Check your stock crawler."

        requests.post("https://slack.com/api/chat.postMessage",
            headers={"Authorization": "Bearer "+token},
            data={"channel": channel,"text": text})
    finally:
        conn.close()

if __name__ == '__main__':

    item_list = ['005930', '066570']

    for item in item_list:
        res = stock_crawling(item)
        db_insert(res)
        time.sleep(3)
```

코드는 앞선 실습에서 작성한 코드를 함수를 이용해 재구성한 것입니다. 어떤 점이 달라졌는지 자세히 살펴보길 바랍니다.

크게 stock_crawling과 db_insert라는 두 개의 함수로 구성되어 있습니다. 이름 그대로 stock_crawling 함수는 주식 사이트에서 주식 관련 데이터를 크롤링하는 함수이며, db_insert는 추출한 데이터를 MySQL에 저장하는 함수입니다.

앞선 실습에서 배운 내용을 함수라는 형식으로 묶어 놓은 것일 뿐입니다.

db_insert 함수에는 2장 파이썬 문법에서 배운 try~ except~ finally 구문을 사용했는데, except 문에는 생소한 코드가 포함되어 있습니다. except 문 이하의 내용은 에러가 발생했을 때, 슬랙 프로그램으로 메시지를 보내는 코드입니다. 자세한 것은 슬랙 프로그램을 알아보는 다음 단원에서 살펴볼 예정입니다.

그리고 마지막 부분에 있는 if __name__=='__main__': 코드는 파이썬 스크립트를 실행했을 때의 메인 함수에 해당합니다. 프로그램은 메인 함수로부터 시작합니다. 프로그램이 시작되면 메인 함수의 for 문에서 stock_crawling 함수를 호출해 웹 크롤링을 진행하고, db_insert 함수를 호출해 크롤링한 데이터를 데이터베이스에 저장하게 됩니다.

코드를 정리했으면 코드를 .py 파일로 저장합니다. 주피터 노트북에서 작성한 코드를 .py 확장자로 저장하는 방법은 간단합니다. [그림 8-57]과 같이 주피터 노트북에서 [File]-[Download as]-[Python(.py)] 메뉴를 차례로 클릭하면 .py 확장자로 저장할 수 있습니다.

여러분은 source_code 폴더에 stock 폴더를 하나 만들고, 이곳에 main.py 라는 이름으로 저장하면 됩니다.

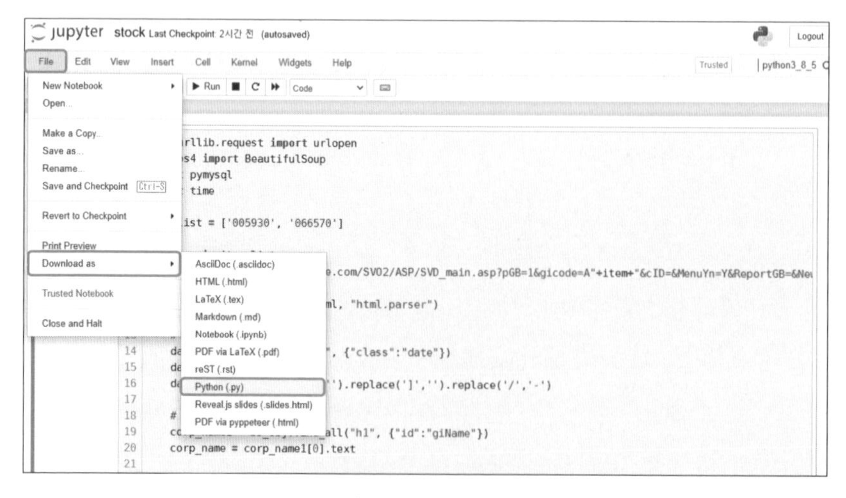

그림 8-57 py 파일로 저장

에러가 발생할 때 슬랙으로 메시지 보내기

슬랙(Slack)이란 채널 기반 메시지 플랫폼으로, 협력 업무를 수행할 때 이용하면 매우 유용한 프로그램입니다. 가장 간단한 용도로는 사내 메신저로 사용할 수 있습니다. 슬랙을 활용하면 다른 사람에게 메시지를 보낼 수 있을 뿐만 아니라, 앞에서 작성한 것처럼 웹 크롤링 결과를 확인하는 자동 메시지 기능을 설정할 수 있습니다. 여기서는 크롤링 데이터를 MySQL에 삽입하는 데 실패하면, 슬랙으로 본인에게 메시지를 보내도록 설정하겠습니다.

먼저 다음과 같이 슬랙에 접속해 슬랙 프로그램을 다운로드합니다.

www.slack.com

슬랙 프로그램의 설치와 회원 가입을 진행합니다. 설치나 회원 가입에 특별한 제약 사항은 없습니다. 슬랙 홈페이지에서 페이지 중앙의 'GOOGLE로 가입'을 클릭해 가입하면 됩니다. 슬랙은 구글과 연동해서 사용하므로 구글 아이디만 있으면 누구나 쉽게 가입할 수 있습니다.

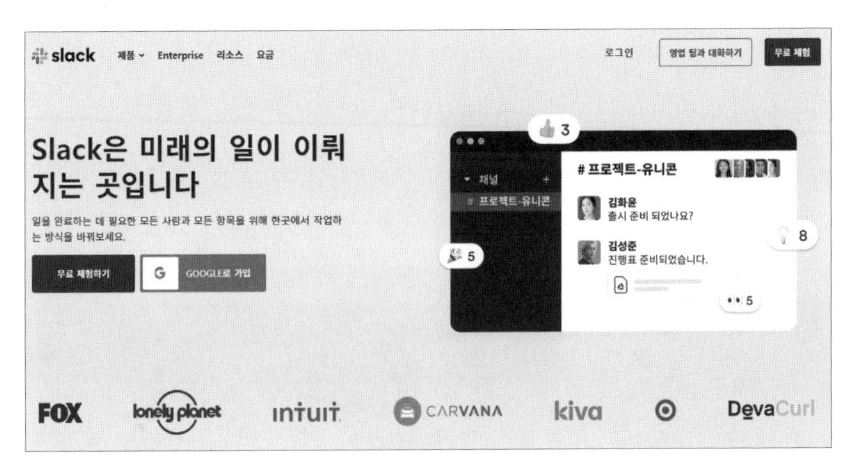

그림 8-58 슬랙 홈페이지

슬랙에 가입했다면 〈워크스페이스(Workspace) 생성〉 버튼을 클릭하여 Crawler라는 이름의 워크스페이스를 하나 만듭니다.

Crawler 워크스페이스에서 〈채널 추가〉 버튼을 클릭하여, stock_alarm01이라는 채널을 생성합니다.

그림 8-59 생성한 워크스페이스

[그림 8-59]를 보면 Crawler 워크스페이스에서 stock_alarm01이라는 채널을 하나 생성하였습니다.

지금부터 할 일은 웹 크롤링 관련 메시지를 보내주는 봇(Bot)을 생성하는 것입니다. 우리가 생성한 봇은 Crawler 워크스페이스의 stock_alarm01 채널에 메시지를 보내주는 역할을 수행합니다.

크롬 브라우저를 열고 *https://api.slack.com*에 접속합니다. 그리고 봇을 생성하기 위해 페이지 상단의 〈Create a custom app〉 버튼을 클릭합니다.

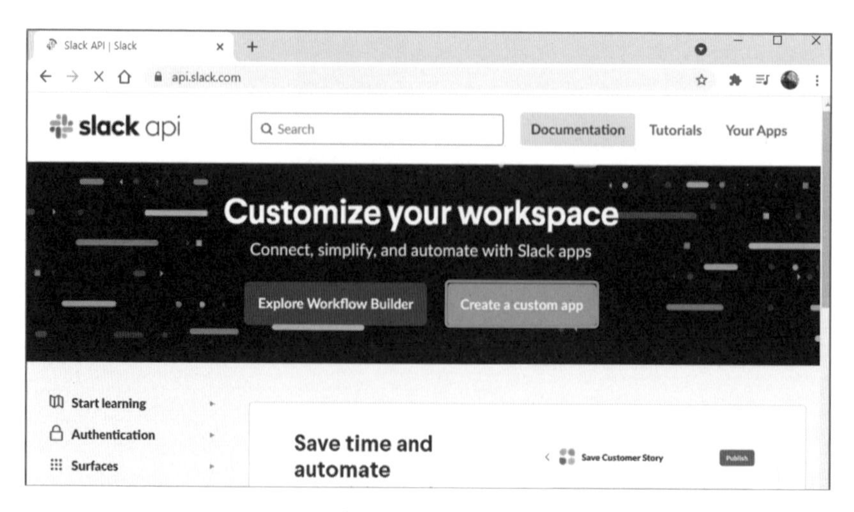

그림 8-60 슬랙 api 웹 페이지

이때 app는 '봇'을 의미합니다. 접속한 슬랙 사이트에서는 앱이라고 표시되어 있지만, 이 책에서는 혼동하지 않도록 봇이라고 부르겠습니다.

[그림 8-61]은 크롤러 봇을 생성하는 대화상자입니다. 봇 이름으로 stock_crawler01, 워크스페이스는 Crawler로 지정한 후, 〈Create App〉 버튼을 클릭합니다.

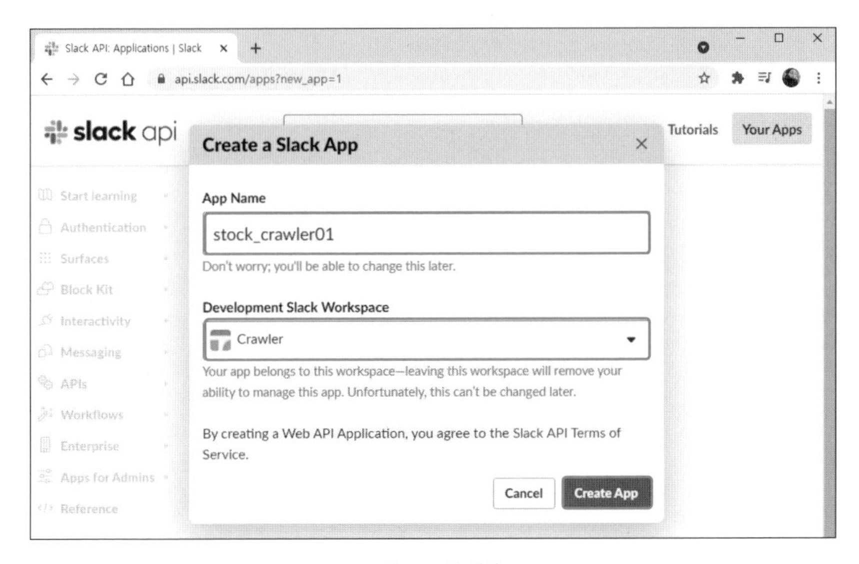

그림 8-61 봇 생성

봇 이름은 본인이 원하는 대로 생성할 수 있으며, 워크스페이스는 처음 슬랙 앱을 설치할 때 정한 워크스페이스로 정하거나 자신이 원하는 워크스페이스로 선택하면 됩니다.

왼쪽 메뉴에서 [OAuth & Permission]를 클릭하면 토큰을 확인할 수 있습니다.

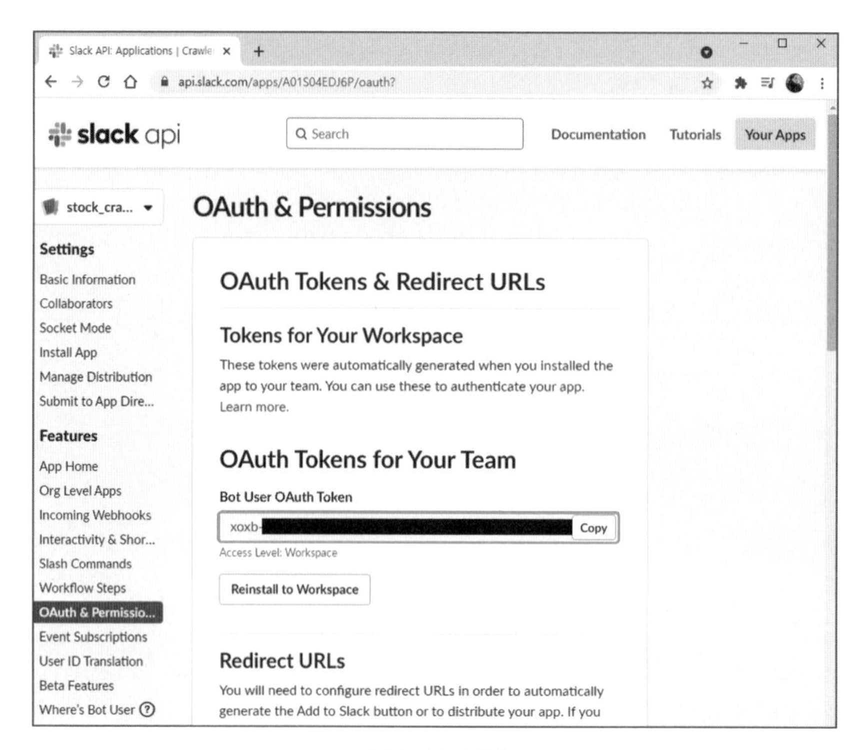

그림 8-62 토큰 확인

[그림 8-62]처럼 강조된 영역의 토큰을 잘 보관하기 바랍니다. 이 토큰은 파이썬을 이용해 봇으로 메시지를 보낼 때 필요합니다.

그리고 스크롤을 아래로 내리면 스코프(Scopes)를 설정할 수 있는데, 'Bot Token Scopes' 항목에서 〈Add an OAuth Scope〉 버튼을 클릭해 스코프를 추가합니다. 우리가 원하는 기능은 글을 쓰는 기능이므로 'chat:write' 항목을 추가합니다.

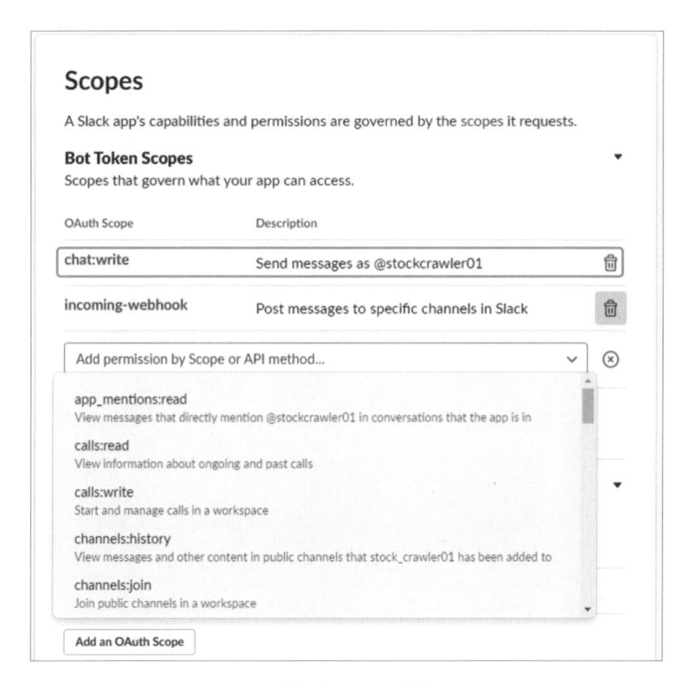

그림 8-63 스코프 설정

다시 Crawler 워크스페이스로 돌아가 stock_alarm01 채널에 봇을 추가합니다. 하단 채팅 창에 골뱅이표(@)를 입력하고 조금 전에 생성한 stock_crawler01 채널에 봇 이름을 입력해 추가합니다.

그림 8-64 채널에 봇 추가

[그림 8-65]는 stock_alarm01 채널에 봇을 추가한 결과 입니다.

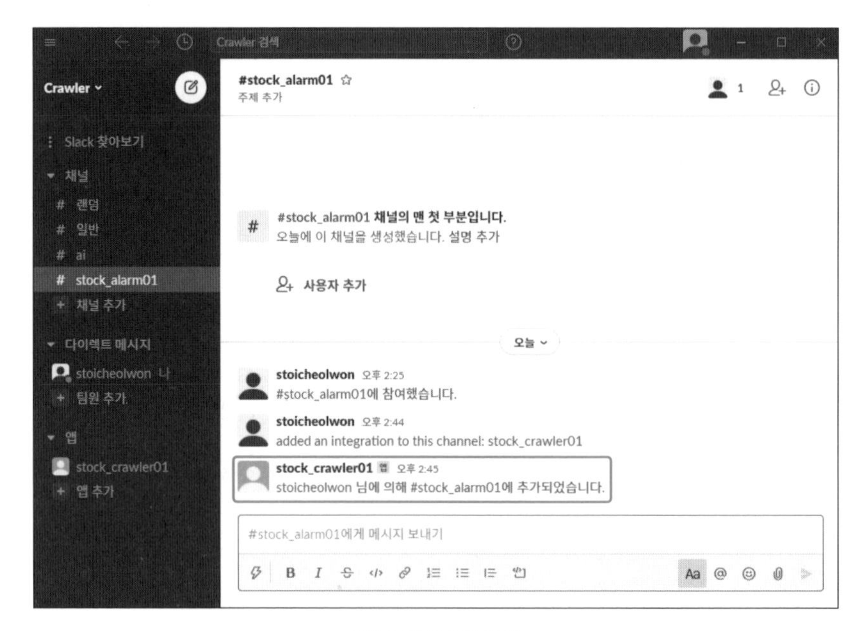

그림 8-65 앱 추가 확인

주피터 노트북을 실행하고 파이썬 코드를 작성해 슬랙에 메시지를 보내겠습니다.

```
import requests

token = "(xoxb-복사한 토큰을 입력합니다)"
channel = "#stock_alarm01"
text = "Check your stock crawler."

requests.post("https://slack.com/api/chat.postMessage",
   headers={"Authorization": "Bearer "+token},
   data={"channel": channel,"text": text})
--------------------------------------------------------
<Response [200]>
```

먼저 requests 함수를 불러오고, 토큰을 지정합니다. 그리고 메시지를 보낼 채널명을 정하고, 어떤 메시지를 보낼지 정합니다. 그리고 post 메서드를 이용해 슬랙에 메시지를 보냅니다. headers에 사용된 Bearer는 인증 방법의 하나입니다.

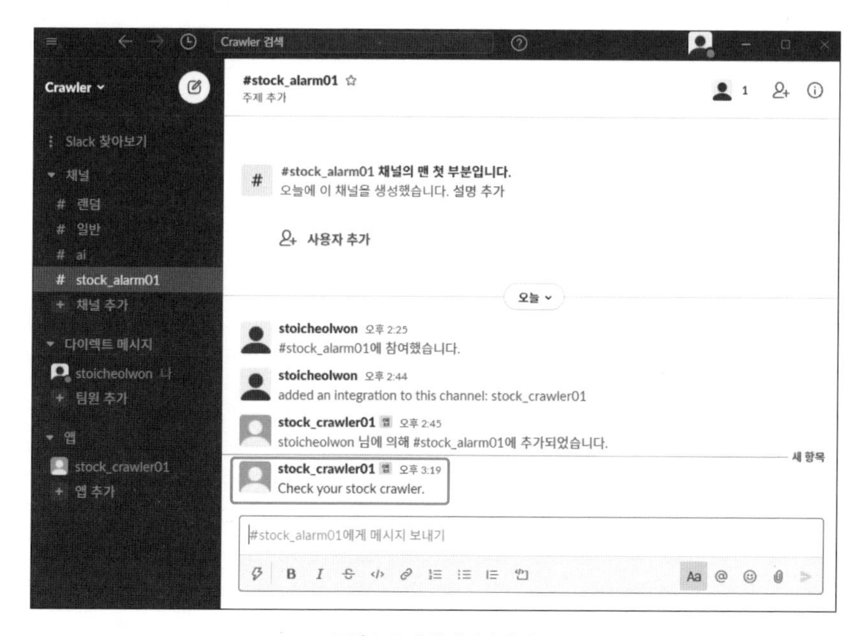

그림 8-66 슬랙 메시지 확인

[그림 8-66]과 같이 슬랙 프로그램에서 메시지가 나온다면 제대로 전달된 것입니다. 앞으로 매일 저장하는 SQL 데이터에 문제가 생긴다면 이와 같은 에러 메시지가 슬랙 프로그램으로 전송됩니다.

윈도우 스케줄러 설정

윈도우 스케줄러는 두 가지 기능을 수행해야 합니다. 첫 번째는 파이썬 가상 환경 실행, 두 번째는 주식 파이썬 스크립트입니다.

먼저 Anaconda Prompt를 실행하고 conda info --envs를 입력해 가상 환경 경로를 확인합니다.

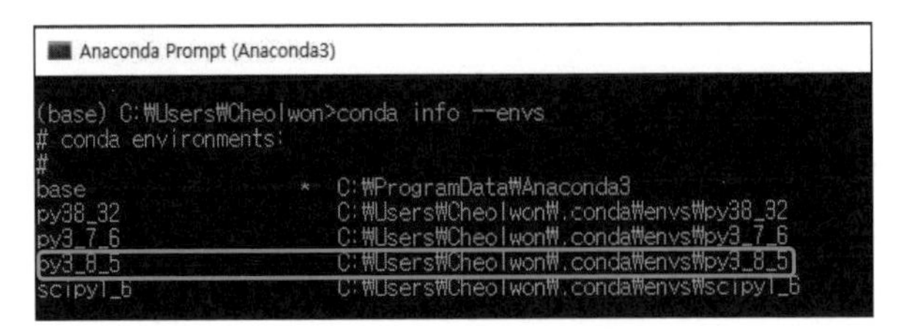

그림 8-67 가상 환경 경로 확인

가상 환경 경로를 확인했다면, 윈도우 탐색기를 이용해 실제 경로로 가 보겠습니다.

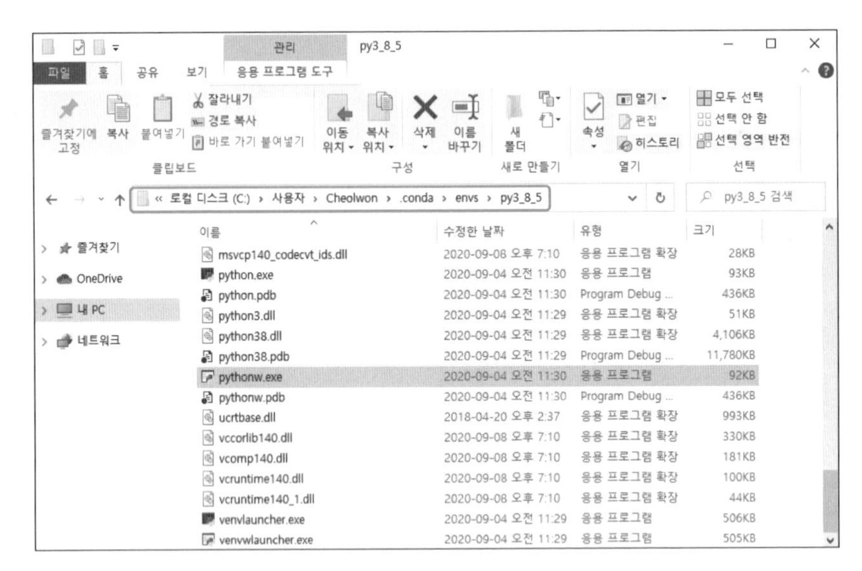

그림 8-68 가상 환경 폴더 확인

우리가 만들 자동화 프로그램은 가상 환경 폴더로 이동한 후, python을 실행하도록 설정해야 합니다.

윈도우 키를 눌러 '스케줄'을 검색하면 '작업 스케줄러'라는 프로그램을 볼 수 있습니다. 해당 프로그램을 실행합니다.

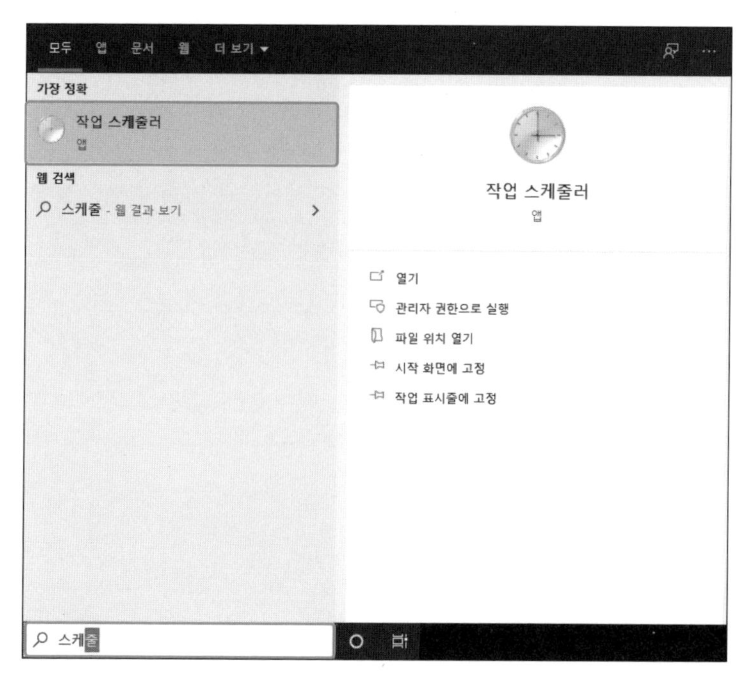

그림 8-69 윈도우 스케줄러 실행

작업 스케줄러를 실행하면 [그림 8-70]과 같은 작업 스케줄러 창이 나옵니다. 오른쪽 작업 창에서 '작업 만들기'를 클릭합니다.

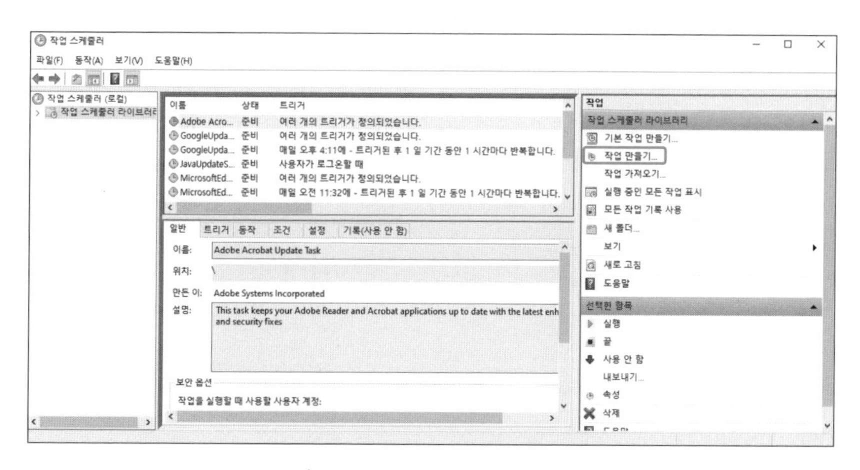

그림 8-70 작업 스케줄러에서 작업 만들기

그럼 [새 작업 만들기] 대화상자가 나옵니다.

[새 작업 만들기] 대화상자에서 스케줄러의 이름을 'StockCrawling'으로 입력합니다. 보안 옵션은 '사용자가 로그온할 때만 실행', '사용자의 로그온 여부에 관계없이 실행' 두 가지가 있습니다. 여기서는 후자를 선택하겠습니다. 계속해서 '구성 대상'은 'Windows 10'을 선택합니다.

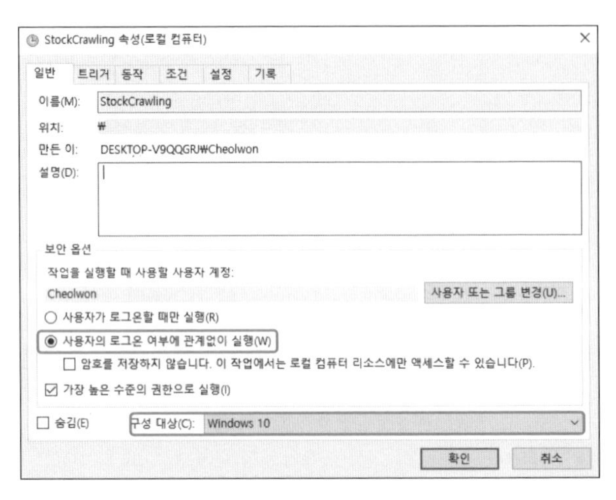

그림 8-71 새 작업 만들기 대화상자

다음으로 새 작업 만들기 대화상자의 [트리거] 탭으로 이동해 <새로 만들기>를 클릭합니다.

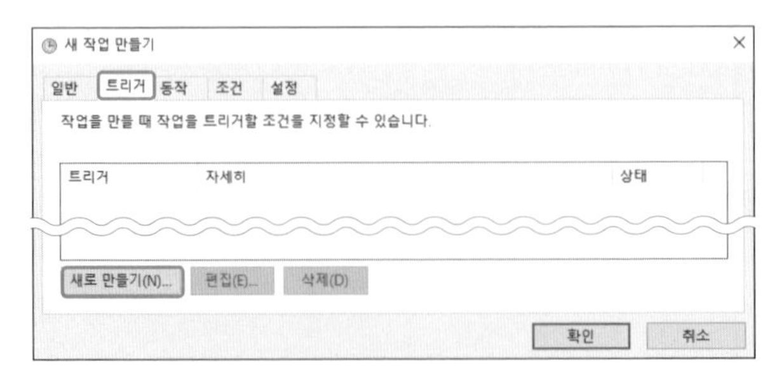

그림 8-72 새 작업 만들기 대화상자의 [트리거] 탭

[새 트리거 만들기] 대화상자가 나옵니다.

여기서 작업이 실행되는 시간, 날짜를 설정합니다. 우리는 주식 데이터를 평일에만 저장할 것이므로 '매주(W)'를 선택하고, 월, 화, 수, 목, 금요일까지 선택합니다. 그리고 스크립트가 수행되는 시간을 정해주고 〈확인〉 버튼을 클릭합니다.

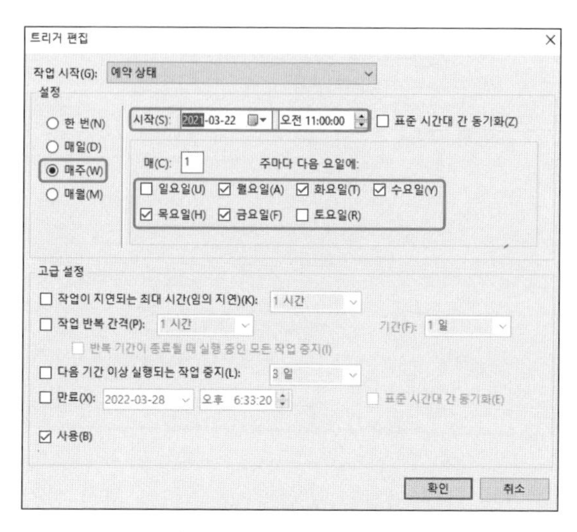

그림 8-73 새 트리거 만들기 대화상자

다음으로 [동작] 탭으로 이동해 〈새로 만들기〉 버튼을 클릭합니다.

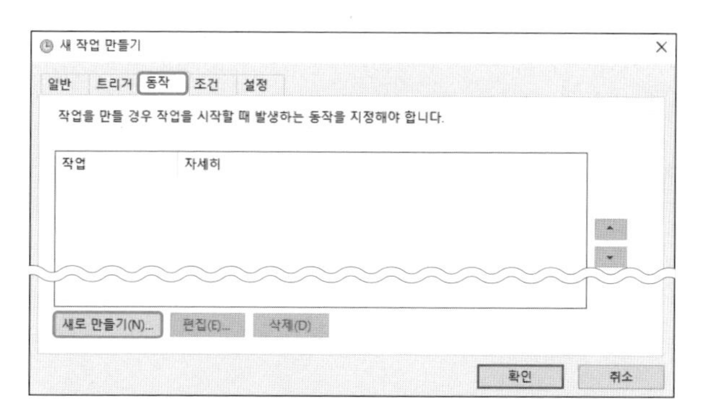

그림 8-74 새 작업 만들기 대화상자의 [동작] 탭

[새 동작 만들기] 대화상자에서는 앞서 확인했던 가상 환경 경로의 python 명령어와 주식 파이썬 스크립트 파일의 위치를 정해주어야 합니다. 각자 자기 컴퓨터 환경에 맞는 경로를 알맞게 설정합니다.

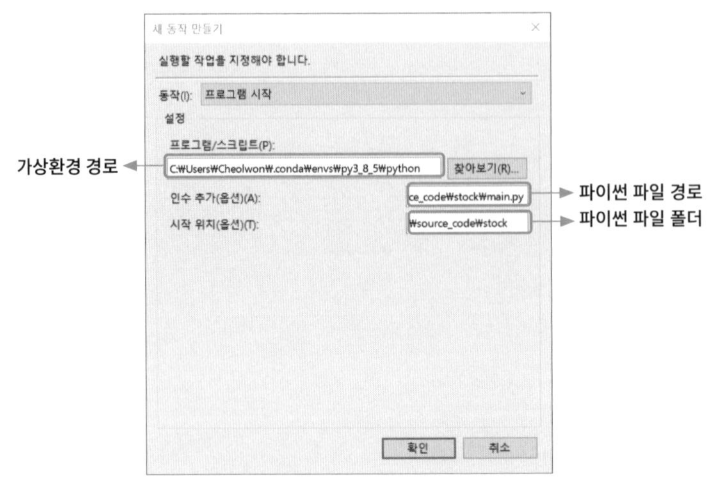

그림 8-75 새 동작 만들기 대화상자

[그림 8-75]에서 가상 환경 경로를 입력할 때 주의할 점이 있습니다. 경로를 입력할 때 마지막 부분이 python임을 알 수 있습니다. 따라서 가상 환경이 py_3_8_5 폴더에 존재한다고 해서 py_3_8_5까지만 경로를 입력하는 것이 아니라 마지막에 반드시 python 명령어를 붙여야 합니다. '인수 추가(옵션)' 항목에는 파이썬 스크립트의 파일 경로를 입력하고, '시작 위치(옵션)' 항목에는 파이썬 스크립트가 존재하는 폴더를 지정합니다.

[새 동작 만들기] 대화상자에서 〈확인〉 버튼을 클릭합니다.

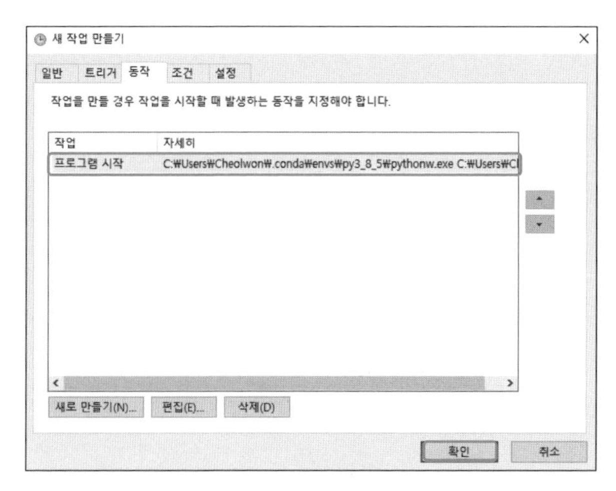

그림 8-76 새로운 작업 추가

[새 작업 만들기] 대화상자에 새로운 작업이 추가되어 있는 것을 알 수 있습니다. 다시 〈확인〉 버튼을 클릭합니다.

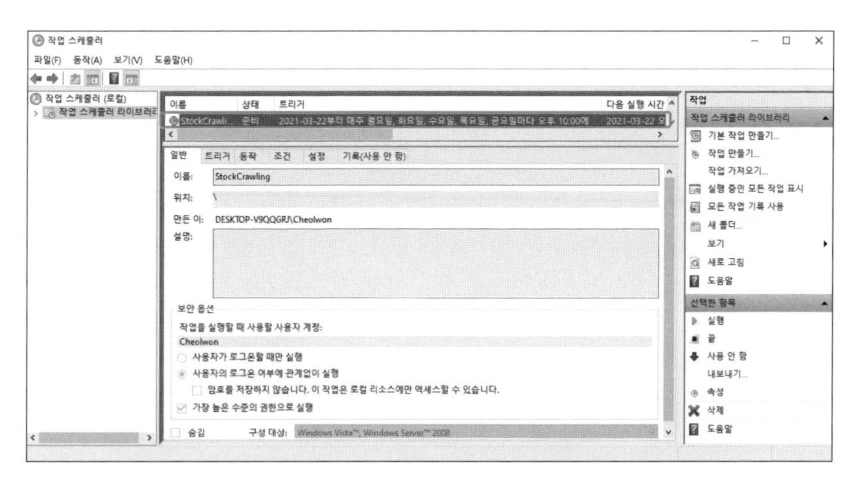

그림 8-77 작업 스케줄러에 등록 완료

작업 스케줄러에 최종적으로 등록되었습니다.

지정한 시간이 지난 후 데이터가 추가되었는지 확인해 보겠습니다. MySQL Workbench를 실행합니다.

MySQL이 실행되면 데이터베이스에 접속하기 위해 비밀번호를 입력합니다.

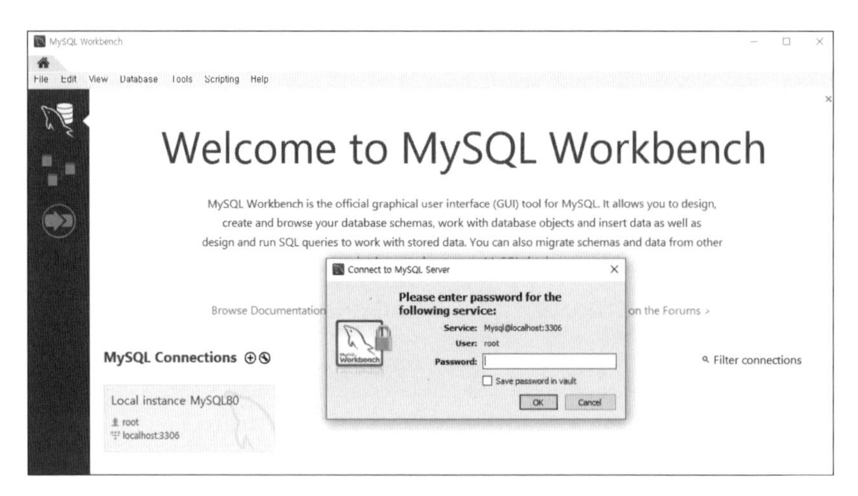

그림 8-78 데이터베이스 접속

[그림 8-79]와 같이 [daily_market] 쿼리 탭에 `select * from stock.daily_market`을 입력합니다. ctrl+Enter 키를 누르면 결과를 확인할 수 있습니다.

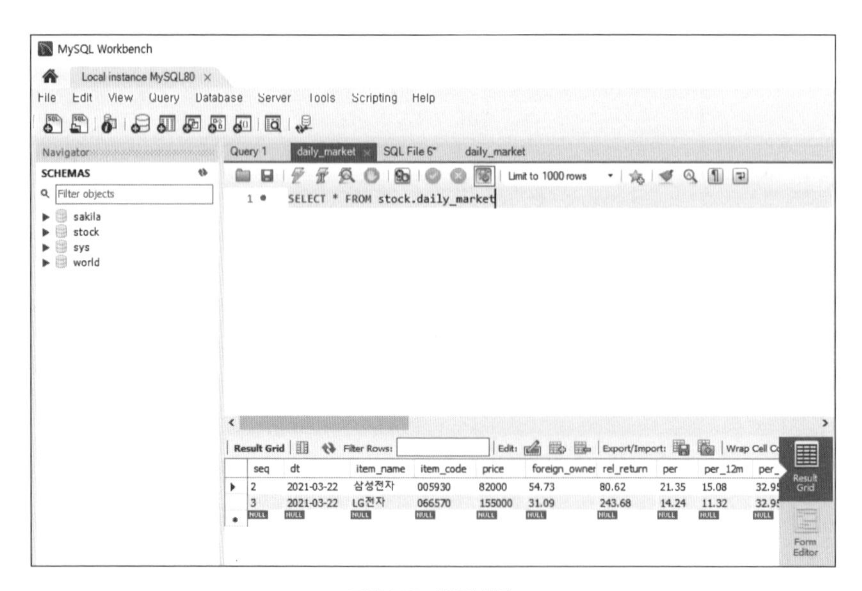

그림 8-79 데이터 확인

결과를 확인하면 파이썬으로 웹 크롤링한 데이터가 제대로 추가되어 있습니다. 현재는 크롤링한 당일 날짜의 삼성전자와 LG전자 데이터가 들어 있습니다. 앞으로 월~금 오전 11시에 해당 데이터가 지속적으로 업데이트되는지 확인하길 바랍니다.

파이썬으로 MySQL 데이터 불러오기

지금까지 파이썬을 이용해 주식 데이터를 추출하고, 추출한 데이터를 MySQL 데이터베이스에 저장하는 법을 배웠습니다. 그리고 슬랙과 윈도우 스케줄러를 이용해 일정한 시점에 주식 데이터를 크롤링해 저장하였습니다. 따라서 별다른 문제가 없다면 MySQL 테이블에는 일정하게 삼성전자와 LG 전자 주식 데이터가 저장되어 있을 겁니다. 이제 그 데이터들을 불러와 새롭게 가공해 보겠습니다.

MySQL 데이터 추출하기

MySQL 테이블에 저장해 둔 데이터를 파이썬으로 불러오겠습니다.

먼저 파이썬과 MySQL을 연결할 pymysql 함수를 불러옵니다.

```
import pymysql
```

그리고 MySQL에 연결합니다.

```
conn = pymysql.connect(host='localhost', user='root',
                       password='1234', db='stock', charset='utf8')
```

MySQL에 존재하는 데이터를 불러올 쿼리문을 작성합니다.

```
sql_state = """SELECT * FROM stock.daily_market WHERE dt BETWEEN
'2021-03-22' AND '2021-03-23';"""
```

데이터를 불러올 때는 SELECT FROM 문을 사용합니다. 사용하는 방식은 "SELECT 열 이름 FROM 데이터베이스명.테이블명"의 형태로 사용합니다. 그리고 WHERE를 이용하면 조건을 지정할 수 있는데, 위 쿼리는 2021년 3월 22일부터 2021년 3월 23일까지의 데이터를 불러오는 쿼리입니다. 날짜 열에 해당하는 dt 값에서 '2021-03-22'와 '2021-03-23' 사이에 존재하는 데이터를 불러오게 됩니다.

> **잠시 멈춤**
>
> 이 책은 2021년 3월 22일과 2021년 3월 23일의 데이터를 저장하고 있습니다. 따라서 지금 이 책으로 공부하고 있는 독자의 데이터와는 시차가 있을 겁니다. 위 코드에서 BETWEEN 이하의 날짜 정보를 본인이 데이터를 추출하여 저장한 날짜로 변경해 실행하길 바랍니다.

이번에는 연결한 MySQL에서 데이터를 불러오겠습니다. 다음 코드를 입력합니다.

```
db =  conn.cursor()            ❶
db.execute(sql_state)          ❷
rows = db.fetchall()           ❸
conn.close()                   ❹
```

❶ 먼저 커서를 생성합니다.
❷ 앞에서 저장한 쿼리 문을 실행합니다.
❸ fetchall 메서드를 사용해 실행 결과 데이터를 모두 가져옵니다.
❹ 마지막으로 MySQL과의 연결을 종료합니다.

불러온 데이터를 확인합니다.

```
print(rows)
--------------------------------------------------------------------
((2, datetime.date(2021, 3, 22), '삼성전자', '005930', 82000, 54.73,
80.62, 21.35, 15.08, 32.95, 2.08, 3.65, 12670506, 10395, 5498398,
4895222), (3, datetime.date(2021, 3, 22), 'LG전자', '066570', 155000,
31.09, 243.68, 14.24, 11.32, 32.95, 1.81, 0.77, 962272, 1490,
266097, 253654), (4, datetime.date(2021, 3, 23), '삼성전자', '005930',
81800, 54.71, 92.47, 21.3, 15.01, 32.61, 2.08, 3.66, 13299907,
10929, 5486458, 4883282), (5, datetime.date(2021, 3, 23), 'LG전자',
'066570', 145500, 30.91, 247.67, 13.37, 10.62, 32.61, 1.7, 0.82,
2053555, 3066, 250189, 238108))
```

추출 결과 데이터 프레임으로 저장

앞선 실습에서 불러온 데이터를 보면 튜플 형태로 구성되어 있는데, 보기가 다소 불편합니다. 추출한 데이터를 판다스를 이용해 데이터 프레임으로 저장하겠습니다.

먼저 pandas 라이브러리를 불러옵니다.

```
import pandas as pd
```

DataFrame 메서드를 이용하면 추출한 데이터를 데이터 프레임 형태로 간단하게 표현할 수 있습니다. 다음 코드를 입력합니다.

```
colnames = ['seq', 'dt', 'item_name', 'item_code', 'price',
            'foreign_ownership_ratio', 'rel_return', 'per',
            'per_12m', 'per_ind', 'pbr', 'dividend_yield', 'volume',
            'trans_price', 'market_capital_prefer', 'maket_capital_
common']
df = pd.DataFrame(rows, columns=colnames)
```

```
df
```

	seq	dt	item_name	item_code	price	foreign_ownership_ratio	rel_return	per	per_12m	per_ind	pbr	dividend_yield	volume	trans_price
0	2	2021-03-22	삼성전자	005930	82000	54.73	80.62	21.35	15.08	32.95	2.08	3.65	12670506	10395
1	3	2021-03-22	LG전자	066570	155000	31.09	243.68	14.24	11.32	32.95	1.81	0.77	962272	1490
2	4	2021-03-23	삼성전자	005930	81800	54.71	92.47	21.30	15.01	32.61	2.08	3.66	13299907	10929
3	5	2021-03-23	LG전자	066570	145500	30.91	247.67	13.37	10.62	32.61	1.70	0.82	2053555	3066

그림 8-80 데이터 프레임 변환 결과

주식 데이터 시각화

이번에는 데이터 프레임으로 변환한 데이터를 시각화해 유의미한 정보를 찾아 보겠습니다. 다음 코드는 앞 절에서 생성한 데이터 프레임을 각각 삼성전자 종목과 LG전자 종목의 데이터 프레임으로 분리한 코드입니다(예시에서는 그래프에서 데이터의 변화 추이를 볼 수 있게 하기 위해 MySQL에 3월 30일까지 저장된 데이터를 사용합니다).

```
df_sam = df[df['item_name']=='삼성전자']     ❶
df_lg = df[df['item_name']=='LG전자']        ❷
```

❶ 전체 데이터 프레임 중 item_name의 값이 '삼성전자'인 행만 추출해 df_sam이라는 데이터 프레임으로 저장합니다.

❷ 같은 방법으로 item_name이 'LG전자'인 행만 추출해 df_lg라는 데이터 프레임으로 저장합니다.

삼성전자 데이터 프레임인 df_sam을 확인하면 다음과 같습니다.

```
df_sam
```

	seq	dt	item_name	item_code	price	foreign_ownership_ratio	rel_return	per	per_12m	per_ind	pbr	dividend_yield	volume	trans_price
0	2	2021-03-22	삼성전자	005930	82000	54.73	80.62	21.35	15.08	32.95	2.08	3.65	12670506	10395
2	4	2021-03-23	삼성전자	005930	81800	54.71	92.47	21.30	15.01	32.61	2.08	3.66	13299907	10929
4	6	2021-03-24	삼성전자	005930	81000	54.68	72.52	21.09	14.93	32.39	2.06	3.70	17926638	14542
6	11	2021-03-25	삼성전자	005930	81200	54.67	66.91	21.14	14.86	32.44	2.06	3.69	14758826	12007
8	21	2021-03-26	삼성전자	005930	81500	54.58	70.50	21.22	14.93	32.61	2.07	3.67	12845778	10443
10	23	2021-03-29	삼성전자	005930	81600	54.56	68.94	21.24	14.95	32.53	2.07	3.67	14952134	12166
12	25	2021-03-29	삼성전자	005930	81600	54.56	68.94	21.24	14.95	32.53	2.07	3.67	14952134	12166
14	27	2021-03-30	삼성전자	005930	82200	54.57	71.79	21.40	14.95	32.96	2.09	3.64	13121698	10750

그림 8-81 삼성전자 데이터 프레임

LG전자 데이터 프레임인 `df_lg`를 확인하면 다음과 같습니다.

```
df_lg
```

	seq	dt	item_name	item_code	price	foreign_ownership_ratio	rel_return	per	per_12m	per_ind	pbr	dividend_yield	volume	trans_price
1	3	2021-03-22	LG전자	066570	155000	31.09	243.68	14.24	11.32	32.95	1.81	0.77	962272	1490
3	5	2021-03-23	LG전자	066570	145500	30.91	247.67	13.37	10.62	32.61	1.70	0.82	2053555	3066
5	7	2021-03-24	LG전자	066570	146500	30.98	229.95	13.46	10.70	32.39	1.71	0.82	1127948	1641
7	12	2021-03-25	LG전자	066570	148000	30.98	205.15	13.60	10.81	32.44	1.73	0.81	1138392	1681
9	22	2021-03-26	LG전자	066570	143000	30.93	191.84	13.14	10.58	32.61	1.67	0.84	1993831	2856
11	24	2021-03-29	LG전자	066570	140500	31.00	184.41	12.91	10.40	32.53	1.64	0.85	1212152	1708
13	26	2021-03-29	LG전자	066570	140500	31.00	184.41	12.91	10.40	32.53	1.64	0.85	1212152	1708
15	28	2021-03-30	LG전자	066570	152000	31.00	213.40	13.96	11.24	32.96	1.78	0.79	3244882	4857

그림 8-82 LG전자 데이터 프레임

이번에는 삼성전자 데이터 프레임인 `df_sam`의 열 데이터를 시각화하겠습니다. 다음 코드는 `matplotlib` 라이브러리를 활용해 데이터를 시각화하는 코드입니다.

```
import matplotlib.pyplot as plt

plt.figure(figsize=(20, 20))

plt.subplot(5, 2, 1)
plt.plot(df_sam['dt'], df_sam['price'], color='blue', marker='o',
linestyle='-')
plt.title('price')
plt.xticks(rotation=45)

plt.subplot(5, 2, 2)
plt.plot(df_sam['dt'], df_sam['foreign_ownership_ratio'],
color='red', marker='o', linestyle='-')
plt.title('foreign_ownership_ratio')
plt.xticks(rotation=45)

plt.subplot(5, 2, 3)
plt.plot(df_sam['dt'], df_sam['rel_return'], color='brown',
marker='o', linestyle='-')
plt.title('rel_return')
plt.xticks(rotation=45)

plt.subplot(5, 2, 4)
plt.plot(df_sam['dt'], df_sam['per'], color='orange', marker='o',
linestyle='-')
plt.title('per')
plt.xticks(rotation=45)

plt.subplot(5, 2, 5)
plt.plot(df_sam['dt'], df_sam['pbr'], color='green', marker='o',
linestyle='-')
plt.title('pbr')
plt.xticks(rotation=45)

plt.subplot(5, 2, 6)
```

```
plt.plot(df_sam['dt'], df_sam['dividend_yield'], color='purple',
marker='o', linestyle='-')
plt.title('dividend_yield')
plt.xticks(rotation=45)

plt.subplot(5, 2, 7)
plt.plot(df_sam['dt'], df_sam['volume'], color='gray', marker='o',
linestyle='-')
plt.title('volume')
plt.xticks(rotation=45)

plt.subplot(5, 2, 8)
plt.plot(df_sam['dt'], df_sam['trans_price'], color='pink',
marker='o', linestyle='-')
plt.title('trans_price')
plt.xticks(rotation=45)

plt.subplot(5, 2, 9)
plt.plot(df_sam['dt'], df_sam['market_capital_prefer'],
color='olive', marker='o', linestyle='-')
plt.title('market_capital_prefer')
plt.xticks(rotation=45)

plt.subplot(5, 2, 10)
plt.plot(df_sam['dt'], df_sam['maket_capital_common'], color='cyan',
marker='o', linestyle='-')
plt.title('maket_capital_common')
plt.xticks(rotation=45)

plt.subplots_adjust(hspace=0.7)
plt.show()
--------------------------------------------------------------------
```

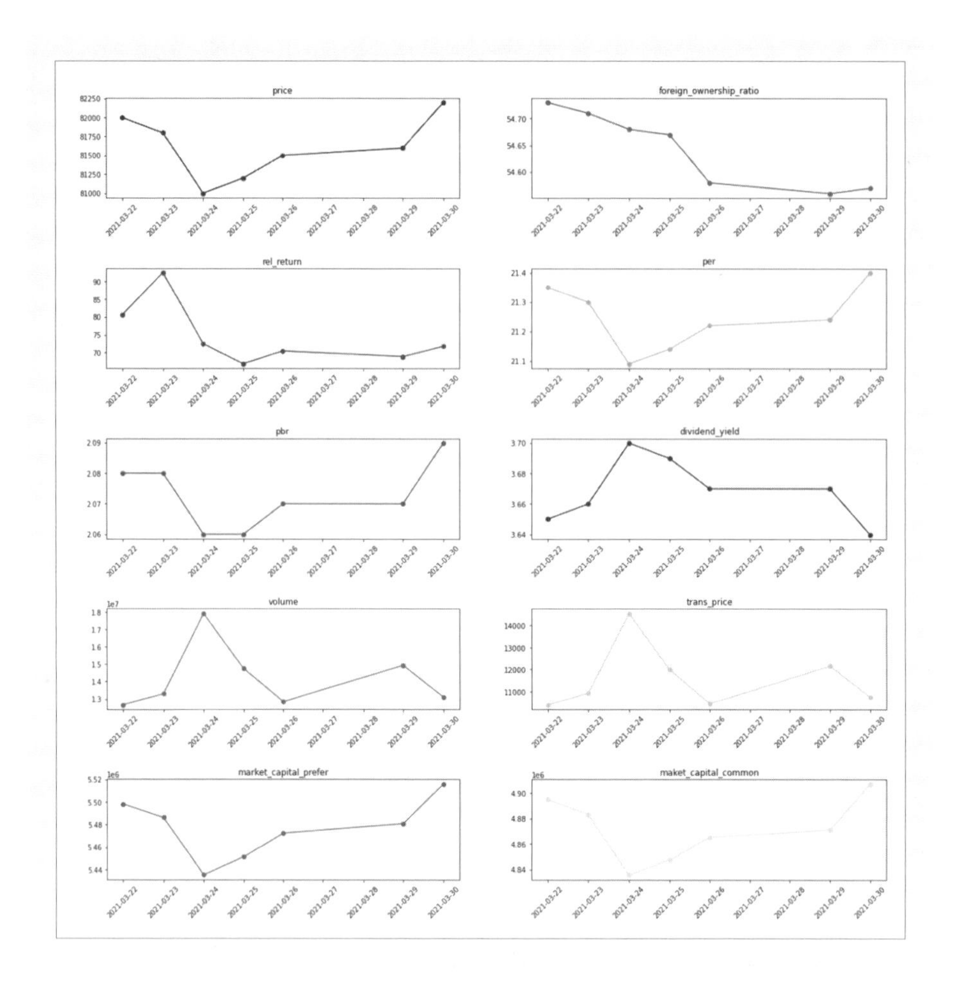

그림 8-83 삼성전자 데이터 시각화

matplotlib 라이브러리를 활용해 플롯을 여러 개 그릴 때는 subplot이라는 함수를 사용합니다. subplot 함수는 subplot(**행 크기, 열 크기, 인덱스**) 형식으로 사용합니다. 예를 들어 코드에서 subplot(5, 2, 1)이라고 하면 전체 결과 화면이 5행 2열이고 해당 플롯은 첫 번째 플롯이라는 뜻입니다. 전체 결과 화면이 5행 2열이므로 총 10개의 플롯을 출력하게 됩니다.

각각의 열은 우리가 주식 사이트에서 크롤링한 데이터의 종류들입니다. 그래프를 보면 주가부터 PBR, PER과 같은 주식 지표들이 매일매일 어떻게 달라지는지 한눈에 관측할 수 있습니다.

LG전자의 주식 지표들도 이와 같은 방법으로 시각화해 살펴보면 됩니다.

지금까지 웹 크롤링에 대한 기본 방법 세 가지와 크롤링한 데이터를 활용하는 여러 가지 방법들을 공부했습니다. 여러분이 웹 크롤링을 시작하는 데 있어 작은 도움이 되었기를 바랍니다. 그럼, 이제 용기를 내어 여러분 스스로의 생각과 힘으로 웹 크롤링 항해를 시작해보길 바랍니다.